KB069972

금지된 지식
VERBOTENES WISSEN

VERBOTENES WISSEN Geschichte einer Unterdrückung
by Ernst Peter Fischer
ⓒ 2019 Rowohlt Berlin Verlag GmbH, Berlin

Korean Translation ⓒ 2021 by Dasan Books
All rights reserved.
The Korean language edition is published by arrangement with
Rowohlt Verlag GmbH through MOMO Agency, Seoul.

금지된 지식

VERBOTENES WISSEN

역사의 이정표가 된 진실의 개척자들

에른스트 페터 피셔 지음 | 이승희 옮김

"우리가 쉽게 알지 못하는 일이 있다. 모든 일이 더는 무지의 안개 속에 머물 필요가 없이 명확해진다면, 우리가 꾸려왔던 인간적 삶은 더 이상 존재하지 않을 것이다. 그 대신 우리는 본질적으로 다른 종이 될 것이다. 어쩌면 천사 같은 존재, 혹은 기계 같은 존재가 될 수도 있다. 확실한 건 인간적이지 않은 존재라는 점이다."

- 니콜라스 레셔Nicholas Rescher

"지식욕도 식욕처럼 인간이 지닌 기본 욕구다."

- 노버트 엘리아스Norbert Elias

"비밀은…… 인류의 가장 큰 업적 가운데 하나다. 모든 생각이 즉시 발설되고 모든 행동을 누구나 볼 수 있는 유치한 상태와는 반대로, 삶은 비밀을 통해 엄청나게 확장된다."

- 게오르그 짐멜Georg Simmel

차 례

지식이 주는 기쁨

지식은 힘이며 우리에게 기쁨을 준다. 바로 이런 이유와, 그 밖의 다른 이유들 때문에 인간은 역사 이래로 다른 사람이 기존의 지식을 습득하거나 새로운 것을 학습하려고 할 때마다 이를 방해할 방법들을 끊임없이 고안해왔다. 이 책은 지식을 금지하고 진실을 은폐하려 했던 수많은 부질없는 시도들에 대해 이야기하려 한다. (확인되지 않았지만) 갈릴레오 갈릴레이Galileo Galilei의 것으로 알려진 유명한 대사를 흉내 내어 말하자면, "그래도 당신은 안다."라는 문장의 정확성을 나는 확신한다. 실제로 역사의 무수한 사례 속에서, 사람들은 온갖 노력을 기울인 끝에 마침내 자신들이 알고 싶어 하는 실체에 접근한다. 이 일에 성공한 순간, 우리는 짧게는 희열을 느끼고 길게는 자신과 동료 인간들의 지식을 풍요롭게 해줄 새로운 깨달음을 계속 찾아나가는 데 기나긴 시간을 보낸다. 그렇게 하지 않을 도리가 없는 것이, 그것이 바로 인간의 본성이기 때문이다.

이 본성은 고대 철학자들에게도 잘 알려져 있는 것으로 아리스토텔레스의 작품에서도 관련 내용을 찾아볼 수 있다. 『형이상학』 도입부에서 아리스토텔레스는 지식 추구가 모든 인간의 본성이라는 기본 입장을 제시한다. 곧이어 아리스토텔레스는 알아가는 것의 즐거움을 추가로 언급하는데, 이 위대한 그리스인은 즐거움과 기쁨을 새로운 지식을 향한 인간의 호기심과 욕구를 설명해주는 미학적인 근거로 보았다. 자신을 둘러싼 세상을 인지할 때 인간은 순전한 즐거움에 빠질 수 있다. 여름 하늘의 빛나는 푸른색을 보고 열광하지 않는 사람이 있을까? 태양이 수평선 위에 걸친 시간, 석양의 타는 듯한 붉은색을 보며 전율하지 않을 사람이 있을까? 밤하늘에 쏟아지는 별을 보고 하늘에 펼쳐진 광활함에 사로잡혀 우주의 크기를 상상하며 감동받지 않을 수 있겠는가? 마음을 사로잡은 광경을 보며 하늘에 빛나는 이 모든 것과 별들의 변화무쌍한 빛과 움직임을 어떻게 말하면 좋을지 고민하지 않고 조용히 있을 사람이 얼마나 있겠는가? 또 사람들이 서로 공유할 수 있고 언어로 대화할 수 있는 지식이 더 많아진다면 어찌 기쁘지 않겠는가?

감각적이고 의미 있는 인지의 순간에 그들이 존재하고 바라보는 세상에 대해 알기 위해 궁리하는 많은 사람들은 이윽고 눈앞에 드러난 현상을 잠정적으로 이해하게 되고, 이들이 가진 과학적 지식 또한 조심스럽게 확장된다. 이해와 지식은 감각이 경험하는 것들의 즐거움을 배가시키며, 이로써 수고는 보상받는다. 비록 지금 알게 된 것들로 세상이 모두 설명되는 것은 아니지만 새로 얻어진 지식과 이해는 탐구자를 한 단계 더 깊은 자연의 비밀 속으로 밀어넣고, 사람들은 여기에 점점 더 매혹된다.[1] 지식을 추구하는 사람에게 세상은 비밀로 가득 차 있다. 그렇기 때문에 인간들은 항상 알기 위해 노력하며, 세상을 더 많이 경험하고 알아내려는 노력을 스스로는 결코 멈추지 않는다.

이처럼 인간의 지식은 자연의 비밀(미스터리)을 하나씩 벗겨내지만 정보기관들이 많은 비용을 들여 이를 숨김으로써 인위적으로 비밀을 유지한다. 즉, 공식적으로 일급비밀이라고 불리는 것, 특수정보기관이 추적하는 것, 그리고 최근 들어 국가의 엄중한 처벌을 무릅쓴 내부 고발자들을 촉발시킨 것들 말이다. 이들의 도움으로 얻어낸 지식은 특히 숨겨져 있는 정보를 더욱 매력적으로 보이게 하며, 1908년 사회학자 게오르크 짐멜이 지적했듯이[2] 겉으로 드러난 현실 세계 옆에 나란히 만들어진 비밀로 가득 찬 제2의 세계가 우리 삶의 영역을 엄청나게 확장시킨다.

정보와 지식이 꽁꽁 숨겨져 있다고 생각하는 사람들은 종종 음모론을 제기한다. 예를 들어 1963년 존 F. 케네디John F. Kennedy 암살, 2001년 9월 11일의 테러 공격, 또는 혁신적이라고 칭송받은 의약품의 실효성 연구 결과가 제대로 전달되지 않았을 때가 그렇다. 암스테르담대학교의 심리학자들이 이 문제를 자세하게 연구했는데, 이 연구에 따르면 진실로부터 소외된 집단의 구성원들이 사실과는 거리가 먼 음모론을 더욱 잘 받아들이는 경향이 있다. 그런 이유로 네덜란드의 무슬림들은 이슬람교의 이름을 더럽히기 위해 미국이 테러집단 이슬람국가IS를 직접 세웠다는 말에 더 쉽게 동조한다.

지식이 도움과 기쁨을 주는 건 의심의 여지가 없다. 그러나 지식이 권력이나 힘을 제공한다는 것 또한 사실이다. 17세기 초 영국의 철학자이자 관료였던 프랜시스 베이컨Francis Bacon이 처음으로 이 간과할 수 없는 사실을 몇 단어와 직유법을 이용한 문장으로 주목하게 만들었다.

『신기관Novum Organon』에서 베이컨은 물었다. 인간은 어떻게 자신의 힘으로 더 나은 삶과 더 편한 생존 조건을 만들 수 있을까?[3] 곧이어 베이컨은 해답을 제시했다. 베이컨의 대답은 시간이 지나며 비판을 받았지만, 당시에는 미래를 열어주는 격언이 되었다. 베이컨에 따르면 인간은 자연의 법칙을 탐구해 거기서 생겨나는 지식을 기술의 형태로 만든다. 예를 들어, 어떤 사람이 경험의 축적을 통해 식료품을 차갑거나 건조한 곳에 두면 더 오래 유지된다는, 오늘날에는 진부해진 지식에 도달하게 되었다. 그다음에 이 사람은 자신이 알게 된 지식에 따라 다른 남은 음식물을 적절하게 구성해서 보관했다. 이렇게 함으로써 가족에게 인간 생존과 생명의 필수품인 음식을 더 좋게, 더 오랫동안 제공할 수 있게 된다. 이 일은 베이컨이 개인적으로 조심스럽게 수행했던 일이기도 하다.

오늘날 후세들에게 핵심 구절 하나로 받아들여지는 이 문장을 원래 베이컨은 몇 단계를 거친 변증법으로 이끌어냈다. "인간의 지식과 권력은 하나로 결합되어 있다." 이어지는 문장은 이렇다. "인간이 자연에 복종할 때만 자연은 지배될 수 있다." 산업의 영향을 받는 현재와 그 현재를 살아가는 사회는 이 생각을 그의 유명한 격언 "아는 것이 힘이다scientia potentia est"라는 말로 요약하여 표현한다. 이 문장을 두고 오늘날 역사학자들은 베이컨이 힘을 문자 그대로 여기기보다는 가능성으로 생각했다는 데[4] 대체로 동의한다. 라틴어 포텐티아potentia는 인간에게 모든 지식에 접근할 수 있게 해주는 가능성을 뜻한다. 근대 과학도 이렇게 봐야 한다.

즉, 근대 과학은 모든 가능성의 성공적인 전달자다. 가능성은 한 사회의 활동 공간(심지어 어떤 본질적 측면도 포함된 공간)을 결정하고 끊임없이 새로운 지식을 통해 이 공간을 확장해준다.[5] 제빵사는 사람들이 먹을 수 있는 빵을 공급하며, 자동차 회사는 사람들이 탈 수 있는 차량을 공급한다. 전자제품 회사는 엄청난 과제를 수행하며 자신의 책상 앞에서 세계를 호출할 수 있는 컴퓨터를 공급한다. 생화학자 또는 물리학자는 다양한 방식으로 활용되고 향유되는 지식을 공급한다.

그런데 새로운 지식이란 무엇인가? 새로운 지식이란 지금 새롭게 얻은 인식으로서, 이 인식이 없었을 때보다 더 많은 지식이 지금 존재하게 되었음을 의미한다. 아리스토텔레스는 무거운 물건이 가벼운 물건보다 더 빨리 땅에 떨어진다고, 건강한 인간 지성에서 나온 (것으로 볼 수 있는) 확실함으로 선포했다. 이 주장이 틀렸다고 이해했던 사람은 실제 무언가를 알고 있으며, 단지 이 그리스 철학자처럼 생각하지 않았을 뿐이다. 아리스토텔레스가 사물의 낙하에 대해 생각한 것은 지식이라고 할 수 없다. 지식은 늘 타당한 무언가를 포함해야 한다. 그리고 오래된 지식들도 그대로 머문다. 말하자면, 새로운 지식 옆에서도 여전히 고수될 수 있으며 오래된 지식이 새로운 지식에 반해 꼭 더 나쁘거나 덜 필요한 것은 아니다. 이 주제를 여기서 상세히 다룰 것은 아니다. 어떻게 알게 되었나, 그리고 제공받은 또는 새롭게 얻은 지식이 맞는가라는 질문에 답하는 건 쉽지 않다. 모든 개별 사례에서 이 질문들은 제기되어야 하고 진지하게 받아들여야 할 것이다. 오래된 지식일수록 새로운 지식들로 보충되고 풍부해지며, 심지어 더 일목요연해진다.

20세기 초에 물리학자 막스 플랑크Max Planck는 가열된 물체의 가시광선, 즉 복사열로만 자신의 과학을 설명할 수 있다는 걸 알게 되었다. 이 설명을 위해 열과 빛에 속하는 에너지는 균일하게 흐를 수 없고, 급작스러운 원자의 양자 도약에서 생겨나 불연속적인 덩어리(소위 양자 효과)로 움직일 수밖에 없음을 인정해야 했다. 이 발견에서 플랑크는 기쁨을 느끼지 못했다. 오히려 당황했고 의심했으며, 심지어 자신의 양자 도약에 어떤 필요 없는 지식이 들어 있어서 언젠가 물리학이 그 지식을 포기할 수 있고 결국 무시할 수 있게 되기를 바랐다. 바로 아인슈타인이 플랑크의 지식이 본질적으로 자연현상의 이해에 속한다는 것을 1905년에 보여주었다. 플랑크가 세운 가설인 양자 효과는 폐지되지 않았을 뿐 아니라 뛰어난 물리학자들을 점점 더 깊이 실제의 비밀 속으로 이끌고 갔다. 세계의 더 깊은 곳으로 가는 이 길이 끝나게 될지, 끝난다면 언제 끝날지 아무도 알지 못한다. 플랑크에게 의심을 불러일으킨 것이 오늘날 과학과 세상을 주술화한다. 이와 관련해서는 앞으로 여러 차례 언급하게 될 것이다.

아인슈타인은 플랑크의 위대한 수학적 도움으로 양자라는 물리적 실제를 밝혔다. 울름Ulm에서 온 이 비밀스러운 남자는 위대한 증명을 남겼던 1905년에 작은 물질 안에 엄청난 에너지가 숨어 있다는 또 다른 새로운 통찰을 발표하여 세상을 놀라게 했다. 그로부터 40년 후 이 무해한 지식이 원자폭탄 제조를 성공시키는 데 이용되는 것을 보며, 그는 무력함을 느꼈다. 자신이 세상에 가져온 이 새로운 지식을 자신의 힘으로는 이전으로 되돌릴 수 없음을 알게 되었다. 노인이 된 그는 자신의 평생을 일군 업적을 회한에 찬 눈으로 바라보며 생각했다. '물리학자보다는 외판원으로 살았다면 훨씬 좋았겠다'라고……. 어떤 지식 관찰자들은 아인슈타인의 질량-에너지 등가 원리는 일종의 금지된 지식과 같다고 생각한다. 그렇지만 누가 이 젊은 물리학자에게 과학적 호기심을 금지시키고, 마지막에 무엇이 드러날지 아무도 모르는 그 사유의 여정에서 그를 벗어나게 할 수 있었겠는가? 아인슈타인은 자신 앞에 놓인 비밀을 보았다. 그리고 고집스럽게 그 비밀의 장막을 파악하고 걷어내려고 노력했다. 전설의 천 조각을 손에 넣을 수 있는 기회를 알게 되면, 인간들은 무조건 그렇게 행동한다.

핵무기의 역사를 설명할 때, 역사가들은 가끔 "과학이 어떻게 결백함을 잃었는가"[6]에 대해 성서의 암시를 이용하여 말한다. 20세기 이후 지식을 통한 권력, 연구자들의 오용과 무력함은 밀접히 연결되어 있다. 아마도 어떤 지식은 실제로 숨겨두거나 금지되어야 할 것이다. 이 책의 초입부에 인용된 철학자 니콜라스 레셔의 관점처럼 인류는 그 지식과 함께 나오는 힘을 다룰 줄 모르며 거기에 들어 있는 가능성에 짓눌리기 때문이다. 아리스토텔레스가 표현했고 인간 삶의 일부에 속하는 지식을 향한 조건 없는 의지를, 인간은 금지된 지식이라는 영역을 만들어 울타리 안에 가두려고 할 것이다. 19세기 철학자 프리드리히 니체Friedrich Nietzsche는 『유고집 Nachgelassene Fragmenten』에서 이 울타리를 이미 세웠다.[7]

지식에서 나오는 양립할 수 없거나 감당할 수 없는 결과가 존재하는지, 니체 이후 다른 교수들도 고민했다. 예를 들어, 사회학자이자 경제학자인 베르너 좀바르트Werner Sombart는 1934년에 '문화자문위원회' 설립을 제안했다. 이 위원회는 연구비 분배에 관여할 뿐 아니라 다음 문제도 숙고하고 결정한다. "어떤 발명이 폐기되어야 하는가? 박물관에 보내져야 하는가? 아니면 계속 실행되어야 하는가?"[8]

좀바르트에 따르면 어쨌든 문화의 일부인, 이런 뜨거운 질문 그리고 복잡하게 얽혀 있고 때때로 극적인 관련 이야기를 이 책에서 다룰 예정이다. 인간 지식의 발전과 형성은 즐거운 통찰이 아닌 불쾌한 금지와 함께 시작되었다는 놀라운 사실이 처음부터 나온다(당연히 이 금지 명령은 지켜지지 않았다). 아담과 이브의 이야기에서 인간들은 하늘에 계신 전능하신 창조주 하느님의 통제를 처음으로 벗어나는 것처럼 보인다. 이런 이유로 하느님은 이 최초의 부부에게 생명의 나무 옆, 지식의 나무에 달린 열매를 먹지 못하도록 금지한다. 대부분의 사람들은 유치원이나 늦어도 학교에 다닐 때쯤 이 사건을 직접 혹은 간접적으로 접하며 인간이 태초부터 지식의 금지를 어겼음을 알 수 있다. 심지어 친절하지 않은 신이 저 높은 곳에서 금지를 선포하면서 명령 위반에 혹독한 처벌이 따른다고 위협하는데도 아랑곳하지 않았다. 인간은 단순히 타고난 본성에 따라 지식을 추구한다. 하느님이 직접 그렇게 만들었다. 그러므로 인간이 획득했던 자기 자신과 세계에 대한 수많은 지식을 다룬 이야기가 금지로 시작하는 건 처음 보면 특이하고 틀림없이 혼란스럽다.

그러나 다시 보면 이 성서 이야기에서 금지를 통해 훌륭한 조크가 계시된다. 볼프 비어만Wolf Biermann이 노래했듯이 "금지된 것은 우리를 뜨겁게 만들"기 때문이다. 실제로 금지되고 숨겨진 것은 인간을 탐욕스럽고 뜨겁게 만든다. 그것도 태초부터 그랬다. 그리고 금지는 아마도 지루할 때 특별히 효과적이었을 것이다. 지루함은 할 일도 없고 지식도 얻어서는 안 되는 낙원에서 삶의 일부와 같다. 지옥이 없었다면 낙원은 가치가 없다. 누구나 최소한 이 사실만은 알아야 한다.

낙원 이야기를 읽다 보면 이런 생각이 떠오를 수도 있다. 그리스도교 서구 국가의 역사에서 지식의 번쩍이는 활약은 이것이 금지되었기 때문이 아니었을까? 이슬람 세계에서는 지식이 처음부터 존경받고 권장되었다. 그래서 아마도 서구와는 다르게, 오히려 도드라지지 않고 천천히 성장했을 것이다. 금지된 것은 인간을 욕망하게 만들며, 잘 알려져 있듯이 인간은 태어날 때부터 호기심이 강하다. 독문학자 디터 보르흐마이어Dieter Borchmeyer와 작가 자페르 셰노차크Zafer Şenocak의 대담에서 이 주제를 다루었는데, 대담 내용은 《쥐트도이체 차이퉁 마가진Magazin der Süddeutsche Zeitung》에서 읽을 수 있다(2018년 7월 30일자). 무슬림인 셰노차크는 이슬람 문화에서 호기심이 갖는 긍정적 역할을 자랑스럽게 언급한다. 그는 또 호기심을 '지혜의 눈'이라 부르면서 그리스도교에서 쿠리오시타스curiositas, 즉 호기심이 오랫동안 부정적으로 인식되어 왔다는 사실을 대담 상대에게 상기시킨다. 그럼에도 수많은 이들이 이런 철학적 개념에 구애받지 않고 점점 더 지식을 향해 나아간 것이다. 다행스럽게도.

무엇에 관해 얘기해야 할까

한 시인이 비판했던 '대략적으로' 언급하는 일을 가능한 한 피하기 위해 철학자들은 필요한 용어들의 정의를 본문에 앞서 상세히 소개하곤 한다.

나는 서설을 뜻하는 이 복잡한 단어 '프롤레고메나prolegomena'를 나의 철학 선생님의 서재에서 처음 들었다. 어느 날 철학 선생님은 당신의 서재에 있던 1783년 판 임마누엘 칸트Immanuel Kant의 저서를 자랑스럽게 가리켰다. 그 책은 평범하지 않은 긴 제목『형이상학으로 대표될 수 있는 미래의 모든 학문을 위한 프롤레고메나Prolegomena zu einer jeden künftigen Wissenschaft, die als Metaphysik wird auftreten können』라는 제목을 달고 있었다(한국어 번역본 제목은 '형이상학 서설'이다 - 옮긴이). 여러분이 지금 읽고 있는 이 볼품없는 서설에서는 지식과 관련해서, 또 금지되어야 할 지식을 언급할 때 등장하는 기본 개념을 밝히려고 한다. 다만 해명은 정의가 아니다. 사랑받는 개념어 '정의Definition'에는 '결말'이라는 뜻의 'finis', 즉 '끝', 혹은 '종결'이라는 의미가 숨어 있다. 그러므로 정의는 한계를 분명하게 정하며 끊어낸다. 호기심 많은 인류와 인류의 계속해서 늘어나는 지식을 다루면서 정의를 주제로 삼을 수는 없다. 이제 해명을 이어가자면 첫째, 인간은 한계를 알아차릴 수 있고 그 한계를 극복하려는 생명체라고 부를 수 있다. 둘째, 존경하는 베르너 하이젠베르크Werner Heisenberg처럼 나는 지식을 향한 인간의 능력에는 한계가 없다고 생각한다. 이 유명한 물리적 불확정성의 창조자는 인식의 한계를 회피하지 않으면서 자신의 책 『실재의 질서Ordnung der Wirklichkeit』에서 단 한 번이라도 진리와 대면할 수 있기를 바라는 간절한 소망을 밝힌다. 여기서 하이젠베르크는 과학이야말로 20세기에 진리로 가는 자신의 발걸음을 도와줄 거라고 확신한다. 반면 그 이전 세기에 그는 음악이 진리로 이끌어줄 것을 믿었다.[1]

한편 확고한 정의로 보이지 않는 것을 시도하고 싶은 사람은 일상에 연결 지어 사용하는 개념인 지식, 정보, 데이터를 어떻게 이해하고 구분할 수 있을지 더 자세히 규정해야 한다.

가장 단순하게는 데이터는 기계(컴퓨터)에 장착된 것, 지식은 인간이 마음대로 가질 수 있는 것이라고 구분할 수 있을 것이다. 인공지능의 급속한 발전에도 불구하고 나는 컴퓨터가 지식을 얻게 될 거라고는 생각지 않는다. 자신의 데이터와 능력에 자부심을 가질 수 있고 어떤 것을 기념하고 축하할 줄 아는 기계를 나는 아직 경험해보지 못했기 때문이다. 하지만 슈퍼컴퓨터가 처음으로 샴페인을 요구하고 휴가를 요청하기까지 얼마나 걸릴는지 우리는 알지 못한다. 그럼에도 기계(인공)의 지능과 인간(자연)의 지능은 언제나 구분될 수 있고, 따라서 각각 존재할 것이다. 인간 또한 어리석을 수 있으며 바보처럼 행동하고 대답할 수 있기 때문이다. 지금까지는 인공지능의 어리석음만 경계해왔고 앞으로도 계속 그럴 것 같지만 말이다.

어떤 일화

미국 잡지 《뉴 리퍼블릭The New Republic》의 문학 편집자 레온 위젤티에Leon Wieseltier는 디지털 시대에 지식이 정보로 축소될 위험을 지적했다. 위젤티에는 이를 설명하면서 다음과 같은 이야기를 남겼다.[2]

"중세 시대 한 위대한 유대교 랍비가 이런 질문을 받았다. '만약 인간이 지식을 획득하기를 신이 원하신다면, 왜 신은 이 지식을 그냥 나누어 주지 않으십니까?' 그의 지혜로운 대답은 이랬다. '자신이 알아야 할 것들을 말하는 즉시 얻게 된다면, 그건 지식이 아닙니다.' 이처럼 지식은 오직 시간을 들이고 적절한 방법을 통해서만 획득할 수 있다."

지식을 얻기 위해서는 열심히 노력하고 배워야 하며 또한 무던히 갈고닦아야 한다. 비록 스마트폰이 기적의 기계임을 고백할 수밖에 없지만, 내 손 위에 놓인 바로 이 작은 기계가 우리가 지식으로 가는 길을 어렵게 만든다.

전산학자들은 데이터와 지식 사이에 자신들이 가장 사랑하는 개념을 끼워넣었다. 바로 정보다. 이들에 따르면 성서 구절 "태초에 말씀이 계셨다"는 "태초에 정보가 있었다" 같은 문장으로 번역되었어야 한다는 의견도 있다.[3] 이윽고 창조주가 나타나서 자신의 유명한 말 "있으라!"를 말한다. 이때 세계 혹은 사물들은 창조의 과정에서 처음으로 자신의 형태를 받는다. 즉, 그들은 정보를 받았다. 단순한 표현이지만 예전에는 실제로 쓰였다. '정보information'라는 단어의 어원을 한참 거슬러 올라가면 미켈란젤로 같은 예술가가 형태나 내용을 불어넣은 자신의 작품을 의뢰인에게 제공하는 일을 의미했기 때문이다. 미켈란젤로 역시 대리석에 인간의 형상 같은, 형태를 새기지 않는가? 예술가는 돌에 정보를 불어넣고 하느님은 흙으로 인간의 형태를 만든다(엄밀히 말해, 호모 사피엔스 종의 기원이 창세기 2장이 알려주는 대로라면 말이다).

오늘날 정보는 창조적인 '인간'만의 전유물은 아니다. 현대의 언어 습관을 살펴보면, 기계와 분자도 각각 전자 정보와 유전 정보를 전달한다. 제2차 세계대전이 끝난 후 새로 쓰이기 시작한 정보 개념은 이 낱말에 대한 역사로 보면 상당히 새것이었지만, 대단히 역동적이고 활발하게 사용되었다. 유선을 통해 전달되고 소통되는 뉴스가 정보로서 특화될 수 있다는 발상이 당시에 처음 등장했다. 여기서 기본 단위로 그 유명한 비트Bit가 도입되었고, 비트는 곧 그보다 큰 단위인 바이트Byte로 바뀌었다. 흔히 컴퓨터를 다룰 때 이 단위를 이용한다. 오늘날 기가바이트와 페타바이트는 일상이 되었고, 의학과 관련한 컴퓨터에서는 테라바이트와 제타바이트가 언급되는 수준이다. 1제타바이트는 0이 무려 21개 붙는다. 이런 엄청난 저장 용량 덕분에, 만약 정보의 사용 목적을 충족할 수 있는 충분한 환경이 갖춰진다면, 우리는 컴퓨터 한 대만으로도 원하는 정보로 곧장 안내될 수 있다.

정보 개념은 1950년대 초에 생물학에도 도입되었는데, 당시는 유전학의 기초 사실, 즉 세포의 유전 물질 안에 유전 정보가 들어 있으며, 유전 정보의 도움으로 살아가는 동안 생화학 장치가 거대 분자(단백질)를 만들 수 있음이 밝혀지던 시기였다. 신진대사에 기여하는 이 거대 분자가 없으면 모든 생물 활동이 중단된다. 생명은 세포핵에 자리 잡은 유전 정보 변형을 통해 진화할 수 있다. 철학에도 조예가 깊은 행동과학자 콘라트 로렌츠Konrad Lorenz는 여기서 한 걸음 더 나아가 이것을 생명이 지식을 얻는 과정이라고 서술했다.

다시 개념으로 돌아가자. 데이터가 세포 혹은 컴퓨터 안에서 목적과 상황에 맞게 이용된다면, 이 의미 없는 데이터는 이해할 수 있는 정보로 바뀐다. 예를 들어 컴퓨터에서 사용자가 원하는 정보를 제공하기 위해 데이터를 출력하는 검색창에서 이런 변환이 일어난다. 데이터는 문자의 모음으로 구성되며, 정보는 데이터로 구성되고 여기서 어떤 의미를 생성한다. 인간은 경험(예를 들면 감각 데이터)을 모으거나 특정 맥락에 정보를 대입하고 이용함으로써 지식을 완성한다. 데이터는 단순히 그냥 존재할 수 있다. 반면 정보는 어찌 되었든 이해될 수 있어야 하며(이로써 정보가 재생산될 수 있다), 지식은 인간에게 어떤 일을 할 수 있게 해준다.

데이터, 정보, 지식에 대한 이런 이해는 같은 방법으로, 그리고 이런 사고가 적용되는 세계에서 '사회 행동을 위한 능력'을 낳는데,[4] 궁극적으로 이것이 중요하다. 특히 의학이나 농업 분야 같은 실용적인 지식을 얻기 위해 산업 실험실에서 오랫동안 수행되는 연구가 그렇다. 여기서 이상한 부작용을 낳는다. 엔지니어의 지식은 결국 동료, 그러니까 연구를 함께한 사람만 이해할 수 있고, 저잣거리를 오가는 남자는 이해하지 못한다. 이런 상황 탓에 일상에 쓰이는 지식들도 종종 밀교적 지식으로 가득해져 버린다. 지식이 현대화되는 것과는 별개로 지식은 지식을 이용하고 다룰 줄 아는 사람, 자신에게 열려 있는 가능성을 볼 줄 아는 사람에게 전달된다. 구체적인 예는 다음과 같다.

한 유전학자가 (대체로) 세포 안에 있는 유전 물질이 DNA라는 이름의 분자로 구성된다는 점을 알고 있다면, 이 지식은 세포가 분열한다는 사실만을 설명하는 것이 아니라 유전 물질 안에 존재하는 유전 정보를 바꿀 수 있는 가능성도 낳는다. 그러나 과학자는 자신의 지식이 허락해주는 일을 실행하는 것이 현명한지 아닌지 바로 말할 수 없다. 실제로 데이터–정보–지식 이후 4번째 단계, 즉 지혜가 추가될 수 있다. 지혜는 지식을 의미 있게 사용할 수 있는 안내서와 같다.

일상의 지식과 관련해서, 작가 울리케 하이더Ulrike Heider가 자신의 책 『1968년의 성 반란die Sexrevolte von 1968』에서 우리에게 전해준 사실이 하나 있다. 하이더는 자신에게 갑자기 닥친 강간 시도에서 어떻게 벗어났는지 설명하면서, 그 자리에 서둘러 나온 남성 친구와 함께 이런 공격에 어떻게 대처할 수 있을지 깊이 고민한다. 무엇이 공격자를 이런 행동으로 몰고 갔는지 두 사람은 이해하고 싶었다. 그들의 궁금증은 공격자를 돕기 위함이다. "당시에 우리는 알고 싶었다. 왜 사람들은 악하고 왜 남성들은 강간을 하는지 알고 싶었다. 이런 상황을 바꾸기 위해서 알고 싶었다." 작가는 답을 찾을 수 있을지 의심했지만, 그럼에도 희망을 갖고 서술을 이어간다.

당연히 사람들은 '안다'는 단어를 다양한 자리와 상황에서 사용한다. 몇 시인지 안다. 점심을 어떻게 준비하는지 안다. 차를 몰 줄 안다. 다른 사람들이 지금 뭐 하는지 안다. 중세 사람들은 신을 굳게 믿었지만 오늘날 사람들은 자신이 다양한 선택을 할 수 있다는 걸 안다. 수학이 아름답다는 걸 알지만, 많은 이들에게 여전히 수학은 문제를 만들어내고 노동을 하게 할 뿐이다. 이렇게 인간이 아는 것(지식)으로 생각하는 대상을 계속 나열할 수 있을 것이다.

또한 「알고 계셨습니까?Hätten Sie's gewusst?」(1958년부터 1969년까지 독일에서 방영되었던 인기 퀴즈쇼 – 옮긴이)나 「아는 사람은 누구일까?Wer weiß denn so was?」(2015년부터 독일에서 방영되고 있는 퀴즈 프로그램 – 옮긴이)와 같은 많은 텔레비전 퀴즈 프로그램에서 다양한 퀴즈 형태로 보여주려고 시도한 대상도 지식으로 생각할 수 있다. 이런 의미에서 지식은 즐거움만 주는 게 아니라, 자부심도 주고 어떤 사람을 갑자기 백만장자로 만들어주기도 한다.

우리는 과거와 현재를 통틀어 지식을 엄금하고 단속하는 개념들을 끊임없이 접한다. 일례로 전쟁 중에 데이터와 정보를 극비로 유지하며, 이를 발설하는 행위를 엄격하게 금지한다고 해도 누구도 놀라지 않을 것이다. 또 당연히 정치적으로 조직되고 진실을 덮고 있는 장막을 걷어야 하는 임무를 띤 비밀기관이 대응책으로 만들어진다. 신기하게도 이런 조직은 특히 정치적 통제를 무력화하는 기술을 익힌다.[6] 예를 들어 1956년에 설립된 옛 서독의 연방정보원BND이 그렇다. 한편 1961년에 연방정보원은 동독이 장벽을 설치하는 걸 보고 놀라기만 했다. 어쨌든 "그래도 당신은 안다."라는 명제가 민주주의에서 작동한다고 말할 수 있다. 이 글을 쓰고 있던 2018년 가을에 프랑스 대통령 에마뉘엘 마크롱Emmanuel Macron의 고백이 이것이 사실임을 보여주었다. 마크롱 대통령은 1950년대의 알제리 독립전쟁 당시 프랑스 군대가 수학자 모리스 오댕Maurice Audin을 납치하여 고문하고 살해했으며, 이 끔찍한 행위를 비롯해 일어났던 또 다른 범죄들을 은폐해왔음을 공식적으로 인정했다. 사건으로부터 56년 만인 2018년 마크롱 대통령은 87세가 된 미망인 조세 오댕Josette Audin에게 사과했다.[7]

국가 비밀정보기관의 침묵에 대해서는 3장에서 자세히 말할 것이므로 여기서는 당면한 질문을 하나 던져보자. 정보의 확산을 막는 다른 신뢰할 만한 시스템이 있어 인간들에게 지식 전달을 금지할 필요가 전혀 없을 수도 있을까? 대부분의 인간 지식은 그사이에 미디어를 통해, 즉 제2 혹은 제3자를 통해 전해진다. 방송 채널과 스마트폰은 1초도 쉬지 않고 1년 내내 실시간으로 많은 정보를 제공하고 전달한다. 이렇게 중단 없이 밀려오고 끊임없이 호출되는 데이터에서 중요한 지식은 거의 찾을 수 없다. 오히려 그사이 사람들 입에 오르내리는 '가짜 뉴스'를 받지는 않았는지 불신마저 생긴다. 표제어가 '빅데이터'인 시대, 즉 데이터양이 넘쳐나는 시대에 미디어 기기를 통한 정보 접근이 어느 때보다 쉬워진 이후, 역설적으로 의미 있는 지식을 획득하고 데이터 쓰레기더미에서 적절한 것을 걸러내는 일이 점점 더 힘들어지고 있다. 그러니 지식은 더는 금지될 필요가 없다. 오늘날 지식은 에드가 앨런 포Edgar Allan Poe의 단편소설 『도둑맞은 편지』와 같은 상황에 처해 있다. 많은 사람이 편지를 필사적으로 찾고 있지만, 그 편지는 모든 사람들이 접근할 수 있는 한 서류꽂이에 얌전히 꽂혀 있다.

최근에 마이크로소프트 같은 기업들마저도 '인간의 기본권'조차 위협받는 뜨거운 영역에 사람들이 들어와 있음을 인정한다. 자신의 기기에 얼굴 인식 소프트웨어를 설치하는 일이 하나의 예다. 인공지능은 얼굴을 인식하고 그렇게 해서 개인들을 임의로 감시할 수 있다. 이런 인공지능의 공격으로부터 인간의 자유, 개인의 사생활을 보호하기 위해 마이크로소프트는 역설적이게도 국가의 통제를 요청한다(!).

우리는 이미 지식에 관한 역사의 끝을 바라보고 있다. 지금까지는 대략 살펴봤을 뿐이지만 곧 자세히 알아볼 것이다. 이 책은 순수한 생명의 낙원에서 시작한다. 그곳에서 첫 번째 인간들은 한 가지 지식을 금지당해야 했고, 그 지식의 가능성에 대해서는 전혀 알 수 없었다. 실제로 아담과 이브의 이야기는 아직도 확실히 이해되지 못하고 여러 해석으로 남아 있다.[8] 그러나 인간들은 이 이야기를 쉬지 않고 계속해서 전해주고 설명한다. 신화를 열광적으로 좋아하는 사람들도 여전히 있다. 이 신화 안에는 특별한 지혜가 들어 있는 듯하다. 그런데 과연 이건 어떤 지혜일까? 누가 이 지혜를 얻을 수 있을까?

[1장]

낙원에서
금지된 것

DAS VERBOT IM PARADIES

인간에 의해 꾸며진 이야기는 또한 인간에 대해 다룬다. 성서 맨 앞에 나오는 '천지창조' 이야기는 인류가 남긴 가장 유명한 설화에 속하는데, 이 안에는 많은 수수께끼가 숨어 있다. 유명하면서도 특이한 금지 명령도 그중 하나다. 성서의 창세기에 따르면, 하느님은 '유일한 사람' 아담에게 소위 '인식' 혹은 '지식' 같은 것이 아담에게 생기게 하는 어떤 나무의 열매를 먹지 말라고 엄금한다. 자신에게 생겨난 것이 무엇인지 알게 될 때만 아담은 그것이 지식임을 이해할 수 있을 것이다. 자신이 만든 피조물인 첫 번째 인간에게 하느님은 매우 독특하게도 그 인간이 전혀 이해하지 못하는 일을 금지한다. 그리고 세상 만물을 주관하는 전능하신 주님이 눈앞에 달콤한 과일을 따 먹고 싶은 욕구처럼 호기심 또한 피조물의 본성에 속한다는 단순한 사실을 어떻게 간과할 수 있었는지도 여전히 분명하게 해명되지 않는다. 주님은 자신이 무엇을 만들었는지, 그리고 자유가 허용되었을 때 인간이 어떻게 행동할지 몰랐을까? 자신의 피조물을 통해 자신에게 무슨 일이 생길지 알지 못했던 것일까?

차근차근 하나씩 살펴보자. 창세기 맨 앞을 보면, 성서 편저자가 알려주는 지상의 사건이 명료하고 분명하게 전개된다. 큰 빛과 작은 빛이 '창공'에 달리고, 땅이 '생명'을 낳으라는 명령을 받았던 창조의 첫날들이 지난 뒤, 주님은 한 걸음 더 나아가 인간 존재와 그에 속하는 것들을 만들었다.

"하느님이 당신의 형상대로 사람을 창조하셨으니, 곧 하느님의 형상대로 사람을 창조하셨다. 하느님이 그들을 남자와 여자로 창조하셨다." 창세기 1장에 나와 있듯이, 모든 만물의 창조주는 첫 번째 인간 부부에게 지속적이면서도 중요한 임무를 주었다. 수천 년이 지난 오늘날까지도 인간들은 이 임무를 수행하고 성취해야 한다. 하느님은 인간에게 "자손을 많이 낳고 번성하여 땅을 채워라" 하고 명령했고, 인간들은 이를 즉시 수락했다. 인간들은 자신들이 이미 잘 알고 있고, 세부 사항을 첨가할 필요가 없는 이 일에 바로 착수했다. 성욕은 지식을 향한 욕구처럼 인간의 본성에 속하고, 이 두 가지 욕구는 누구도 금하지 못할 것이다. 당시에는 "하느님께서 손수 만드신 모든 것을 보시니 참 좋았다"라고 말할 수 있었겠지만, "바다의 고기와 공중의 새, 짐승과 땅 위에 살아 움직이는 모든 동물"의 지배자로 인간을 세운 하느님의 오묘한 지혜에 대한 의구심이 21세기 인구폭발의 시대에 접어들며 점점 커져간다. 자신이 만든 인간이 지구 위 공간 전체를 점령하고, 다른 피조물에게 점점 더 적은 공간만을 허용할 거라고는 하늘에 계신 하느님 자신도 계산에 넣지 않았을 것이다. 다른 피조물들도 하느님이 창조한 것이고, 어찌 되었든 인간과 마찬가지로 살아가기를, 최소한 어떻게든 생존하기를 바랐을 것이다.

분명한 사실은 하느님이 천방지축 통제되지 않는 인간 탓에 어려움을 겪었다는 점이다. 첫째로 하느님은 인간의 모든 면을 알지는 못했던 것 같고, 둘째로 지금 무슨 일이 일어나고 있는지에 대한 통제력도 잃은 것 같다. 그러니 창세기 2장에 '창조 이야기'가 또다시 등장한다고 해서 놀랄 것 없다. 특이하게도 낙원으로 무대를 옮겨 펼쳐진 이 두 번째 창조 이야기에서 진정한 어려움이 드러난다. 하느님처럼 되고 하느님처럼 '선과 악'을 알고 싶어 하는 인간의 모든 시도를 막아선, 그 유명한 금지령으로도 하느님은 이 골칫거리를 통제하지 못한다.

역설적으로 인간의 두 번째 창조 이야기에서 하느님은 먼저 그들 중 하나만 만들었다. 자손을 만들 수 있는 1장의 부부 대신 갑자기 한 외로운 남자가 독자 앞에 등장하는데, 완전히 혼자인 그는 뭘 어떻게 시작해야 하는지 아무것도 모른 채 불안해한다. (물론 성서 이야기 속 화자가 되어 낙원을 홀로 거닐었던 최초의 기록자들도 모두 남자였다. 그러나 적어도 그들은 그렇게 할 수도 없고 그래서도 안 된다는 걸 알고 있었다.) 그리고 성서의 화자는 사방이 나무와 개울로 둘러싸인 풍경으로 구성된 낙원을 보여준다. 오늘날까지도 많은 사람이 이런 낙원을 꿈꾼다.

당연히 그다음에는 이브가 등장한다. 이브는 대부분의 성서 구절에서 경멸의 의미를 담아 '한 여인'이라고 표현되는데, 처음 등장할 때부터 자신의 임무가 누군가를 유혹하고 취하는 일임을 확실하게 보여준다. 어쨌든 하느님의 태초 명령처럼 인간은 후손을 낳고 번성해야 하는데, 이 과제의 성공 여부는 무엇보다도 이 여인에게 달려 있다. 이 여인이 명령을 진지하게 받아들이고, 모든 위험과 수고를 무릅쓰고 수행할 준비가 되어 있을 때 비로소 하느님의 명령은 실행된다.

두 번째 창조

낙원에는 또한 몇몇 나무도 자라고 있었는데, 그중에서도 지식의 나무로 불리는, 선과 악을 알게 하는 나무가 특히 유명하다. 길을 잃고 꼼짝 못 하는 사람에게 하느님은 오히려 어떤 경우에도 이 나무의 열매에 관심을 두지 말라고 명령한다. 아담이 이 명령을 지키지 않으면 반드시 자신의 경고대로 죽게 될 것이다.

나는 어린 시절, 학교 수업 또는 견진성사(세례성사를 받은 신자에게 성령과 그 선물을 주어 신앙을 성숙하게 하는 성사 – 옮긴이)를 위한 교리 수업 때 성서를 처음 읽었고, 이 금지 명령을 특히 인상 깊게 느꼈는데, 이해되지 않는 점이 두 가지 있었다. 우선, 아담이 선과 악을 전혀 구별하지 못하는 상황에서 어떻게 악이 무엇인지를 이해할 수 있었을까? 그리고 하느님은 어떻게 이 금지 계명의 위반에 죽음이라는 처벌을 설정할 수 있었을까? "네가 그것을 먹는 날에는 반드시 죽을 것이다."(창세기 2:17) 낙원에서의 삶은 영원한 시간이라는 사고와 연결될 수밖에 없으므로, 아담이 '죽음' 같은 단어를 이해할 수는 없었을 텐데 말이다. 그러니까 아담은 아직 죽음에 대한 지식이 없었고, 또 그런 것을 알지 못하는 게 좋다는 것도 전혀 몰랐다.

하느님은 당신의 피조물이 자신에게 주어진 선만을, 예를 들어 자신이 살아 있음을 느낄 때, 이브가 그의 곁에 머무르며 주위를 둘러보다 아담을 바라보고 웃을 때 그 어느 때보다 큰 기쁨을 느끼는 것만으로 선을 이해하는 것을 기쁘게 여기지 않았다.

성서 본문을 완전히 제쳐두고 그냥 무시하지만 않으면 (물론 때때로 그런 마음이 생기기는 하지만) 이성적인 답변을 도출할 수 있는 두 가지 질문이 제기된다. 이미 지적했듯이, 창세기의 설명은 악이 이미 원죄 이전에, 심지어 낙원에도 있었다고 가정한다. 비록 아담은 홀로 선악과와 거리를 두고 있었지만 말이다. 아담이 하느님에게 복종하지 않는 것은 악한 행동이다. 그러므로 아담은 실제 행동을 시작하기 전에 그 행동이 나쁘다는 걸 이미 알고 있어야 한다. 여기서 전능하신 하느님이 왜 악이 없는 세상을 만들지 못했고, 왜 모든 것을 선하게 만들지 못했는지를 세밀하게 논할 필요는 없다. 어쨌든 하느님은 보기 좋았다는 말을 매일 되풀이할 만큼 자신의 창조 행위에 만족했다. 더 흥미로운 것은, 인류가 자신의 가능성을 확장하기 위해 지식을 추구할 때 실제 세계 어디에 악이 있느냐는 질문이다. 플랑크와 아인슈타인의 기본 물리학에서 세계를 멸망시킬 수 있는 원자폭탄으로 변이해가는 과학과 사회의 여정은 세계사에서 가장 극적인 발전에 속한다. 여기서 질문이 제기되는데, 역사적 여정 속에서 지식 획득의 금지를 통해 핵무기 제조를 막을 수 있는 순간이 있었을까? 당연히 이 주제를 다룬 지성적이고 훌륭한 글이 아주 많이 있지만, 여기서 제기하는 세상 속 악의 장소, 이미 낙원에도 있었던 그곳에 관한 질문을 가장 적절하면서도 분명하게 그리고 역사적으로 올바르게 논하는 작품은 오이겐 로트 Eugen Roth의 시다.[1]

악

아직 전혀 위험하지 않은 한 사람이
(설명하기 어려운) 양자를 설명한다.
이 모든 것을 샅샅이 살펴본 두 번째 사람이
상대성을 연구한다.

세 번째 사람이, 아직은 무해하게
우라늄 안에 비밀이 숨어 있다고 가정한다.
네 번째 사람은
핵분열에 관한 생각에서 벗어나지 못한다.

다섯 번째 사람은 순수한 과학으로(!)
원자의 힘을 해방시켰다.
여섯 번째 사람은 여전히 성실하게
그 힘을 이용하려고 한다. 단지 평화롭게.

이들 모두 죄가 없다.

누구를 비난할 수 있겠는가?

폭탄을 생각하고 만든 사람은

일곱 번째, 혹은 여덟 번째 사람이 아니었나?

그 비밀과 힘을 과감하게 풀었던 자들이

최고의 악은 아니지 않나?

인간들은 악마를 결코 잡지 못할 것이다.

악마는 처음부터 사람들 사이에 숨어 있었다.

죽음과 성

악을 다루고 있는 이 시의 특별한 점은 마지막 두 행에 숨어 있다. 이 두 행은 이 시가 다루는 과학 발전의 시작과 진행 과정뿐 아니라 인류 전체 역사의 시작을 아우르는데, 우리는 하느님의 창조를 다룬 성서 이야기에서도 이에 관해 읽을 수 있다. 하느님은 지구를 생명체로 채우면서, 처음에는 죽음을 언급하지 않은 점이 눈에 띈다. 여기서 성서의 화자는 현대 생물학의 대표자처럼 말하는데, 이들은 오래전부터 다음과 같은 내용을 알고 있었다. "생명이 창조되었을 때, 죽음은 함께 있지 않았다. 첫 번째 생명체에게 불멸은 자기 존재의 본질적 특징이었다. 개별적이고 개인적인 죽음은 한참 후에 등장했다."[2]

생명 출현과 죽음이라는 두 단계는 성서 이야기 전반에서도 드러나며, 구체적으로는 자기 존재를 인간이라고 설명하는 특별한 피조물에게도 해당된다. 하느님이 아담과 이브를 창조했을 때, 에덴동산에 죽음은 함께 있지 않았다. 이 첫 번째 부부는 자신들의 불멸을 기뻐할 수 있었는데, 이에 대해 지금 시대를 사는 사람들은 영원한 삶이 인간에게 실제 추구할 만한 가치가 있는 상태인지 물어볼 수 있다. 오히려 죽음이 없는 삶과 그로 인해 잊히지 못하는, 자기 실존의 종말이 없는 삶은 더 불행해질 것처럼 보이기도 한다. 생을 꾸려가고 생각할 수 있게 된 이래로 인류는 과학적인 견지에서 죽음이라는 이 으스스하고 비밀스러운 경계를 조심스럽게 여겨왔다. 인간은 제한되고 짧은 시간만을 누릴 수 있으며, 이 상황이 바로 인간을 창조적이고 능동적으로 만든다.[3] 인간에게 죽음이라는 경계를 허락해야 한다. 그럴 때 이 경계와 무관해지고, 영원한 시간도 더는 소유하지 않게 된다. 그러나 언젠가는 죽는다는 사실뿐만 아니라 정확히 언제 이 운명이 들이닥칠지를 알게 된다고 생각하면 등골이 오싹할 수도 있다. 그러나 이런 지식은 앞으로 결코 존재하지 않을 수도 있을 것이다. 물리학은 원자 영역에서 인간 지식에 극복하기 어려운 장애물을 제시한, 불확정성 같은 것들을 알고 있다. 아마도 생물학 분야 연구자들 또한 충분히 거대한 불확정성을 만나는데, 이런 불확정성은 인간이 획득하기를 원하지 않고, 특히 생명의 비밀을 보여주는 지식 앞에서 인간을 보호해준다.

  진화생물학의 관점에 따르면, 유기체의 역사 속에서 개인의 죽음이 늦게 등장하는 이유는 생명 형태의 유일무이성과 관련이 있고, 이 죽음은 유성생식을 하는 유기체에서만 발견된다. 실제로, 그리고 구체적으로 죽음은 명백히 유성생식에 달렸다. 말하자면, 처음에 유성생식의 도움으로 자연은 죽을 수 있는 개인을 생산했다. 이와 반대로 초기 생명체들에게만 국한되었던 세포분열은 개별성이 없고, 그렇기에 죽음으로 귀결되지 않는다. 에로스와 타나토스가 한 쌍을 이루는 이 변증법적 상관관계를 흥미롭게 표현하기를 원한다면 미국의 생물학자 톰 커크우드Tom Kirkwood를 인용할 수 있겠다. 커크우드는 이렇게 썼다. "노화와 죽음이 우리가 행하는 섹스의 대가인지 묻는다면, 과학은 '대략 그러하다'라고 답해준다."[4]

이런 생각은 창조 이야기와 낙원으로 다시 돌아가는데, 여기서는 노화보다는 성에 더 많은 관심을 둔다. 신의 금지 명령을 어긴 뒤 아담과 이브의 눈이 열렸을 때, 실제로 중요했던 건 성 또는 성과 관련된 욕망이었다. "사람과 그 아내는 둘 다 알몸이면서도 부끄러워하지 않았다"라고 성서가 전해주는 바와 달리 나체는 중요한 문제가 아니었다. 즉, 다른 성을 본 것이 주제가 아니라, 다른 성을 봄으로써 당연히 자연스럽게 생겨나는 성적 욕망이 중요했고, 아담과 이브가 획득한 금지된 지식은 실제로는 금지된 사랑을 가리켰다. 이것에 관해 좀 더 자세히 이야기해보자.

원죄와 금지된 지식의 획득

성서의 화자들이 여성을 사람 아래의, 2등 계급으로 취급하고 있음을 간과해서는 안 된다. '사람과 그 아내'라는 말은 거북하게 느껴진다. 문법적인 성별에서 중성을 강요하지 않는다면, 그 순서를 바꾸고 '피조물과 그 동반자'처럼 말하는 게 더 적절했을 것이다.

사람들이 아담과 이브를 금단의 열매를 맛보는 이야기와 연관시키는 기본적인 오류 중 하나는 성서가 최초의 부부인 이들이 벌인 일을 죄라고 칭하며 질책한다는 관점이다. 이를 '원죄'라고 부르는데, 기원후 4세기에 교부 아우구스티누스가 지은 책 『고백록』에서 처음 언급되었다. 그러나 이런 관점은 완전히 틀렸다. 성서에서 죄는 카인과 아벨 이야기에 가서야 처음 나온다. 여기서도 특히 살인과 같은 중죄가 주제이며, 그에 비하면 풍성한 깨달음의 나무에서 과일 같은 먹을거리를 훔쳐 따 먹는 일은 오히려 사소해 보일 뿐이다. 낙원에서 벌어진 사건에 죄라는 개념을 연결하고, 금지된 지식을 알게 되었기 때문에 하느님이 내린 처벌이라고 보는 시각은 그리스도교의 초창기 수백 년 동안 있어 왔으며, 특히 교부 아우구스티누스에서 기인한다.

스티븐 그린블랫Stephen Greenblatt은 '아담과 이브의 역사'를 인류에게 가장 영향력이 큰 신화로 보고 있는데, 그는 오늘날 독자들을 위해 이 이야기의 배경부터 새롭게 설명한다. 아우구스티누스가 『고백록』을 작업할 때, 그리고 『신국론』을 쓰면서 '부부와 욕망'에 대해 생각하고 있었을 당시, 이탈리아의 귀족인 에클라눔의 율리안Julian von Eclanum의 관점이 그를 괴롭혔다. 율리안은 "인간의 성생활은 자연적이고 건강한 것이며, 하느님이 세운 창조 계획의 근본 요소"라고 여겼다. 결국 율리안은 인간들이 가능한 자주 성관계를 하고, 여성의 가임성과 남성의 생식능력 덕분에 세상에 후손을 남긴다고 보았다. 이와 반대로, 아우구스티누스는 율리안이 강조했던 이 '생명의 격정'을 단죄했다. 그린블랫이 관찰했듯이, 이런 대립 속에서 아우구스티누스는 "부부 사이의 성행위뿐 아니라…… 심지어 수면할 때도" 적용되는 "성적인 흥분과 성의 불가피성에 대한 강박적이고 괴로운 인지"를 발전시켰고, 여기에 더해 인간은 눈을 뜰 수 있기 전부터 이미 죄인이라는, 받아들이기 힘든 원죄 개념을 생각해냈다. 이것(성)이 바로 인간에게 금지해야 하는 나쁜 생각이다. 선과 악이 무엇인지를 아는 지식이 나쁜 생각은 아니다. 어쨌든 이 금지 지침은 성서가 쓰여진 뒤 아주 나중에 나왔다.

그러니까 에덴동산과 금지된 지식에서 다루는 주제는 성이다. 인류학자 카렐 판 샤이크Carel van Schaik와 역사학자 카이 미첼Kai Michel은 성서를 호모 사피엔스 진화 역사의 많은 단계를 추론할 수 있는 '인류의 일기장'으로 읽을 때 이를 확인할 수 있다고 본다. 최신 연구 관점에 따르면, 실제로 초기 정착 인류는 하느님의 예언대로 고생을 해야만 했는데, 하느님은 아담과 이브의 불복종에 대해 여성은 고통 속에 아이를 낳아야 하며, 남자와 여자는 땀을 흘려야 자신들의 빵을 먹을 수 있다는 등등의 벌을 주었다. 그러나 인류에게 부여된 엄청난 고통 이외에도 성서에 나오는 아담과 이브의 이야기는 주목할 가치가 있는 최소한 두 가지 내용을 추가로 담고 있다. 카렐 판 샤이크와 카이 미첼은 자신들의 책에서 '사유재산의 발명과 여성의 억압'이라는 두 가지를 지적했다.[5] (하느님이 소유한 금지 과일의 절도가 사유재산의 발명과 연결되는데, 여기서 이 주제를 논하지는 않을 것이다.) 당연히 당시에 모두 남자들이었던 교부들은 아담과 이브가 지식의 금지 명령을 어긴 결과로 원죄에 빠진 책임을 너무도 기꺼이 여자에게만 돌렸고, 그렇기에 여자는 남편에게 복종해야 한다고 보았다. 설상가상으로 여성은 성욕의 장본인이라고도 비난받으며, 실제로 오늘날까지도 남성들은 성적 욕구에 대해 꺼림칙하게 여기고 억눌러야 한다고 생각한다. 다음에서 이를 좀 더 상세하게 설명하려고 한다.

남자들의 공포와 무지

남성과 여성은 "본성에서부터 다르다Von Natur aus anders". 심리학자 도리스 비숍-쾰러Doris Bischof-Köhler는 같은 제목의 책에서 성별에 따른 차이를 진화론적 관점에서 상세하고 설득력 있게 서술했고, 관심 있는 모든 이들의 마음에 이 명제를 새겨주었다. 나는 여기서 남자들이 독단적으로 여성 위에 주인으로 올라설 수 있다고 생각했던 두 가지 역사적 사례를 보여주려고 하는데, 실제로는 이 두 가지 사례 속에서 남자들은 자신들의 열등감에 대한 두려움을 숨기고 이 세계에 불행만을 가져왔을 뿐이다.

서구 문화권에서 유명한 히스테리 분석이 있다. 이 진단에서 지크문트 프로이트Sigmund Freud 같은 저명한 의사들이 여성의 자궁은 정자를 찾으려고 뇌를 향해 움직인다는 터무니없는 설명을 했다. 정신분석학자들은 비밀스럽게 은폐되고 영원히 충족되지 않는, 남성들이 만족시키거나 채워줄 수 없는 성적 욕망을 가진 여성이라는 신화를 창조했다. 프로이트는 1895년에 이렇게 표현했다. "성적 흥분을 향한 동기가 대단히 크거나 혹은 특별히 불쾌감을 느끼는 사람 모두를 나는 주저 없이 히스테리 환자로 여길 것이다." 이런 반여성성 혹은 여성 혐오는 정신분석학자들에 의해 오랫동안 과학적이라고 칭송받으며 심리 분석에 통용되었고, 히스테릭한 남성들은 많은 경우 여성들을 충족시키지 못하는 성적 불능에 대한 자신들의 공포를 위의 해석에 빗대어 표현했다. 자신들은 도달할 수도 없고 영향을 미치지도 못하는 여성들의 욕구에 대한 남성들의 공포는 최근에 다시 조명받았는데, 2016년 가을에 코카서스 지방의 무프티Mufti(이슬람 율법의 해석과 통역 권한이 있는 이슬람 학자 – 옮긴이)는 소녀들의 성적 욕구를 약화시켜야 한다고 주장하며 여성 할례를 옹호했다. 모든 여성이 할례를 받으면 이 세계에 성적 방탕이 없어질 것이라고 믿는 이 무프티가 러시아 대통령 푸틴의 종교위원회에 자리를 차지하고 앉아 있는 건 우연이 아니며, 위원들은 기꺼이 자신들의 성생활에 관한 문제를 무프티에게 물을 것이다. 이런 곳에는 계몽이 시급하다. 누가 용기 있게 이 지식의 금지를 깨뜨릴 수 있을까?

파우스트와 헬레나

그린블랫 같은 연구자들과 다른 호기심 많은 사람들은 아담과 이브와 관련된 성서 이야기가 모든 시대를 관통하면서 불러오는, 끊임없이 지속되고 유지되는 매력에 대해 많은 질문을 던진다. 진화의 맥락에서 보면 확실히 인간은 자신의 본성을 거스르는 행동을 견디지 못한다. 그런데 창조 이야기에서는 바로 이런 행동이 일어난다. 하느님이 인간에게 어떤 지식의 습득도 금지했다면, 이 문화적 계명은 명백히 당신이 만든 피조물의 본성과 반대된다. 로베르트 무질Robert Musil이 자신의 책 『특성 없는 인간Mann ohne Eigenschaften』에서 표현했듯이, "인간은 절대로 절대로 무언가를 알고 싶어 한다." 인간이 존재하기 시작했을 때부터 이렇게 여겨졌고, 지금까지도 이어진다.

타락하기 전의 순수한 낙원에도 이미 인간이 분명히 처음부터 알고 싶어 했던 무언가가 있었다. 지구 위를 돌아다니면서 다른 생명을 탐색한 이후 그들은 서로에게 분명히 물었다. 하느님이 자신들에게 맡긴 "자식을 낳고 번성하라"라는 임무를 완수하기 위해 성교를 할 때 흥분과 자극을 불러오는 건 무엇일까? 섹스와 동침, 성교는 오늘날까지도 특이한 여성 복장을 착용하는 가톨릭 성직자들이 늘 분명하게 말하듯이, 여전히 아우구스티누스의 판결 아래 놓여 있는 듯 보인다. 고전 영역에서 원죄를 탐구하려는 사람은 괴테의 『파우스트』만 보면 된다. 『파우스트』 2부에는 희곡의 주인공이 헬레나를 만나기 위해 악마 메피스토에 의해 그리스로 보내지고, 그곳에서 메피스토의 기대대로 파우스트가 타락하는 장면이 나온다. "그녀를 아는 사람은 그녀 없이 지낼 수 없다"라고 파우스트는 분명하게 선언했고, 메피스토는 두 사람을 성으로 데려가 침대를 제공한다. 푹신하고 부드러운 침대 위에서 헬레나는 자신을 귀찮게 하는 파우스트에게 "내 쪽으로 와요."라고 명령한다. 그리고 무슨 일이 일어났을까?

스위스의 어문학자 페터 폰 마트Peter von Matt가 우월감 속에서 주장하듯이 이후 "독문학자들이 그 일에 대해 150년 이상 침묵해왔던" 일이 일어난다.[6] 왜냐하면 "그다음 두 사람은 공공연히, 모두의 눈앞에서, 양탄자처럼 무거운 왕의 침대 위에서 동침"했기 때문이다. 어떤 독자는 이 사실을 믿으려 하지 않는다. 그러나 그런 이들도 뒤에 이어지는 내용을 외면할 수 없고, 그 내용은 너무나 명확하다. 합창단이 이후 벌어진 상황을 묘사하는데, 이 엄청난 상황은 무대 위에서 올라 시로 표현되어 훌륭한 조어가 담긴 행으로 마무리된다.[7]

"높으신 분은
은밀한 기쁨을
백성들의 눈앞에서
대담하게 드러내는 걸 꺼리지 않는군요."

문학은 이 구절에 주목했다. 1997년에 출판된 『괴테 전집』 뮌헨 판에 실린 주석에 따르면, 이 구절은 "사랑은 내면의 어떤 특질이 아닌, 전 우주적 자연의 '명백한 비밀'이며, 성적인 결합 그리고 생명의 원초적 현상"임을 표현한다. 페터 폰 마트는 친절한 단어로 구성된 이 주석이 단지 잘못된 보어만 추가 생산할 뿐인 무용한 논변이라고 본다. 괴테의 작품을 진지하게 받아들이는 사람에게는 "아름다운 남녀 한 쌍의 공개된 육체의 상연에서…… 그리스와 독일의 융합 세계(헬레나와 파우스트가 연상되는) 이면의 다른 어떤 것, 낙원에서의 첫 번째 사람들", 즉 아담과 이브가 떠오른다. 괴테는 아담과 이브의 여정을 파우스트와 헬레나의 모티프로 삼았지만 한 가지 차이가 있었다. 괴테의 경우, "거기에는 금지 명령이 없다. 거기에는 죄가 없다". 나아가 다른 것이 하나 더 있는데, 바로 우리를 현세 밖으로 인도하는 엄청난 지식이 있다. 폰 마테는 이렇게 표현했다.

"시대의 가장 깊은 지식에 따르면, 이 아름다운 한 쌍의 연인은 이 세계에 육화된 신성으로서, 그리고 통치하는 아버지 하느님의 자리인 역사의 가장 궁극의 목표로서 완전한 자연에 들어선다." 이 어문학자는 괴테가 묘사한, 내용은 공개되어 있으나 해석자들이 침묵함으로써 그런 의미에서 일반 대중들에게 금지되어 온 장면을 언급한다. 그는 여기서 괴테가 말하고자 한 것은 "죄의식 없이, 숨어서 엿보지 않는 성과 사랑의 선언이자, 급진적이고, 온전히 정신적이고, 온전히 육체적인 것"이며, 낙원에서 인간에게 금지되었던 것이 바로 이것이라는 것이다. 낙원에서 인간에게 금지되었던 지식은 그들이 알몸인 것과 전혀 상관이 없다. 어떻게 그들이 그 상태를 모를 수 있었겠는가? 게다가 이는 선과 악의 분별과는 더욱 관련이 없다. 아담은 유혹에 빠지기 전에 틀림없이 선악을 알고 있었다. 그러지 않으면 유혹이 존재할 수 없기 때문이다. 하느님이 낙원에서 인간들에게 어떤 경우에도 허락하지 않으려 하고, 그래서 어떤 경우에도 알지 못하기를 원했던 지식은 성적 결합과 관련이 있다. 환희로 가득 찬 성적 결합의 절정에 이른 인간은 하느님에 대한 직접적이고 개인적인 경험, 즉 창조하는 생명의 불꽃을 느끼며, 신비롭고 세상을 초월한 기쁨을 경험할 가능성과 연결된다.

반드시 신을 언급할 필요가 없다면 일상 언어로는 이 기쁨을 오르가슴이라고 표현할 수 있다. 그리고 (대부분의 연구자들이 남성인) 과학이 이 주제를 다루기 시작하면서 임신을 위한 필수 전제 조건이라는 진화생물학적인 용어로 여성의 오르가슴을 설명하려 시도한다. 영국의 역사학자 파라메르츠 다보이왈라Faramerz Dabhoiwala가 자신의 책『욕망과 자유』에 실려 있는 '제1 성혁명의 역사'에서 서술[8]했듯이, "서구 문화가 시작된 후 사람들은 여성이 더 욕망하는 성을 지녔다고 확신했고," 여성의 음부는 채워지지 않는 것이며, 여성이 일으킨 사랑의 불꽃은 탐욕으로 불리었다. 여성은 덜 이성적이라고 여겨졌고, 사람들 혹은 남성들은 "인간 전체의 죄가 결국 이브의 원초적 허약함에서 비롯된 것이다"라고 생각했다. 이는 첫 번째 여성의 육체의 정욕과 성적 흥분을 의미하는데, 물론 남성에게도 적용된다. 파트너는 천국의 행복을 가져다주고, 성공적인 성행위가 이루어질 때면 하느님을 잊게 만들 수도 있었다.

아우구스티누스와 호기심

『고백록』에 서술되어 있듯이, 교부 아우구스티누스는 '육체의 탐욕'을 거부하기 전인 청소년 시기에 이미 성적 욕망을 느꼈을 뿐 아니라, 이를 활발하게 발산했다고 한다. 397~398년에 처음 나왔고, 이후 늘 새롭게 번역되고 출판되는 『고백록』에서 아우구스티누스는 하느님에게 자신의 금욕과 절제를 청하고, 거의 농담처럼 "그러나 지금 당장은 아니라"고 덧붙였다. 이 책을 집필할 당시 앎의 추구를 의미하는 라틴어 '*리비도 스키엔디*' *libido sciendi*'가 그의 눈에 들었는데, 이 단어는 곧 인간의 리비도적 욕망, 즉 남자에게 어떤 선택지도 허락되지 않는, 다른 성에 대한 저주스러운 성적 욕구를 연상시킨다. 그래서 이 교부는 이 욕망에 용감하게 맞서 『고백록』 10권에 죄로 가득 찬 인간의 유혹을 상세하게 다룬다. 이 책에서 아우구스티누스는 '육체의 탐욕'과 '눈의 탐욕'을 연결한다. 눈의 탐욕을 통해 감각에서 시작되고 확장되는 인간의 호기심과 지적인 앎에 대한 지속적인 욕구를 떠올린 것이다. 그리고 아우구스티누스는 끈질기게 드러나는 이 두 가지 욕구를 어떤 면에서는 성적 욕구보다 훨씬 더 위험하다고 평가한다. 아우구스티누스는 『고백록』 10권 35장에 이렇게 썼다.[9]

"덧붙여 훨씬 더 위험한 유혹의 다른 형태가 있는데, 모든 감각적 쾌락과 즐거움 안에 있고, 그대에게 봉사하고 하느님을 멀리하게 하여 몰락을 가져오는 육체적 욕망 이외에도, 육체를 통해 영혼 안에 들어 있고, 육체적으로 즐기려 들지는 않지만 인식과 학문이라는 이름으로 미화된 채 육체를 도구로 만들어버리는 공허한 참견이 있다. 이것이 바로 호기심인데, 이로 인하여 눈이 감각의 주도권을 넘겨받는다. 성스러운 말씀에서는 이를 눈의 욕망이라고 부른다."

여기서 아우구스티누스는 인류의 지식사에서 호기심 금지로 귀결되는 아이디어를 떠올리고 발전시키기 시작한다. 그리스도교가 지배하는 서구 사회에서 이 호기심 금지라는 아이디어를 극복하기까지 무척 긴 시간이 필요했다. 특히 신앙인들에게는 엄청난 정신적 노력을 요구하는 일이었는데 아우구스티누스 이후 거의 천 년이 지나 알베르투스 마그누스Albertus Magnus나 라이헤나우 섬의 수도자 헤르만 데어 라

메Hermann der Lahme 같은 이들이 이런 정신적 수고를 감내했다.[10]

아우구스티누스가 '**쿠리오시타스**curiositas', 즉 호기심에 반대했던 이유는 여전히 특이하고, 사실 이해하기도 힘들다. 아우구스티누스는 감각이, 특히 눈의 욕망이 시각적 쾌락과 인간의 다른 즐거움에도 유용하다고 고백한다. "아름다움, 좋은 소리, 편안함, 풍미, 그리고 부드러움은 즐거움을 주기 때문이다." 종교인이 아닌 철학자 아리스토텔레스 같은 이들은 이런 미적 경험이 인간의 지식욕을 자극한다는 결론에 도달했지만, 이 신심 깊은 교부는 정확히 이와 반대되는 주장을 했다.[11]

"그러나 호기심은 수고스러움을 떠맡기 위해서가 아니라, 경험하고 알고 싶은 욕망에서 감각에게 그 일을 한다. 즐거움을 위해 하는 일이 그 앞에 서면 몸서리쳐지는 찢어진 시신을 보는 일이다. 그리고 사람들은 애도하고 걱정하기 위해 그 시신이 누워 있는 곳으로 달려간다. …… 이런 병적인 욕망 때문에 극장에서는 환상적인 효과를 내는 작품을 상연한다. 거기서 사람들은 우리 밖에 놓여 있는 자연의 비밀을 계속해서 탐구하기 시작하는데, 이런 자연의 비밀은 알아도 쓸모가 없으며 사람들의 호기심에 지나지 않는다." 아우구스티누스는 계속해서 "마술적인 기술을 통해 잘못 이용된 과학의 도착지 찾기"에 대해 말하는데, 이를 통해 아우구스티누스는 궁극적으로 인간과 하느님이 하는 일을 보여주려고 한다. 즉, 하느님은 인간에게 '절제'를 명하셨고, 인간은 주님에게 육욕과 호기심, 즉 두 개의 리비도를 억제하고 통제하는 일이 주님의 뜻에 따라 가능해지기를 청한다. 그러나 아우구스티누스 자신은 『고백록』을 끝마쳐야 하니까 지금 당장은 아니고, 긴 생애에서 남아 있는 수십 년 동안 그러하기를 청한다.

당연히 근대의 독자는 이렇게 물을 수 있다. 아우구스티누스는 인간의 자연적인 호기심을 기껏해야 "전혀 유용하지 않은 지식"으로 규정할 수 있는, 언뜻 무모해 보이는 지식을 어디서 얻으려고 했을까? 오래전에 세속화된 세상을 살아가는 우리 시대 사람들은 이 독실한 그리스도인이 천 년도 훨씬 전에 자신의 창조주에게 어떤 믿음을 보여주려고 했는지 아마도 이해하지 못할 것이다. 아우구스티누스가 『고백록』을 집필할 때, 자신이 고대 그리스의 비그리스도교 철학 지식과 대적한다고 여겼음은 역사적으로 이해할 수 있다. 자신의 또 다른 책 『그리스도교 교리에 대하여De doctrina Christiana』에서 교부 아우구스티누스는 그리스 로마 세계에서 온 비그리스도교 철학과 당시 성장하고 있는 그리스도교 신앙을 연결하고, 진리를 향한 분리된 두 개의 노력을 화해시키려고 한다. 아우구스티누스는 두 가지 모두 자유로운 삶을 위해 어떤 지식이 유용하냐는 질문을 다루고 있으며, 비그리스도교 철학에서도 "도덕적 조언과 유일하신 하느님 숭배에 대한 진실된 많은 것"을 발견할 수 있다고 확신했다.

아우구스티누스는 지상에 거주하는 사람들이 이성의 통찰을 통해서도 하느님 나라로 가는 여정에 성공할 수 있음을 확신한다. 아우구스티누스가 보기에 인간은 하느님을 두 권의 책을 지은 저자로 생각해야 한다. 첫 번째 책은 하느님의 말씀과 관계된 성서다. 하느님 말씀은 성서 없이 분명할 수 없고, 의미를 가질 수도 없다. 두 번째 책은 자연이라는 책이다. 로마서 1장 20절에 나와 있듯이, 하느님은 자연 안에서 자연으로 먹고 살아가는 인간에게 창조물을 통해 자신을 계시한다. 아우구스티누스에 따르면, 신앙과 이성의 적절하고 타당한 조합을 위해 노력하고, 이 조합에서 얻을 수 있는 조화롭고 행복을 주는 지식을 다룰 줄 아는 사람이 구원으로 난 길을 찾는다.

꽤 오랜 시간이 흐른 뒤에야 라우잉엔Lauingen의 알베르트가 이 생각을 진지하게 수용하고 활용했다. 이미 14세기에 살았던 후세들이 알베르트에게 '위대한'이라는 호칭을 붙여주었고, 그래서 그는 알베르투스 마그누스라 불린다. 알베르투스 마그누스는 하느님을 향한 자신의 깊은 믿음과 계속해서 늘어나는 자연에 관한 지식들을 화해시키려고 했는데, 아우구스티누스가 『고백록』에서 기울인 금지 노력에도 불구하고, 자연에 대한 지식은 호기심이 많은 사람들에 의해 점점 더 쌓이고 커졌다. 알베르투스 마그누스는 믿는 능력과 알고 싶은 의지 모두를 인간의 특별한 기본능력이자 욕구로 이해했으며, 이 두 욕구가 서로를 받아들이고 서로를 가르치기를 원했다. 이를 위해 그는 인간이 연구해야 하는 것과 호기심에서 멀리 거리를 두어야 하는 것을 구별하자고 제안한다.

"자연과학에서 우리는 어떻게 하느님이 자신의 자유로운 의지에 따라 직접 개입하여 피조물에게 기적을 일으키는지 연구해서는 안 된다. 그보다 우리는 자연 영역에 있는 자연물에 내재하는 인과성을 통해, 자연적인 방식으로 무엇이 생각날 수 있는지를 탐구해야 한다." 이제 더는 일반적인 지식 금지나 호기심에서 떨어지라고 말하지 않는다. 그 반대다! 인간들은 먼저 올바른 질문을 제기해야 하고, 그다음에는 해답을 찾아 지식을 확장하기 위해 모든 방법을 시도해야 한다. 알베르투스는 신앙과 도덕을 주제로 다룰 때 아우구스티누스의 작품들을 참고해 조언과 지침을 가져왔다. 반대로 질병과 치료법에 관해서는 먼저 의사 갈레노스Galenos의 보고서나 의학적 세부지식이 있는 다른 작가들을 참조했다. 이들은 하느님의 호기심 금지 명령에서 벗어나는 법을 일찍부터 배웠는데, 이를 벗어날 가치가 있을 만큼 무시하기 힘든 인간의 고통이 있었기 때문이었다. 알베르투스 마그누스는 또한 교회 사람들이 살아 있는 자연 전체에 대해 철학자 아리스토텔레스만큼 알지 못한다고 확신했는데, 아리스토텔레스는 신과 관계없이 자연에 감탄하고 그 화려함을 즐길 수 있었기 때문이다.

잃어버린 낙원

구약성서의 지식 금지 명령, 그리고 호기심에 울타리를 치려 했던 아우구스티누스의 시도는 시간이 흐르면서 영향력을 잃어간다. 점점 더 세속화되어가는 역사의 흐름과 커져가는 과학의 영향 때문이었다. 또한, 계몽된 태도를 취하는 인간들이 점점 늘어나며 하느님을 자신들의 삶과 전체 세계에서 더 멀리 떼어놓기 시작한다. 19세기에는 이런 경향을 '세계의 탈주술화Entzauberung der Welt'라 불렀고, 사회학자와 철학자들은 자연과학의 이런 영향을 오늘날까지도 지지한다. 그러나 이 시대의 인상적인 점은 몇몇 지식인들이 친히 지식 금지 명령으로 그곳을 점유한 듯 행동한다는 사실이다. 이들은 카를 프리드리히 폰 바이츠제커Carl Friedrich von Weizsäcker와는 생각을 달리한다. 폰 바이츠제커는 1940년대에 자연과학이 세계의 비밀을 없애는 게 아니라 반대로 점점 더 은밀하게 만든다며 설득력 있는 증거를 들어 주장했다.[12] 여기서 제기될 수 있는 특이한 질문은 금지된 지식과 숨겨진 지식 사이의 관계다. 비밀 폭로를 금지할 수는 있다. 그러나 비밀을 더 깊숙이 감추는 일도 금지할 수 있을까? 그리고 새로운 지식이 단지 더 깊은 비밀을 만들 뿐이라면, 그다음에 인간은 무엇을 금지하고 싶어질까?

더 깊어진 비밀

아리스토텔레스 시대 이후, 사람들은 사물이 왜 아래로 떨어지는지 알고 싶어 했다. 아리스토텔레스는 사물이 서둘러 가야 하는 그들만의 자연적인 장소가 바닥에 있다고 생각했다. 그러나 근대인들은 인과론적 설명을 요구했고, 이후 아이작 뉴턴Isaac Newton이 지구에서 중력이 작동한다는 설명을 내놓았다. 이 설명은 훌륭해 보이지만, 새로운 질문을 품고 있다. 중력은 어떻게 생겨났을까? 첫째, 중력은 공간을 어떻게 통과할까? 둘째, 공간을 통과할 때 어떻게 아무런 사물의 방해도 받지 않을 수 있을까? 19세기 과학자들은 사물의 낙하처럼 눈에 보이는 현상을 눈에 보이지 않는 것으로 설명하는 데 익숙해졌고, 그렇게 해서 중력장이라는 아이디어가 등장했다. 예를 들면 태양은 여러 행성을 각자의 항로에 고정하기 위해 자기 주변에 중력장을 만든다. 당연히 사람들은 이제 이런 중력장이 어떻게 생성되는지 알려고 했고, 1915년 알베르트 아인슈타인이 일반상대성이론으로 대답을 내놓았다. 이 이론에 따르면, 물질은 시공간을 휘게 할 수 있고, 그렇게 해서 중력장이 생겨난다. 이 이론을 접한 사람들은 과학적 설명이 새로운 지식을 탄생시키지만, 동시에 점점 더 신비로워진다는 사실을 특별히 이해하게 되었다. 이 또한 괜찮은 일인데, 인간이 경험할 수 있는 가장 아름다운 것이 신비를 깨닫는 일이기 때문이다. 그렇다면 누군가 인류에게 바로 이런 지식을 금지하고 싶어 하는 일이 가능할 수도 있지 않을까?

철학자 찰스 테일러Charles Taylor가 '서구 세계의 거대한 발명'이라고 불렀던 사유의 출현, 즉 "이미 부여된 개념을 활용하여 자연이 품고 있는 내재적 질서가 미치는 영향을 체계적으로 이해하고 설명할 수 있다는 생각"이 늦어도 르네상스 시대 이후로는 명백해졌다. 여기서 테일러는 "이 내재적 전체 질서가 더 깊은 의미를 제공하는지", 그리고 "이 질서로부터 벗어난, 초월적이고 이 세상 저편에 있는 창조주의 존재가 귀결될 수 있는지"[13] 묻는 질문을 열어 둔다.

내재성과 초월성을 구분하는 예로, 행성 운동의 설명을 생각해볼 수 있다. 고대 이후 관측자들은 천체가 천구 위에서 움직이고, 이 규칙은 지상에 있는 인간이 도달할 수 없는 상태, 즉 초월적으로 머물러야 한다는 점을 인정했다. 그런데 17세기 초에 요하네스 케플러Johannes Kepler는 조심스러운 관찰과 방대한 자료 연구를 통해 화성의 궤도가 우리가 예상하는 원형이나 구가 아니라 타원을 그린다고 발표했다. 늦어도 이

때부터는 관찰된 행성 운동은 대상 그 자체로, 즉 내재적으로 설명되고 이해되어야 했다. 이는 인간이 지구 위의 기계적 운동을 관찰하는 방법과 같았다. 신은 원을 만들지만, 타원을 만들지는 않는다. 기하학적 형태는 자연법의 결과로서 존재해야 했다. 그리고 정확히 이때부터 기하학적 형태를 찾고 이를 인간 지식에 추가하는 일이 중요해졌다. 이제 철학적, 신학적 장애물이 인간 지식을 더는 방해하지 않게 되었다.

케플러가 성공적으로 행성 운동을 위한 법칙을 제시할 수 있었던 시기에 역사가들이 '유럽 근대 과학의 탄생'이라고 부르는 것이 대체로 완성되고 있었다.[14] "아는 것이 힘이다"라는 격언으로 이 발전을 점점 더 광범위하게 느낄 수 있던 시기에, 영국의 시인 존 밀턴John Milton은 과학적으로 변해가는 자신의 시대를 '잃어버린 낙원(실낙원)'으로 규정할 수 있다고 생각했다. 그래서 밀턴은 성서에 나오는 인식의 금기를 다시 시로 표현하려 했다. 1667년에 처음 나온 『실낙원』에서 성서의 지식 금지는 호기심 많은 인간 스스로의 탐구로 바뀌었는데, 호기심은 인간에게 악마를 불러왔다. 악마가 금기의 위반을 유혹하려고 낙원에 있는 아담과 이브에게 접근하듯이, 밀턴은 하느님이 저 높은 곳에서 방관하도록 한다. 이 상황은 이미 그 자체로 위험하다. 하느님은 인간에게 유혹에 저항할 수 있는 힘을 주었지만, 동시에 악마의 유혹을 판단할 수 있는 자유도 허락했기 때문이다. 이렇게 해서 독자들은 누가 승자가 될까라는 두려운 질문을 던지게 된다.

밀턴의 에덴동산에는 악마와 함께 대천사 라파엘도 등장한다. 라파엘은 아담의 청에 기꺼이 응해 옛날에 세상이 어떻게 하느님에 의해 창조되었는지 설명해주지만, 동시에 호기심 많은 인간 아담에게 지식의 경계를 제시한다. 즉, 아담이 하늘에서 행성들이 어떻게 움직이는지 탐구하고, 코페르니쿠스가 16세기 이래로 제안했고 17세기 밀턴의 시가 나오기 십여 년 전 갈릴레오 갈릴레이에 의해 격렬하게 옹호받았던 대로, 모든 것이 정말로 지구가 아닌 태양을 중심으로 돌아가는지 분명히 경험하려고 할 때, 대천사는 아담에게 너무 많은 것을 알려 하지 말라고 경고한다. 인간에게는 너무 높은 곳에 있는 것들도 있다고 천사는 말했고, 밀턴은 처음에는 아담도 이 말을 받아들였다고 전한다.[15]

> "하늘은 그대가 무슨 일이 일어나는지
> 알기에는 너무 높다. 그대는 겸손되이 영리하여라.
> 단지 그대와 그대의 존재와 관련된 일만 생각하고,
> 다른 세계를 꿈꾸지 마라. 그리고
> 그곳에 어떤 피조물이 살고, 어떤 종들이
> 어떤 상태와 어떤 순위로 사는지도 묻지 마라.
> 그리고 땅과 하늘에 대해
> 그렇게 많이 알게 되었음에 만족하라."

밀턴의 시에서 아담은 이 모든 경고에도 불구하고 금지된 지식에 대한 욕망을 키워나갔고, 로저 사턱 Roger Shattuck이 『타부』라는 제목의 금지된 지식에 관한 자신의 문화사에서 강조했듯이, 시인은 이브에게도 이 보호된 영역을 향한 추구에서 중요한 역할을 부여했다.[16] 사탄이 이브에게 뱀의 형상으로 나타난 뒤(성서에서는 늘 마치 연극처럼 표현되었는데), 밀턴은 이브에게 이렇게 생각하게 한다. "선과 악을 알게 하는 나무 열매를 먹고 깨달음을 얻으면 하느님이 이에 반대하여 무엇을 하실 수 있을까?" 자신과 밀턴의 시를 읽는 독자들에게 질문하기 위해 이브는 설득력 있는 생각을 한다.

"만약 악이 '현실'이라면, 악을 알아야 더 쉽게 피할 수 있지 않을까?"

그러고 나서 이브는 금지된 과일을 즐겼는데, 맛을 본 후의 경험을 찬양하기 위해서였다. 이브는 이 경험을 '내 최고의 별'이라고 불렀다. "그 나무를 맛본 대가를/ 하느님은 죽음이라고 불렀다"라고 아담이 상기시켜서 자신에게도 의심이 싹트기 전까지, 오랫동안 자유롭게 움직이고 우월감을 느끼기 위해서였다.

과학사적으로 말하면, 밀턴은 17세기 후반 "모든 악덕의 시초(클레르보의 베르나르Bernhard von Clairvavux)"는 호기심이라고 생각하던 오래된 두려움과 새로운 지식욕 사이에 놓여 있다. 이 새로운 지식욕의 결과로 밀턴의 이브에게도 잘 알려진 의심이 하나의 방법이자 결코 가라앉지 않는 인간 호기심의 구체적인 형태로 드러난다. '실낙원' 이후 수백 년의 시간 속에서 점점 분명해지듯이, 인간은 금지된 것의 유혹에 자극받지 않을 수도 있다. 밀턴의 작품 끝부분에서 대천사 미카엘이 인간들에게 전하는, 지식을 추구할 때 가능한 제한이 있어야 한다는 충고도 거기에 머문다. 밀턴은 천사에게 "겸손하게 영리하여라"라고 말하게 한다. 어떻게 이 명령이 인간의 본성과 조화를 이룰 수 있는지에 대해서는 따로 덧붙여 설명하지 않는다. 누가 누구를, 언제, 왜, 그리고 어떤 지식을 금지할 수 있을까? 그리고 누가 그것을 알고 싶어 하지 않을까? 20세기 초에 아인슈타인이 어떤 물체의 에너지 함량은 관성에 의존하는가라는 질문에 관해 깊이 생각했던 일을 누가 금지할 수 있었겠는가? 이 사유로부터 1905년에 저 유명한 공식 $E = mc^2$이 나왔고, 이 공식은 25년 후 원자폭탄의 형태로 증명되었다. 전능하신 하느님 이외에 누가 이것을 알 수 있었겠는가? 그러나 하느님은 낙원에서의 금지 명령 이후 더는 인간의 일에 참견하지 않는다.

『성과 진리』

스티븐 그린블랫은 『아담과 이브의 역사』에서 무엇이 아우구스티누스를 낙원 이야기로 유혹하고 부추겼는지 찾아내려 한다. 약 15년 동안 교부 아우구스티누스는 '창세기 문자'의 모든 깊이와 그 안에 담긴 세부 내용을 측정하려고 노력했다. 에덴동산에 있던 두 사람이 하느님의 금지 명령을 어기고 깨달음의 나무 열매를 따 먹었을 때 처음 무엇을 보았는지를 이해하기 위해서였다. 그린블랫에 따르면, 그러던 어느 날 아우구스티누스는 진정한 주제가 무엇인지 어렴풋이 깨달았으며 『창세기의 문자에 대해De Genesi ad litterarum』 11권에 다음과 같이 기록했다.

"그들은 자신들의 신체 일부에 시선을 던졌으며, 지금껏 알지 못했던 충동 때문에 성적 탐닉에 빠졌다." 그린블랫이 계속 상술하듯이, 책상 앞에 앉아 있는 이 금욕주의자의 의식과 마음에서는 아버지와 함께 목욕탕에 갔던 어린 시절의 기억이 쉬이 떠나지 않았다. 『고백록』

에 따르면, 소년 아우구스티누스는 목욕탕에서 "육욕의 가시들이 머리에서 터져 나오는 것 같은" 경험을 했다.[17] 당시 16세인 아우구스티누스의 아버지는 아들에게서 갑자기 솟아나는 "격정적인 청년의 힘"을 목격했다. 아버지에게는 미래의 손주에 대한 기쁜 기대를 품게 하는 짧은 순간이었지만, 당사자는 오랫동안 엄청난 괴로움을 겪었는데, 아우구스티누스가 생각하기에 이는 자유의 상실을 보여주었기 때문이다. 아우구스티누스는 신체의 일부가 더는 자신의 의지에 복종하지 않는 것 같다고 한탄했다. 여기서 아우구스티누스가 생각하는 일부는 당연히 '그 지체'다. "발기되거나, 혹은 발기가 안 되는 것은 리비도의 상태에 달렸고, 그것은 분명히 완전히 고유한 규칙을 따른다." 그린블랫은 천 년도 더 지난 후에 '주인님 이것Meister Iste'이라는 개념으로 괴테도 공유했던 아우구스티누스의 불쾌한 인식을 이렇게 정리해주었다.[18] 아우구스티누스에게 이런 상황은 아주 나빴다. 그에게 자유롭게 된다는 위대한 생각은 구체적으로 자신의 욕망을 통제하고 지배할 수 있음을 의미했기 때문이다. 그래서 아우구스티누스는 자신이 흥분되고 준비되기를 원할 때만 자신의 지체가 발기하기를 원했다.

아우구스티누스가 알고 싶어 하지 않는 것을 방해하는 주체는 바로 인간의 본성이다. 여기서는 욕망과 호기심을 새로이 나란히 세우고 비교하면서 살펴봐야 한다. 인간은 외부 환경이 적절한 유혹을 제공할 때 분명히 진정으로 흥분되기를 원할 수 있고, 진정으로 무언가를 알고 싶어 할 수도 있기 때문이다.

물리학자 로버트 오펜하이머Robert J. Oppenheimer는 끔찍한 수소폭탄 개발을 다루면서 '기술적 달콤함'에 대해 역설적으로 말한다. 호기심과 욕구를 함께 보는 통합된 시선은 지식과 성, 또는 금지된 지식과 금지된 사랑의 결합 가능성을 사유할 동기를 부여한다. 미셸 푸코Michel Foucault는 『성의 역사』에서 "사회 권력이 성에 대한 우리의 생각을 규정"하는 일이 어떻게 일어나는지 설명한다. 권력, 지식, 성은 서로 연결되어 있다. 여기서 '아는 것이 힘이다'라는 진술의 방향을 조금 바꾸어 '성은 지식이다'라는 문장을 만들 수 있을 것이고, 이 문장을 다시 뒤집을 수도 있다. '앎은 성이다.' 어쨌든 낙원의 상황을 전해주는 창조 이야기에 이렇게 나와 있다.

계몽주의 이후 인간은 자신의 성적, 사회적 본성을 과학적으로 이해하려 노력한다. 그리고 성의 영역에서 '자연적인 것(정상적인 것)'으로 여겨졌던 것과 '비자연적인것(변태적인 것)'으로 금지시켰던 것들을 역사의 여정 속에서 설명하려는 요소와 이들 요소의 의미가 점점 늘어간다. 푸코 자신의 성적 지향은 독일과 다른 문명국가에서 동성애가 처벌 대상이 된 것이 그렇게 오래되지 않았다는 사실을 상기하는 데 도움을 준다. 19세기에 동성애는 어떤 논쟁에서도 등장하지 않았다. 여기서, 오늘날까지도 가톨릭교회의 강력한 옹호자들은 어리석고 비인간적인 진술에서 벗어나지 못하고 있다는 슬픈 소식을 전해야 할 것 같다. 이들은 "동성애는 창조교리에 반한다"[19]라고 주장하고, 동성애와 연관된 사람들을 악마로 낙인찍는다. 그 밖에 러시아와 우간다 같은 나라의 부당한 정책도 간과해서는 안 되는데, 어리석은 권력자들이 계속해서 동성애를 금지하고 배척하며, 심지어 사형으로 위협하기도 한다. 이런 일을 하는 권력자나 통치하는 남성들에게는 어떤 지식을 금지할 필요가 없는데, 이들은 원래 아무 지식이 없기 때문이다. 이들은 금지되어야 하는 것에 자신들의 권력을 지식 없이 사용한다. 마땅히 아무 영향도 미치지 않는 지식보다는 많은 결과를 낳는 무지를 오히려 금지해야 할 것이다.

인류 문화에서 동성애자들의 탁월한 의미를 여기서 높이 찬양하려는 건 아니다. 토마스 만Thomas Mann과 골로 만Golo Mann, 미켈란젤로Michelangelo, 오스카 와일드Oscar Wilde, 앨런 튜링Alan Turing 등과 같은 몇 명의 인물만 상기했으면 한다. 특정한 시기에 성적 부도덕으로 여겨졌던 것들이 역사의 흐름 속에서 어떤 법률적 변화를 거쳐 사면되고 속박의 굴레에서 벗어났는지를 여기서 추적하려는 것도 아니다. 역사학자 파라메르츠 다보이왈라는 『제1 성혁명의 역사』에서 "성의 감시(그리고 이에 속하는 금지 규정들)는 전근대 사회의 고정된 기본 요소"로 볼 수 있다고 결론짓는다.[20] 이런 금지 규정은 '성이 지식처럼 즐거움과 기쁨을 준다'처럼 금지 규정을 명백히 위배하는 생각들, 그리고 남성과 여성 안에서 지식과 성을 향한 욕구를 일어나게 하고 이와 연결된 대단한 가능성을 포기하지 않게 만드는 것들과 고집스럽게 맞서야 했다.

『성의 역사』 1권의 제목은 '앎의 의지'다. 이 책에서 푸코는 역사적 사실로 다루고 있는 것을 이해하려고 시도한다. 17세기까지, 즉 근대 과학이 시작되고, 기술과 산업 발전을 넘어 시민사회의 생성이 가능해진 시기 이전에 인간은 성에 대해 더 자유로웠다. 이 근대 사회에서는 돈에 대한 추구가 성에 대한 갈망을 보상했고, 성이 이익을 만들 때, 예를 들어 매춘 같은 형식일 때는 자연스럽게 용인되었다. 푸코가 보기에, 근대 사회는 "성을 어둠 속으로 추방하는 게 아니라, 성에 대해 끊임없이 말하고 성을 비밀로 여기게 만드는"[21] 특징이 있다. 이런 역설적 구성은 공적 공간에서 수백 년 동안 지속적으로 기꺼이 "사람들이 실제로는 이야기하지 않는 것에 대해" 이야기함으로써 가능해졌다.

근친상간과 불륜이 바로 여기에 속한다. 리하르트 바그너의 『발퀴레Walküre』에서 지그문트와 지글린데가 청중의 환호 속에 사랑을 나누고 영웅 지크프리트를 잉태할 때(반면 파우스트와 헬레나는 기쁨과는 차단된 채 머문다), 이 두 개가 동시에 갑자기 공적 영역에 등장한다. 근친상간에 대해 지식인들은 이 금지와 금기의 중심에 문화적 규정이 있는지, 아니면 인간들이 처음부터 알아야 했던 생물학적, 특히 진화적 이유가 있는지 주로 논쟁한다. 어떻게 이 금기가 성공했고, 과학이 인간 본성과 동기간에 나누는 사랑의 금지에 대해 무엇을 알 수 있는지를 다음 장에서 다루겠다.

기묘한 결론: 코카콜라 제조법

대부분 이 까만색 청량음료를 마셔본 적이 있고, 최소한 이 음료 이름을 들어보기는 했다. 바로 코카콜라에 관한 이야기다. 코카콜라는 1886년 금주령이 내려진 상황에서 존 펨버턴John Pemberton이라는 약사에 의해 처음 제조되었고, 외국산 견과류 기름이 들어 있었다. 거대 약품상이었던 아사 그릭스 캔들러Asa Griggs Candler가 곧 시럽 형태의 원액에 대한 권리를 획득했고, 1892년 애틀랜타에 코카콜라 회사를 세웠는데, 이 회사는 오늘날까지 엄청난 성장을 이루었다. 그 사이에 코카콜라는 200개가 넘는 나라에서 유통되고, 매일 거의 20억 개가 팔리고 있다. 회사가 이 검은 주스의 제조법 공개를 거부하는 바람에 인도에서 코카콜라 판매를 금지했을 때를 제외하고 매출이 줄어든 경우는 거의 없다. 펨버턴이 처음 만든 혼합물에는 코카인이 들어 있었다. 이 발명자 자신이 모르핀 중독자였고, 아마도 콜라를 통해 중독을 고치고 싶었을 것이다. 반면, 캔들러와 그의 동업자들은 코카인잎에서 나온 비알카로이드 추출액만 사용했는데, 제조법은 처음부터 비밀로 유지되었고 나중에는 심지어 이를 대대적으로 광고하기도 했다. 회사는 홈페이지에서 다음과 같이 친절하게 알려준다. "모든 성분은 코카콜라 병에 적혀 있습니다." 그러나 "외래 첨가물과 식물 추출물의 정확한 혼합법은…… 오늘날까지도 세계에서 가장 유명한 비밀"이다. 비법은 애틀랜타에 있는 최첨단 보안 금고 안에 들어 있다. 그러나 과학기자 마크 펜더가스트Mark Pendergast에 따르면 이 비법은 더는 비밀이 아니다. 그가 쓴 『하느님, 조국, 그리고 코카콜라를 위하여』에서는 함께 섞어야 하는 첨가물이 나와 있다. 펜더가스트는 이 비법을 청소부인 토머스 프랭클린이 사는 집 창고에서 발견했다고 한다.

[2장]

우리에게
지식이란 무엇인가

WAS WISSEN MIT DEN MENSCHEN MACHT

  철학자 가운데 특히 아리스토텔레스가 설명했듯이 지식 욕구와 지식 추구는 모두 인간의 본성이다. 소크라테스의 상투적인 말 "나는 내가 모른다는 것을 안다"는 "나는 내가 모른다는 것을 알지만, 나는 알려고 한다"라는 고백으로 확장되어야 할 것이다. 그냥 가볍게 하는 말이 아니다. 소크라테스는 이 아름다운 문장에 다음 문장을 덧붙일 수도 있었을 것이다. "그리고 누군가 나에게 금지시키려 하는 것을 먼저 알고 싶다." 한편, 이런 고백도 소크라테스에게 썩 잘 어울리는 것 같다. "대화를 하는 상대방보다 내가 아는 게 더 많다는 걸 알게 될 때마다, 그리고 그들이 아는 게 얼마나 적은지를 보여줄 때마다 나는 늘 즐거움을 느낀다." 소크라테스는 대화할 때마다 이 즐거움을 얻으려고 늘 노력했다. 소크라테스의 등장 이후 수천 년이 지난 지금 다음과 같은 질문들이 제기된다. 첫째, 무엇이 인간 혹은 인류의 본성을 결정짓는가? 둘째, 왜 그 본성은 인류 구성원에게 점점 더 많은 지식을 추구하게 하는가(그리고 지식 추구가 금지되거나 종결되는 걸 원하지 않게 하는가)? 이 두 가지 질문에 대해 오늘날 더 정확한 정보를 확보하고, 과학이 뒷받침해주는 근거 위에서 말할 수 있는가? 인간의 지식 추구는 거의 영적인 욕구에 가깝고 확실히 정신의 근본 욕구에 속한다. 과학은 인류를 가리키는 라틴어 명사 안에 이런 특징을 표현해 놓았다. 18세기에 도입된 학술용어 '호모 사피엔스Homo sapiens'는 지혜로운 인간 혹은 영리한 인간으로 번역될 수 있다. 큰 뇌와 커져가는 그림자가 있는, 전 지구상에 퍼져 있고 학습 능력이 있는 이 직립 이족보행종이 지식 추구 특성과 사회적 특질을 특별히 가졌다는 사실을 누구도 의심하지는 않을 것이다. 성서 혹은 신의 금지 명령에도 불구하고, 혹은 그 명령 때문에 인간은 지식을 획득하고 이용하려 했고, 그 방법을 이해했기 때문이다. 생명철학자 에카르트 폴란트Eckart Voland는 『인간의 본성 Die Natur des Menschen』에서 훌륭한 구분을 했다. "아주 특별한 학습 능력"은 인간의 본성에 속하지만, 인간이 "그 때문에 배울 수 있었다"는 사실을 의미하지는 않는다.[1] 다른 말로 하면, 인간은 많은 것을 즐겨 배운다. 다양한 언어를 배우고, 악기 연주를 배운다. 이런 배움을 통해 지식을 확장한다. 이 자연스러운 추구 과정에서 인간은 지구가 감당할 수 있는 한계와 만났고 자신의 존재가 위협받고 있다는 걸 가르치고 납득시키고 싶은 사람은 청중을 찾는 데 어려움을 겪을 것이다. 거대한 지식의 축복을 받은 인간의 완고함에 대해서는 충분히 논의되었다. 특히 윤리학자들이 과학에 우리가 알지 못하는 어떤 구멍이 채워져야 하는지를 묻는 대신 과학에 제한 규정을 두려고 시작하면서부터 그랬다. 새로운 지식이 아닌 무지가 금지되어야 하고, 이를 위해서는 윤리학자들이 더 많은 용기를 보여주어야 할 것이다.

인간이 되기까지 시간이 필요했다

17세기 초 '근대 과학의 탄생'이 유럽에서 성공하고 연구자들이 오늘날 물리학과 화학으로 구분되는 분야의 발견과 지식을 모으고 이용할 수 있게 된 후, 이 초기의 탐구자들은 지구와 지구 위의 생명체에 점점 더 많은 관심을 보이기 시작했다. 19세기에 이르러 생명의 출현과 인간의 탄생이 엿새에 걸친 하느님의 창조 덕분이 아니라 놀라운 자연의 발전 때문이며, 그 과정이 적어도 수백만 년은 걸렸다는 근본적이고 위험한 생각이 생겨났다. 이 엄청나고 언제나 놀라운 생성 과정을 오늘날 간략하게 '생명의 진화'라고 표현하는데, 진화 이면에는 외부 생활 환경과 생물적 환경에 적응하기 위한 (유전적) 변형이라는 숨겨진 생각이 들어 있다. 유기체가 획득할 수 있는 지식의 특별한 형태와 증가는 오래전부터 이 유전적 변형 때문이라고 여겨진다. 인간의 본성과 그 경향을 이해하려는 사람은 호모 사피엔스라는 종의 진화를 이해해야 한다. 이 진화 내용이 찰스 다윈Charles Darwin의 작품에 처음으로 분명하고도 훌륭하게, 포괄적이면서도 상세하게 설명되었다. 다윈은 1871년에 『인간의 유래The Descent of Man』를 썼는데, 독일어 번역서는 '인간의 유래와 성적 품종 선택'이라는 다소 끔찍한 제목을 달고 있다. 영어 원제는 '인간의 유래와 성과 관련된 선택The Descent of Man, and Selection in Relation to Sex' 으로, 독일어 번역보다 조금 부드럽다. 낙원에서 이미 중요했던 성별과 성이 여기 다시 등장해 중요한 역할을 수행한다는 점을 간과해서 안 된다. "지식을 향한 갈망은 성적인 호기심과 분리되지 않는 것처럼 보인다."[2] 이처럼 빈 출신 의사이자 정신분석의 아버지인 지그문트 프로이트도 1909년에 같은 생각을 했다. 한편 이 장에서 프로이트는 주로 알맹이 없는 이야기를 전하는 사람으로 등장하게 될 것이다.

다시 다윈에 대해 생각해보자. 다윈이 인간의 진화적 기원과 성적 선택이라는 자신의 생각을 발표했을 때, 자연선택을 통해 변화하는 생명이라는 문제를 놓고 이미 십수 년째 맹렬한 싸움이 진행되고 있었다. 다윈 이전에도 몇몇 과학자들이 비슷한 주장을 했지만, 그 주장을 명료하게 확증하지는 못했다. 1859년부터 지구 위에 소란스럽게 돌아다니는 인간이라는 종과 인간의 형성 역사에 대해 이 과학자들과 다윈이 말하려는 내용을 세상이 알 수 있게 되었다. 과학은 생명이 하늘에 계신 주님을 상상하며 자기 존재를 그분께 감사할 필요가 없다는 사실을 증명할 수 있었다. 비록 이 증명이 많은 사람의 신앙을 흔들었지만 말이다. 무조건 창조신을 믿고 싶은 이들은 이제 신이 진화 과정에서 유기체가 스스로 창조될 수 있도록 설계했다는 믿음을 추가해야 한다. 19세기 이후 사람들이 알게 되었듯이, 생명은 자신의 창조력을 통해 스스로 생성된다.

다윈 이전 사람들이 믿었듯이, 어떤 한 존재가 그렇게 많은 동물, 식물 그리고 전체 유기체를 한 번에 영원불변의 상태로 이 세상에 세웠다라는 생각은 이제 폐기되었다. 오히려 종의 지속적인 변화가 드러났고,[3] 이 변화의 도움으로 생명 형태는 지구 위에서 일어나는 끊임없는 변화에 적응할 수 있었다. 다윈은 심지어 이 생명 진화의 생성 구조도 알고 있었다. 그래서 자연선택을 동물 사육자나 식물 재배자에 비유하면서 생명 진화의 생성 과정이라 불렀다. 다윈의 위대한 작품은 원래의 긴 제목 대신『종의 기원On the Origin of Species』이라고 불렸고, 이 짧은 제목이 오늘날 대부분 사용된다. 화려한 원래 제목은 '자연선택을 통한 종의 기원에 대하여, 또는 생존 경쟁에서 유리한 종의 보존에 대하여On the Origin of Species by Means of Natural Selection, or the Preservation of Favoured Races in the Struggle for Life'다.

다윈의 기본 사상은 웅장하고 멋지다. 그러나 이 걸작의 제목은 투박하고 많은 오해를 불러왔으며, 사람들은 심지어 이 걸작을 무시했다. 왜냐하면 수백 쪽이 넘는 책에서 종의 기원에 대해서는 전혀 다루지 않고, 그 대신 변화하는 조건과 극단적 상황에 대한 종들의 대단한 적응력에 대해서만 집요하게 다루기 때문이다.

『종의 기원』의 등장은 오늘날에도 여전히 과학의 결정적 순간으로 평가받는다. 다윈의 추종자들이 승리를 만끽하며 동물과 인간 사이의 간격은 동물들 사이의 간격, 예를 들어 침팬지와 고릴라 사이의 차이보다도 작아졌다고 선포했을 때, 이 기쁨의 환호성은 회의적이고 민감한 신앙인들의 반발과 함께 지속적인 반대 행동을 불러왔다. 예컨대, 반복해서 즐겨 인용되는 19세기의 유명한 일화가 있다. 영리하고 우아한 한 여인이 처음으로 인간의 진화적 본성에 대한 다윈의 폭넓은 생각을 들었을 때, 그녀는 이렇게 생각했다.

"우리가 원숭이에서 기원한다는 게 말이 되는가? 우리는 이 말이 틀렸기를 희망한다. 그러나 만약 그게 맞다면, 모두에게 알려지지 않도록 우리는 기도한다."

이런 이야기에 웃을 수도 있고, 이 반짝거리는 영국식 유머에 재미를 느낄 수도 있다. 그러나 그리스도교가 지배하던 다윈 시대에는 인간 진화에 대한 지식은 최소한 의심해야 하고, 어찌 되었든 비난해야 하며, 가장 좋은 건 억압하는 것이라는 생각을 매우 진지하게 했다. 슬프게 들리겠지만, 심지어 21세기에도 인간의 진화적 본성을 계속해서 부인하고 위험해 보이는 다윈의 생각이 확산되는 걸 금지하려는 대단한 노력이 전 세계에서 진행된다. (토막 이야기 '창조과학자들'과 '터키에서의 다윈'을 보라.)

창조과학자들

다윈의 관점은 무엇보다도 '창조주의자Creationist'들의 심기를 건드렸는데, 그들은 진화생물학이 밝히는 사실 때문에 자신들의 종교적 확신이 퇴색된다고 생각한다. 그래서 창조주의자들은 자신들이 거룩하게 여기는 영역으로 과학이 유입되는 데 격렬하게 저항한다. 인간의 자연적 출처와 기원을 다루면서도 생명의 근원에 대해서는 여백을 남겨두는 지성적으로 훌륭하고 대담한 생각인 진화론에 대항하여 창조주의자들은 모든 수단을 동원해서 싸우며, 최선을 다해 잘못된 일을 하고 있다. 예를 들어, 창조주의자들(또는 근본주의자들)은 텍사스에서 '창조 증거 박물관Creation Evidence Museum'을 운영하는데, 인간이 모든 생명체들과 함께 겨우 수천 년 전에 처음으로 지구에 등장했음이 증명되었다고 주장한다. 그들이 제시하는 증거는 서투른 조작일 뿐이다. 심지어 이 박물관은 대홍수 이전 삶의 조건을 가상 체험할 수 있는 '창세기 방'도 기획했는데, 보수주의자이자 사명감이 투철한 어떤 백만장자가 이런 허튼 짓을 지원했을 것이다. 그런데 은퇴한 전임 교황 베네딕토 16세가 현대의 창조주의자들과 거리를 두고, 어떤 개별(신적) 존재가 생명을 기획했다는 그들의 '지적 설계'를 비판한 후에 이용객이 줄어들었다. 21세기에는 교황과 교회 대표자들조차 창조물에서 설명 가능한 진화적 구조를 본다. 언제나 반복해서 지구의 새로운 상황에 적응하고 생존능력과 창조물을 지키기 위해 생명이 발전해왔다고 보는 것이다.

그러나 성직자들은 인간을 단순한 우연의 산물로 이해하려 하지 않고, 전체 진화 과정을 어떤 '하느님의 동기' 아래 기꺼이 두려 한다. 2013년에 베네딕토 16세는 인간은 스스로를 '하느님 생각의 열매'로 느낄 수 있어야 한다고 말했다. 교황은 진화가 어떤 목표를 향한다고 여겼고, 그 목표를 '부활하는 인간'이라 표현했다. 가톨릭교회의 전임 수장이 진화를 목적이라는 관점에서 이해하려는 유일한 지식인은 아니다. 이에 대해서는 나중에 좀 더 자세히 다룰 예정이다.

다른 위대한 생각들과 마찬가지로 진화론에서도 두 가지 질문이 제기된다. 첫째, 어떻게 전체적인 타당성과 정합성을 증명할 수 있나? 둘째, 굳이 교육을 삶의 최고 목표로 둘 필요가 없는 사람들에게 어떻게 이것을 설명하고, 이 사람들을 이 생각에 친숙하게 만들 수 있을까? "어리석어도 일이 있으면, 그 또한 행복이다." 고트프리드 벤Gottfried Benn의 시 한 구절이다. 이 구절처럼 행복한 많은 사람이 생물 교과서에 생명의 진화를 다룬 내용을 싣는 것과 같은 문제에 결정권을 갖는다.

예컨대, 1925년 미국 테네시 주의 소도시 데이턴Dayton에서 생물학 교사 존 스콥스John T. Scopes가 100달러 벌금형을 선고받았다. 자신의 수업에서 다윈의 생각을 설명하고 진화론을 소개했기 때문이었다. 역사학자들은 이 재판을 흔히 데이턴의 원숭이 재판이라고 말하는데, 유감스럽게도 재판의 영향력은 오늘날까지도 미친다. 미국의 교과서들은 다윈의 진화론이 사실 증명되지 않았다고 특별히 지적해야 한다. 성서의 창조 이야기는 마치 그 반대라도 되는 것처럼 말이다. 또한, 전임 대통령 조지 W. 부시George W. Bush의 열렬한 지원을 받는 신창조주의자들은 언제나 미국 학생들의 생명 진화 학습을 전국적으로 금지하기를 원한다. 그들이 보기에는 '지적 설계자'가 인간을 창조했다.

한편, 지금 창세기를 통해 지식이 드러나고, 이 지식이 인간에게 계시되었음을 증명하려는 사람은 다윈의 작품에도 같은 논리를 적용해야 할 것이다. 자연 안에 있는 관계들을 깊이 있게 관찰하는 한편 당시 사회 상황을 공감하고 이해함으로써 다윈은 진화라는 착상을 할 수 있는 자유를 얻었고, 유기체와 인간의 생성이라는 그림이 다윈에게 모습을 드러냈다. 즉, 계시되었다.

다윈은 자신의 생각이 당시 많은 사람의 마음에 들지 않고 사회에 큰 논쟁을 불러올 거라고 예상했으며, 스스로도 자신의 새로운 통찰을 마냥 기뻐한 것만은 아니었다. 진화론이 자신의 머릿속에 천천히 모양을 갖추어가고 있을 무렵인 1844년에 다윈은 젊은 식물학자였던 친구 돌턴 후커Dalton Hooker에게 침울한 문장이 담긴 편지를 보냈다. "이건 마치 살인을 자백하는 일과 같다네." 또한 다윈은 자신이 신앙에서 이탈하여 과학적 진실 탐구로 방향을 바꾼 사실을 신앙심 깊은 아내가 너무 일찍 알게 되지 않도록 모든 노력을 다했다. 그 밖에도 많은 전기에 따르면, 이 위대한 인물은 어린 시절을 제외하고 평생 동안 아팠다. 의사들은 특정한 신체 이상을 진단하지 못했고 적절한 치료도 제공할 수 없었다. 진화론이라는 극적인 지식이 그에게 부담을 주었고, 특별한 방식으로 정신적 질병을 가져왔다고 생각할 수도 있겠다. 이런 생각은 정신적 상처와 모욕이라는 주제어로 우리를 안내하는데, 모욕은 또 다른 유명한 과학자가 세계 인식이라는 인간의 놀이에 도입했던 개념이다. 이 주제어 또한 끊임없이 억압받고, 심지어 금지되어야 했던 과학 영역에 속한다.

터키에서의 다윈

터키 당국이 찰스 다윈의 진화론을 다룬 문단을 고등 과정 생물 교과서에서 삭제하도록 지시했다는 사실이 2017년에 알려졌다. 레제프 타이이프 에르도안Recep Tayyip Erdoğan이 통치하는 나라에서는 창조주의자들이 결정권을 갖고 있으며 교육부의 이 결정은 많은 터키 민족주의자들을 만족시켰다고 평가할 수 있는데, 그들은 이미 오래 전부터 다윈을 터키 민족의 적으로 봤기 때문이다. 그 시발점은 1881년 영국인 다윈이 썼던 한 편지다. 이 편지에서 다윈은 자연선택이 인류 문명에 도움을 줄 거라는 자신의 대체적인 견해를 드러냈다. 이 견해를 특별히 강조하기 위해 유럽의 여러 민족이 터키에 정복당할지 모른다는 당시 널리 퍼져 있던 걱정이 터키를 압도하는 "더 높은 문명화된 백인종"이 있다는 사실 때문에 사라졌다고 썼다.[4] 이 편지를 근거로 터기 작가들은 다윈이 터키 민족의 적이라고 결론지었다. 그러나 인용된 문장은 일반적인 반오스만주의적 태도를 표현한 데 불과하다. 반오스만주의는 빅토리아 시대 영국에 널리 퍼져 있었고, 그 영향 아래 있던 다윈도 터키의 문화적 열등함을 별생각 없이 믿었을 뿐이다. 진화에 대한 생각을 교과서에서 삭제하고 진화적 관점을 금지하려 한다는 사실을 지금 알게 된 사람이라면 다윈의 편견에 거의 동의하는 쪽으로 기울 수도 있겠다. 에르도안 정부의 과학적 퇴행은 터키 민족에 전혀 도움을 주지 못할 것이고, 유럽과 터키의 거리를 더 크게 만들어 터키를 유럽에서 더욱 멀어지게 할 것이다. 여기서 드러나듯이, 금지는 의도했던 것과는 완전히 반대의 결과를 매우 충실하게 낳는다. 진화론의 기초가 되는 변이 선택이라는 생각을 금지하려고 시도할 때, 틀림없이 진화는 자신의 문화적 차원을 이 금지 행위에서 가장 잘 보여줄 것이다.

세 가지 모욕

처음에는 서구와 유럽 사회에서, 그다음 인류 전체의 생각에 혁명과 고통스러운 변화를 불러왔고, 오늘날까지도 지적 대화에서 존재감을 드러내는 사상이 무엇인지 묻는다면, 니콜라우스 코페르니쿠스, 찰스 다윈, 그리고 지그문트 프로이트를 떠올리게 된다. 알베르트 아인슈타인은 여기서 제외된다. 첫째, 그는 다른 특별한 역할을 할 것이고, 둘째, 모든 사람이 그의 이름이나 그가 혀를 내밀고 있는 72세 때 사진은 최소한 알고 있지만, 그 밖의 내용은 알지 못하기 때문이다. 예를 들어, 국가사회주의자들은 아인슈타인의 지식을 독일 물리학에 대한 유대인의 세계적 음모라고 지껄이며 기꺼이 금지시키려고 했지만, 굳이 그들이 무언가를 할 필요는 없었다. 예나 지금이나 대다수 사람은 아인슈타인의 지식을 이용하지 않았고, 그의 이론을 설명하지도 못했기 때문이다. ('아인슈타인과 건강한 상식' 참고) 위에 언급된 다른 과학자 세 명은 아인슈타인과는 경우가 다르다. 누구나 코페르니쿠스적 변환, 프로이트의 억압된 무의식 개념과 정신분석에 관해 들어보았고, 이에 대한 나름의 생각도 만들었다. 다윈의 진화론은 이미 이들보다도 훨씬 넓은 자기만의 영역을 구축했다.

아인슈타인과 건강한 상식

새롭게 발견된 어떤 지식이 인간의 건강한 상식과 어긋날 때, 이 지식이 과학적으로 탁월한 지식이라는 생각이 과학사학자들 사이에 퍼져 있다.[5] 알베르트 아인슈타인의 물리학에서 이런 경우를 끊임없이 만난다. 예를 들어 속도의 증가는 '상식'으로 받아들일 수 있지만, 왜 속도의 한계치가 존재해야 하는지는 이해하지 못한다. 아인슈타인은 광속 개념을 통해 바로 이와 같은 한계를 도입했고, 시계 바늘과 시계 자체가 동시에 움직이면 시계가 다르게 간다는 상상할 수 없는 일을 분명하게 보여주었다. 또한 충분히 높은 수준의 에너지가 생산되는 장소, 예컨대 블랙홀로 가는 길에서 만나야 하는 소위 사건의 지평선 같은 곳에 시계들이 도달하면, 심지어 시간은 그냥 정지할 수도 있다. 건전한 인간 상식은 이런 현상을 따라가지 못한다. 또한 건전한 상식은 공간과 시간을 분리된 것으로 경험하지만, 아인슈타인은 이 둘을 시공간으로 합치고 그 형태가 존재하는 물질에 의존하게 만들었다. 인간이 세계의 끝에 있는 경계를 탐구하면 공간은 추가로 특별한 성질을 보여주고, 질량은 이런 공간을 구부러뜨린다. 말하자면, 아인슈타인은 우주를 무한하고 동시에 경계가 없는 것으로 특징지었다. 건강한 인간 상식은 이 이론을 따라가지는 못하지만, 그럼에도 이 이론의 내용을 접하고 기뻐할 수 있다. 인간은 두 가지를 두려워하기 때문이다. 첫째, 우주의 무한한 공허. 둘째, 인간 존재가 벗어나지 못하는 제한된 세계. 아인슈타인은 이 두 가지 두려움을 제거해주었고, 자신의 과학으로 사람들에게 그들이 희망하는 무한하고 어디에도 제한되지 않는 세계라는 실존 양식을 제공했다. 이처럼 상식은 환상 같은 것들과는 무리 없이 잘 지낸다. 비록 지식 왕국에서 상식이 주권을 가졌다고 느끼는 일은 가능하면 금지해야 하지만 말이다.

코페르니쿠스, 다윈, 프로이트의 혁명 3인조 연합은 막내인 빈의 심리분석가 프로이트가 1917년 '정신분석에서의 어려움'을 묘사하고 토로하면서 처음 언급하였다. 심리 문제를 무의식에 들어 있는 성적 지향이나 어린 시절 불행했던 성적 경험으로 해명해야 한다는 자신의 설명에 많은 환자가 뜨거운 반응을 보여주지 않자 프로이트는 마음이 괴로웠다. 환자들은 이런 연관성을 부인했고, 병원 침상에 누워 있는 자신들에게 주치의가 말하는 '음경선망(여자아이가 아버지와 남자아이가 갖고 있는 음경을 선망하는 심리 – 옮긴이)'이나 '오이디푸스 콤플렉스'라는 말을 심지어 두려워했다.

1917년에 프로이트는 한 에세이에서 역사에서 많은 위대한 이론이 자신의 개념처럼 비슷한 거부, 즉 '내면적 금지'를 당했다고 말하며, 이 거부를 이해하고 설명하기 위해 인간 사고에서 거대한 전복은 모욕으로 받아들여질 수 있다는 주장을 제기했다. 프로이트는 먼저 16세기 코페르니쿠스의 태양 중심 세계관을 제시하고, 그다음에는 19세기에 나온 세대의 흐름 속에서 변화하는 종이라는 다윈의 이론을 제시한 후, 이 두 가시 모두 인간의 자기도취에 심한 상처를 주었다고 주장한다. 마지막으로 프로이트는 전혀 거리낌 없이 놀라운 자신감으로 이 두 개의 사례에 자신의 업적을 나란히 세우는데, 인간은 결코 자기 집의 주인이 아니며, 밝은 이성이 아닌 어두운 무의식의 기대에 따라 이끌리는 존재임을 자신의 이론이 보여주기 때문이라고 말한다.

프로이트는 인간이 받는 심각한 모욕에 대해 분명하게 밝혔다. 의사라는 직업 때문에 그는 자신이 언급한 지식을 기꺼이 억압으로 보려 했다. 모욕은 인간에게 해를 끼치기 때문이라고 그는 생각했다. 이런 억압은 프로이트보다 수백 년 전에 이미 코페르니쿠스와 다윈의 사례에서 시도되었다. 프로이트가 생각하기에, 르네상스 천문학자 코페르니쿠스는 인간이 세계의 중심에 있지 않다는 사실을 보여주었고, 영국 출신의 자연 연구가 다윈은 인간이 스스로를 동물 왕국의 최정상으로, 창조물의 왕관으로 칭송하는 일을 금지했다. 두 가지 모두 고통스러운 일이었다.

프로이트가 코페르니쿠스와 다윈에 대해 주장했던 내용과 모욕에 대한 생각이 철학자들에게 다음 문제에 대한 숙고를 시작하게 했다. 왜 많은 동시대인은 모든 설명에도 불구하고 이 정신분석가를 넘어서길 원하나? 인간이 과학을 할 때 경험해야 한다는 네 번째, 다섯 번째, 그리고 계속해서 이어지는 모욕을 감수하면서도 프로이트를 넘어서려는 이유는 무엇인가? 최근에는 이 명예롭지 못한 경쟁에서 뇌 연구가 선두에 서 있다. 뇌 연구의 대표자들은 놀라워하며 경청하는 청중에게 자유의지는 존재하지 않음을 곧이곧대로 믿게 하려 든다. 자유의지는 없다. 모든 것은 뇌 안에서 올바로 정해지기 때문이다. 그리고 그들은 여기서 자신들이 자연법칙의 통계적 특징이나 대상의 복잡성을 진지하게 고려하지 않음을 암시한다. 바로 중요한 혼돈 이론이 자유의 가능성에 대한 질문을 열어놓는다는 사실을 간과하는 것이다.[6] 바로 뒤이어 미디어 전문가들이 "인간의 디지털 모욕"을 외치는데,(《프랑크푸르터 알게마이네 차이퉁》 2014년 1월 11일자) 자유의 도구로 여겨졌던 인터넷이 실제로는 정확히 그 반대의 기능을 하고 인간은 그 데이터에 사로잡혔기 때문이다.

이 주제는 이 책의 마지막 부분에서 다룰 예정이다. 지금은 프로이트의 모욕으로 돌아갈 때다. 첫 번째 시선은 태양 중심 세계관에 두어야 한다. 이 주제를 더 길고 상세하게 다룬 여러 작업이 이미 있었지만, 주목하는 사람은 거의 없었다(어떤 것을 숨기거나 무시하려 할 때는 충분한 정보 제공이 어떠한 금지보다 더 낫다는 생각에서 소개한다). 이미 수십 년 전부터 어떤 연구들은 코페르니쿠스 이전 지구가 차지하고 있었던 중심이라는 위치는 결코 인간의 우월함이 아니라 정반대로 '인간의 굴욕'을 의미한다고 해석했다. 그러지 않았다면 어떻게 중세 신앙인들이 이 세계관을 받아들였겠는가? '인간의 굴욕'은 철학자 레미 브라그Rémi Brague가 사용한 표현이다.[7] 브라그에 따르면 코페르니쿠스 이전 세계관에서 지구의 중심 자리는 영광의 자리가 결코 아니었다. 그 자리는 오히려 인간은 결코 생각해서는 안 되는 세계로부터 물러섬으로 이해해야 한다. 천문학에서 중심은 가장 하찮은 자리를 나타내며, 갈릴레오 갈릴레이도 이 점을 영리한 논쟁자였던 살비아티Salviati와의 대화에서 인정한다. "지구와 관련해서, 우리는 지구를 다시 하늘에 앉힘으로써 지구를 고귀하게 만들려고 한다."

지구를 중심에서 빼냄으로써 코페르니쿠스는 지구와 지구 위에 살고 있는 사람들을 하느님에게 더 가까이 데려갔고, 이 천문학자를 통해 모욕이나 굴욕 대신 인간의 용감한 상승이 선언되었다. 한편 코페르니쿠스의 행적이 당시 사람들에게 이렇게 이해되었다면, 다음 질문이 떠오른다. 왜 현대는 프로이트가 말했던 모욕을 계속해서 받기를 원할까? 에리히 캐스트너Erich Kästner가 언젠가 자신의 시에서 명명했듯이, 현대는 사람들이 코페르니쿠스 같은 인간으로 변했다는 데 놀랄 수도 있다. 현대인은 인생의 절반 동안 우주 바닥에 머리를 대고 있다는 사실을 알고 있다. 자신들에게 맞지 않고 불편하다는 이유 탓에 사람들이 스스로 이 지식을 금지할까? 오늘날 사람들은 여전히 금지된 진실에 대한 두려움이 있을까?

'코페르니쿠스'라는 이름 뒤에는 종종 '혁명'이란 단어가 뒤따른다. 실제로 이 폴란드 출신 천문학자의 연구는 하늘의 회전을 다루었고, 회전은 라틴어로 '리볼루션Revolution', 즉 혁명을 뜻한다. 이 회전이란 개념은 곧 이어 정치 영역에 도달했는데, 여기서는 원래 출발점으로 돌아오는 완전한 한 바퀴 회전처럼 새로운 삶을 시작하고 국가의 전복을 지칭하기 위해 사용되었다.

1688년에는 영국에서 일어난 '명예혁명'이 유명해졌다. 이 혁명은 여전히 왕에게 국가의 정점이라는 자리를 허락했다. 그러나 이제 왕은 과거처럼 하느님이 아닌 백성에 의해 선택되고 임명되었다. 다윈의 진화론도 바로 이런 혁명을 보여주었다. 진화론 또한 사람들이 자신들이 있던 곳에, 즉 발전의 정점에 더는 창조주 덕분이 아니라 자신과 자신의 창조성 덕분에 도달하도록 해주었다. 우리가 원숭이에서 나왔다는 사실이 모두의 취향에 맞지는 않을 것이다. 그러나 이러 부차적 사실보다 중요한 두 가지 확실한 깨달음이 있다. 첫째, 인간이 이 가장 뛰어난 자리에 도달하게 되는 진화적 과정을 이해할 수 있게 되었다. 둘째, 인간은 자신들에게 있는 특별한 점이 무엇인지 말할 수 있게 되었다. 인간의 탁월함은 자신의 생물적 조건을 확실하게 넘어서서 문화를 창조했다는 데 있으며, 이 문화 안에서 결국 병자를 치유하고, 굶주린 자를 먹이며, 헐벗은 자를 입혀주는 신도 등장할 수 있다.

예를 들어 오늘날 시민사회는 노인, 병자, 약자를 자연선택에 맡겨두는 대신 다양한 방식으로 그들을 돌본다. 그리고 최소한 언뜻 우리 종(상층에 있는 구성원들)이 많은 숫자의 후손을 남기는 데 가장 명백히 성공하지 못한 듯 보인다.

다른 말로 표현하면, 다윈의 생각은 인간과 함께 새로운(즉, 문화적) 발전을 시작하고 자연으로부터 해방될 수 있는 한 종이 나타났음을 보여준다. 인간이 정점에 있다. 그러나 아버지 하느님 또는 생물학이 인간을 창조물의 징점으로 만들고 그곳에 세웠기 때문이 아니라, 계몽의 자식들인 인간이 자신의 노력을 통해 스스로 이 자리를 획득하고 얻었기 때문이다.

당연히 자신이 신에 의해 선택된 존재가 아니라고 할 때 모욕감을 느끼는 사람들이 어딘가에는 있다. 그러나 프로이트가 모욕감을 느꼈다고 보았던 인류는 다르게 반응했다. 특히 지구 측정 기술을 포함한 지리학의 발전 덕분에 지구가 시간이 흐름에 반응해 변하며, 그에 따라 종들도 살아남고 멸종하지 않으려면 변해야 한다는 관점이 확산되었을 때 그러했다.

진화론이 태어났을 때, 진화론은 신의 추방이 아니라 정반대로 신의 구출에 기여했다. 이 신은 지구 환경이 변할 때 자신의 피조물을 그냥 죽게 내버려두지 않는다. 오히려 지상의 자녀들을 변화 가능하고 이 변화를 통해 생존할 수 있게 만들었다. 오늘날 저명한 진화연구자들이 우리 존재는 자기 선택에 따른 온전한 우연의 결과라고 선포할 때, 사람들이 이를 불편하게 여기는 상황을 과대평가할 필요는 없다. 조류 전문가가 반드시 사유의 전문가는 아니다. 과학이 이런 수준에 머물지는 않을 것이다. 그리고 신앙 유무와 상관없이 세계의 비밀스러운 이해 가능성은 언제나 놀라움과 기적을 일으킬 것이다.

마침내 프로이트와 그의 '무의식'을 다룰 순서가 되었다. 인간들은 최소한 지난 백 년 동안 무의식의 영역에 익숙해졌다. 처음으로 사유를 위한 거대한 공간을 꿈에 내어준 사람들은 낭만주의 시대의 철학자들이었다. 이들의 노력 덕분에 특히 꿈을 이해하고 상상할 수 있다는 희망이 생겨났다. 즉, 인간들이 의미를 부여하며 과학의 대상이 되는 경험을 넘어서는 일이 어떻게 두개골 안에 있는 조직에서 성공할 수 있는지 이해할 수 있으리라는 기대가 생겼다. 1902년 미국의 철학자 윌리엄 제임스William James가 서술했듯이,[8] 수천 년 동안의 『종교 경험의 다양성』은 인간 삶의 특별한 점에 속했다. 제임스의 표현에 따르면, "더 높은 어떤 것이 존재한다는 걸" 인간은 과학 이전에, 그리고 과학 없이도 알고 있다. 제임스는 인간이 종교 체험 과정에서 이상의 것 das MEHR(제임스는 실제 이렇게 쓴다)과 결합됨을 느낀다고 봤다. 즉 "우리의 의식적 삶의 무의식적인 확장이다." 제임스는 확신했다. "현재의 의식 세계는 존재하는 여러 세계 가운데 하나일 뿐이며, 우리 존재에 의미가 있는 다른 세계의 경험도 삶에 포함되어야 한다."

다르게 표현하면, 자기 집의 고집스러운 주인이 되려는 사람은 무엇이 자신과 다른 모든 존재에 영향을 주고 있는지를 무시한다. 그는 호모 사피엔스가 어디서 왔는지, 그리고 인간의 생각이 의식 안에서 자신의 길을 어디서 시작하는지 경험하지 못한다. 이런 생각들은 외부에서 올 수도 없다. 만약 그렇다면, 우리 인간은 진정한 자기 집의 주인이 아니며, 어떤 음산한 힘 안에 속하게 될 것이다. 생각은 오직 내부에서 와야 한다. 즉, 이 생각은 우리의 일부이며, 모든 사람이 (집단적) 무의식으로 느끼는 지식 보물 창고 안에 들어 있다는 것이다. 이제는 누구나 그 보물 창고로 가는 입구를 알기 원하며, 누구나 성공할 수 있다는 걸 모든 사람이 이해한다. 우리는 이 상황을 모욕이라고 비방할 게 아니라 행복이라고 불러야 할 것이다.

확신과 증거들

지식과 의견 사이의 구분이라는 지난한 문제가 하나 남아 있다. 코페르니쿠스는 태양을 우주의 중심에 세우고 지구 위에 있는 인간을 더 높은 하늘에 매달았다. 그러나 그는 지구가 움직인다는 사실과 전승되던 지구 중심의 우주론보다 자신의 모델이 더 실제에 근접한다는 사실을 증명할 수는 없었다. 인간은 눈에 보이는 대로 아침 일출, 저녁 일몰이라고 불렀는데, 두 경우 모두 항성인 태양이 움직이며 인간의 감각에 따르면 하늘은 분명 가만히 있지 않는다. 눈에 보이는 것과는 반대로 실제로는 태양이 아닌 지구가 돌아간다는 증거는 19세기에 이르러서야 나올 수 있었는데, 기술 발전에 따른 광학 해상도의 개선과 한층 깊어진 천체 운동에 대한 이해 덕분이었다. 그러나 코페르니쿠스 당시에는 누구도 그 증명에 관심을 두지 않았다. 어쩌면 인간은 행성이 무엇을 중심으로 어떻게 움직이는지, 그리고 하늘에서 무슨 일이 있는지 정확히 알고 싶어 하지 않을지 모른다. 특히 실제로 명료하게 해명할 수 있는 과학적 세부 사항을 검토하는 데 큰 관심이 없다. 오히려 인간은 오늘날까지 사용되는 언어에서 볼 수 있듯이 태양의 경로 같은 직접적으로 보이는 현상에 더 집착하며 관련된 이야기를 듣기를 더 즐긴다. 코페르니쿠스의 세계관을 신봉했고, 이 때문에 교회와 서로 싸웠던 갈릴레오 갈릴레이의 이야기가 좋은 예다.

21세기 과학에서 갈릴레이는 보통 용감한 과학자를 대표한다. 그는 교회의 파문 경고에도 불구하고 코페르니쿠스의 태양 중심 세계관을 지지했고 대담하게도 지구에 대해 "그럼에도 그는 움직인다Eppuri si muove"라고 공공연하게 말했다. 1633년 교회 당국은 어느 정도 고령의 나이가 된 갈릴레이에게 천동설을 부정하도록 강요했다. 전설에 따르면, 이때 갈릴레이는 저 말을 했다고 한다. 그러나 여기서 정확히 따져봐야 할 것이 있다. 교황은 갈릴레이에게 태양이 세계의 중심이고, 지구가 태양 주위를 순환하는 행성이라는 주장에 어떤 증거도 없다는 점을 특별히 인정하라고 요구했다. 많은 이들은 교황이 이 지점에서 당시 천문학의 핵심을 찔렀다는 데 놀라게 된다. 당시에는 실제 증거가 없었기 때문이다. 그러나 갈릴레이의 투쟁심은 이 강요에 맞섰고 위대한 발견에 성공하여 많은 물리학적 이해를 자신의 이름으로 남길 수 있었다.

교회와 교회 대표자들이 처음에는 코페르니쿠스의 태양 중심 모형을 가정으로 수용했다는 사실에 주목해야 한다. 그들은 갈릴레이에게 이 진리를 증명할 수 있다는 주장을 금지시키려고 했다. 갈릴레이는 증명할 수 있는 지식이나 이 지식을 얻을 수 있는 능력도 없었다. 증명 가능한 확신과 확신을 주는 증거 사이의 괴리 때문에 갈릴레이의 사례는 오늘날까지도 많은 이에게 어려움을 준다.

실제로는, 개신교의 위협이 점점 커져가는 17세기를 지나면서 개방적이고 과학에 관심이 많았던 가톨릭교회는 점점 공감 능력을 잃어갔다. 결국 역사적으로 불행하고 유해한 것으로 판명된 교황청의 결정, 즉 코페르니쿠스 세계관의 확산을 금지하는 결정이 내려졌다. 1616년 교황청은 교령을 통해 태양이 세상의 중심이라는 주장은 "신앙적으로 오류"라고 선언하였고, 지구 중심 모형을 지향하고 이를 신봉할 것을 천문학자들에게 요구했다. 그러나 이 발표는 세계관이나 과학적인 이유보다는 교회 내부적 요인에 따른 결정이었다.

이제 갈릴레이는 자신이 반대 진영을 대표하는 자리에 있음을 피할 수 없었다. 몇 년 후 그는 그 유명한 『두 가지 주요 우주 체계에 대한 대화』를 집필했는데, 이 책은 지구 운동을 둘러싼 두 가지 경쟁 사상인 지구 중심 체계와 태양 중심 체계를 살펴본다.[9] 이 책에서 갈릴레이는 심플리치오Simplicio라는 사람을 대화 상대로 등장시키는데, 당시 사람들은 이 이름이 당시 교황 우르바노 8세의 단순한 관점을 대표한다는 것을 알 수 있었다. 교회의 최고 목자는 개신교와의 전투에서 이미 충분한 패배를 감수해야 했기에, 갈릴레이와의 논쟁에서는 인내심이 한계에 부딪히면서 어느 정도 갈릴레이를 몰아세웠다. 우르바노 8세는 코페르니쿠스 체계에 대한 확실한 증거를 요구했으나, 당연히 갈릴레이는 이를 제시할 수 없었다. 그 결과 갈릴레이는 태양 중심 사상을 포기하라는 선고를 받았다. 집단 기억 속에 각인되어 있는 부끄러운 장면이다. 1992년 가을이 되어서야 가톨릭교회는 교황 요한 바오로 2세를 통해 갈릴레이에게 내린 단죄를 철회했다. 요한 바오로 2세는 이 사건을 "피사의 과학자와 종교 재판관 사이에 있었던 상호 간의 슬픈 오해"라고 묘사했는데, 역사적 사건을 잘 요약해주는 표현이다.

언급된 오해는 확실히 갈릴레이의 고집 및 호전성과 연관이 있다. 이 일을 제외하면 갈릴레이는 바르베리니Barberini 추기경에게 '거룩한 교회에 대한 충성'을 분명히 밝혔고, 자신의 하느님에게 "겸손과 존경, 종속과 복종"을 약속했다. 그런데 이 모든 이야기에서 갈릴레이는 어떤 하느님 이미지를 자기 머릿속에 갖고 있는지를 한 번도 정확히 밝히지 않았다. 아마도 갈릴레이는 이미 세속화하는 초기 시대에 어느 정도 스스로 자기 자신의 신이 되었고, 그렇게 자신을 가장 잘 이해하고 있었을 것이다.

무한히 작은 것

우리가 읽을 수 있는 갈릴레이를 다룬 많은 글에서는 가톨릭교회가 직면하고 있었던 위협이 생략되어 있다. 당시 교회 학교 교사였던 수학자와 천문학자들 중에 스스로 지식의 금지를 고려하던 이들이 있었다. 과학자를 통한 지식의 억압, 말하자면 내부로부터 온 억압이라는 이 희한한 시도는 오늘날 수학에서 빠질 수 없는 위대한 요소와 관련이 있다. 이 위대한 요소는 무한소라 불리며, 이 무한소 덕분에 뉴턴과 라이프니츠 이후로 정확한 적분 계산이 가능해졌다. 대학에서 이 분야는 해석학 또는 미적분학이라 불리고, 영어권에서는 **칼큘러스**_Calculus_로 알려져 있다. 무한소 계산의 기능은 너무나 환상적이며 엔지니어들과 전산학자들 손에서 모터나 핸드폰 같은 물건이 발명되는 수단이었기에, 성공의 역사 초기에 왜 그토록 격렬한 의견 충돌이 일어났는지를 이해하려면 많은 노력이 필요하다. 무한히 작은 것, 즉 무한소에 대한 논쟁은 늦어도 17세기에 수학자들 사이에서 시작되었다. 당시 수학자들은 종종 신학자이자 철학자이기도 했다. 자비 없는 격렬한 논쟁은 수학적 문제를 넘어서는 훨씬 더 큰 주제가 논쟁 안에 담겨 있었음을 암시한다. 역사학자 아미르 알렉산더_Amir Alexander_가 무한히 작은 것에 대한 자신의 역사서에서 묘사했듯이, 이 논쟁의 주제는 "새롭고 역동적인 과학으로 가는 길이자, 종교적 관용과 정치적 자유에 관한 문제였다."[10] 알렉산더에 따르면, 결국 무한소는 존재하는 제도를 비판적 시각으로 보는 데 도움을 줌으로써 '인간의 세계'로 가는 문을 열었다. 이 문을 통해 인간은 기존의 고정된 사회, 위계적 정치 체계를 버리고, 좀 더 개방적이고 자유로운 삶을 구성하는 데 성공했다. 그러나 이런 주제에 몰두하는 많은 역사학자들은 그 바닥에 놓여 있는 '고등' 수학을 다루는 일을 등한시한다. 전체적으로 이런 견해가 합쳐져 현대의 신기한 역설이 생겨난다. 오늘날 디지털 감시도구 등 무한소가 낳은 무수히 많은 결과가 많은 이에 의해 자신들의 자유를 제한하는 도구로 인지된다. 그러나 역사적으로 무한소는 제한받지 않은 삶이라는 현재적 가능성의 길을 처음 열었다.

무한소는 수학에서 원자 같은 것을 의미했다. 즉, 잘 알려져 있는 유클리드 기하학에서 더는 쪼갤 수 없는 것으로 정의되는 점과 같으며, 원자가 실을 구성하듯이 이 점으로 선이 구성된다. 고대 그리스 철학자들은 이 무한소와 원자를 나눌 수 없는 기본 단위로 생각했고, 이 기본 단위의 도움으로 나눌 수 있는 연속된 사물을 이해하려 했다. 당연히 물리적 원자와 수학적 원자, 즉 무한소를 조심스럽게 구별할 필요가 있었고, 역사 속에 있었던 많은 지적 논의가 실제 원자와 이상적인 무한소의 차이를 이해하려고 노력했다. 무한소 이해에 원자 이해보다 더 많은 노력이 필요했다는 사실은 역사를 살펴보면 알 수 있다. 이미 처음부터 이 개념 자체의 어려움이 드러났기 때문이다. 예를 들어, 나눌 수 없는 가장 작은 것은 가장 작은 크기를 보여주어서는 안 된다. 그걸 보여주는 순간 나눌 수 있기 때문이다. 그런데 가장 작은 넓이(크기)를 보여주지 못한다면, 무한히 많은 무한소가 결합하여 만드는 눈에 보이는 선의 길이를 어떻게 계산할 수 있을까?

그 밖에도 수학자들은 작은 크기와 함께 무한히 작은 크기에 대해서도 진지하게 생각한다. 즉 무한소는 고정된 입자가 아닌 역동적인 과정을 보여준다. 예측되는 어떤 길이가 0 근처로 가서 마침내 가장 질서정연하고 상상할 수 있는 방식으로 사라진다. 자신의 과제를 완수하고 기대되는 계산을 가능하게 하기 위해서다.

이 무한소 문제에 진지하게 몰두했던 첫 번째 수학자는 아르키메

데스Archimedes였다. 그는 기원전 250년경에 이 개념의 도움을 받아 원통과 구의 부피를 계산할 수 있었다. 그러나 이 실용적 결과가 이론적 역설을 해결하지는 못했고, 16세기에 이르도록 아무런 진전이 없었다. 16세기 플랑드르, 영국, 이탈리아의 수학자들이 아르키메데스에 다시 관심을 갖고 곡선의 진행과 그 운동을 계산하는 데 그의 실험적인 계산 방식을 이용하면서 비로소 발전이 시작되었다. 시몬 스테빈Simon Stevin, 토머스 해리엇Thomas Harriot, 보나벤투라 카발리에리Bonaventura Cavalieri 같은 남성 지식인들이 많은 노력을 통해 큰 진전을 이루어냈다. 하지만 그들은 곧 무한히 작은 것을 의심스럽게 바라보는 동시대인들을 맞닥뜨리게 되었다. 이탈리아에서는 예수회원들이 특히 무한소에 반대하는 세력으로 등장했고, 영국에서는 토머스 홉스Thomas Hobbes와 영국 국교회 신자들이 격렬하게 반대했다. 이들이 저항했던 이유는 동일한데, 오늘날에는 상상하기 힘든 내용이다. 알렉산더에 따르면, 그들이 보기에 무한소는 "세계가 엄격한 수학적 질서가 지배하는 완전히 이성적인 장소"라는 거대한 꿈을 파괴했다. "창조의 심장에는 엄격한 논리적 개입에서 벗어나 있는 신비가 자리 잡고 있는 것 같았다. 그 신비는 세계가 최상의 수학적 추론을 벗어던지고, 우리가 어디로 가는지 알 수 없는 자신만의 길을 선택할 수 있게 해준다."[11]

여기서 무한소라는 개념을 금지하기 위해 예수회원들이 무엇을 결정하고 실행했는지 상세하게 설명할 수는 없다. 단지 예수회원들은 개신교의 범람을 막아주는 요새라고 이해했던 가톨릭교회의 진리, 교계제도, 규칙이라는 삼각 기둥을 구하기 위해 일했다. 수학적 확실성이 모든 논생을 끝내고 인간의 영혼에게 평안을 만들어줄 것이므로 무한소는 제거되고 없어지는 게 타당하다고 생각했던 것이다. 그렇게 예수회원들은 모든 권력을 동원해 무한소를 탄압했고, 그 탄압이 낳은 유일한 역사적 결과는 그 후 수백 년 동안 이어지는 이탈리아 수학의 쇠락이었다.

 이탈리아 예수회원들이 자신들의 행복을 추구하는 바람에 국가적 불행을 낳았다면, 영국에는 예수회를 좋아하지는 않았지만 같은 관점을 가진 한 남자가 있었다. 그는 무한소는 사회 붕괴를 불러올 수 있다고 생각했고, 사회에는 강력한 중심 권위가 불가피하다고 보았다. 이 불가피한 권력을 '레비아탄Leviathan'이라고 불렀다. 바로 토머스 홉스 이야기다. 예수회와 전혀 관계가 없는 그는 수학에 관해서만 같은 관심을 공유했다. 홉스는 반듯한 직선과 뾰족한 모서리의 유클리드 기하학에서 인간을 위한 이상적인 질서를 보았다. 그 질서는 견고해서 변하지 않으며 위계적이면서도 모든 것을 포괄한다. 휘어지고 역동적으로 진행하는 무한소는 이 질서에 방해가 될 뿐이었다. 홉스는 무한소가 없어져야 한다고 생각했고, 무한소 철폐를 위해 노력했다. 그러다가 원적문제(어진 원과 같은 면적을 가진 정사각형을 자와 컴퍼스로 작도하는 문제. 고대 그리스에서 시작한 기하학의 3대 문제의 하나-옮긴이)를 해결했다고 주장하여 창피를 당하기도 했다. 이 문제는 (초월수) 원주율 파이(π)의 본성이며 증거를 찾는 게 불가능하지만, 홉스는 이를 무시했다. 홉스는 분명하고 정확하면서도 피할 수 없는 수학적 질서가 사회정치적 질서의 기초를 제공해야 한다고 생각했다. 그에게 반대하는 이들도 그렇게 생각했다. 단지 그들은 진행 방향을 바꾸었을 뿐이다. 그들은 서서히 직관적으로 생성되는 무한소를 계산하기 시작했고, 그 결과 세상을 바꾸었다. 그렇게 일은 오늘날까지 진행되었다. 무한소에 대한 금지는 어떤 대단히 거대한 것을 작동시킬 수 있었다.

타부

만약 타부Tabu라는 단어가 당시에도 유럽에 널리 퍼져 있었다면, 영에 최대한 근접하려는 무한소를 '손을 대지 않는 게 좋은 지식'이라는 뜻으로 타부라고 부를 수 있었을 것이다. 그러나 이 이국적인 단어는 20세기 초에 독일어권에 들어왔다. 우선 지그문트 프로이트가 자신의 그 유명하고 아름다운 이름의 책『토템과 타부Totem und Tabu』로 이 단어를 널리 알렸다. 타부라는 단어는 원래 폴리네시아에서 왔고, 아마도 영국의 바다 탐험가 제임스 쿡James Cook이 유럽인 가운데 처음으로 이 단어를 들었을 것이다. 그는 통가라는 섬에 도착하여 몇몇 원주민들과 함께 식사를 했는데, 그들이 특정 음식에 손을 대지 않음을 알게 되다. 원주민들은 이유를 묻는 쿡에게 이 음식은 '타부'라고 말했다. 이미 명백해졌듯이, 폴리네시아인들은 이 표현을 통해 자신들이 건드려서는 안 되고, 자신들의 개입으로부터 보호받아야 하는 어떤 것을 생각했다. 또한 자신들의 개입을 막기 위해 금지가 존재하고, 더불어 이에 대해 말을 해서도 안 되었다. 그사이에 유럽 문화는 이 이국적 개념을 같은 의미로 수용했다. 미국의 문예학자 로저 사턱Roger Shattuck은 '금지된 지식의 문화사'를 설명하는『금지된 지식Forbidden Knowledge』을 집필했다. 이 책의 독일어 번역본 제목은 『타부』인데, 번역자들은 역자 서문에서 원제를 단어 그대로 옮기지 않은 이유를 설명한다. 저자가 다루는 주제는 도덕적 이유, 운명 혹은 인간이라는 이유로 '금지된' 지식, 즉 타부이기 때문이다.[12]

책에 실린 글들을 읽다 보면 특정 문화권은 타부를 통해 어떤 음식이나 행동양식을 거부하고 금기로 만들며, 이미 타부가 전 세계에 거의 퍼져 있어 타부 없이 존재하는 사회 혹은 공동체는 없을 거라는 걸 알게 된다. 가끔은 역사적 과정이 타부의 대상이 되어 억압받기도 하는데, 흑인에 대한 폭력과 살인이 일어났던 미국의 흑역사가 한 예다. 마침내 그 흑역사는 앨라배마에 있는 박물관을 통해 표현되고 알려지게 되었다. 동성애는 전 세계적으로 대중 미디어에서 오랫동안 타부로 다루어지는 주제다. 대중 미디어는 타부로 유도될 수 있을 때만 동성애를 언급한다. 이 현상은 심리학에서 큰 주목을 받았었고 널리 토론되었다. 프로이트는 늦어도 자신의 에세이 『근친상간 혐오Die Inzestscheu』가 나왔던 1912년 이후 형제자매 사이의 금지된 사랑을 말하는 근친상간 주제에 몰두했다. 이 에세이는 프로이트가 자신의 책 『토템과 타부』에 모아놓았던 텍스트 4개 가운데 첫 번째 글이다. 토템은 성스러운 상징이나 개인의 수호신을 의미한다. 인디언들은 심지어 곰과 같은 토템 동물에도 익숙한데, 곰은 강력한 존재로서 인디언을 보호하는 역할을 하고, 그 역할에 걸맞게 숭배를 받는다.

프로이트는 '토템과 타부'라는 개념으로 자신의 문명화된 (유럽) 환경에서 벗어나려고 했음이 분명하다. "인류가 문명화 전 단계에서 문명화 단계로 들어가는 시간"에 스스로 '야만인'이 되어 진입하기 위해서였다. 프로이트는 독자들에게 각자의 개인적 발전을 이해하기 위해 "선사시대 사건의 분석적 재구성"으로 자신을 따라오라고 요청했다.[13] 19세기 다윈은 진화론 개념의 맥락 안에서 선사시대에 대한 하나의 생각을 내놓았다. 선사시대 인간은 작은 무리를 이루고 살았으며, 강력하고 성적 질투심이 강한 남성이 그 무리를 지배했다는 것이다. 정신분석학자들은 그다음 상상을 위해 이 구체적인 상상을 기꺼이 수용했다. 이런 무리의 구성이 희생제의를 포함하는 폭력적 상황을 낳고, 희생제의를 위해 다시 토템 동물이 선택되었다는 것이다. 프로이트는 자신의 유명한 제안을 뒷받침하기 위해 이 사변적인 추측을 이용했다. 이제 프로이트는 "이미 무대 옆에서 오랫동안 잠복하고 있었던 오이디푸스 콤플렉스를 무대 가운데로"[14] 세운다.

이 전설적인 오이디푸스 콤플렉스와 함께 당연히 근친상간 금지라는 주제가 등장하고 그 기원에 대한 질문도 제기된다. 오이디푸스 콤플렉스는 비극적 사건을 다룬다. 왕자 오이디푸스는 부모가 누구인지 모르는 상태에서 자신의 아버지 라이오스를 죽이고 자신의 어머니 요카스테와 결혼한다. 진실을 알게 된 후 오이디푸스는 결국 자신의 눈을 직접 찌른다.

프로이트는 끔찍한 신화적 사건을 한 인간의 인격 발전을 위한 거대한 몸짓으로 옮겨놓는다. 그리고 왕자의 슬픈 운명에서 성장 단계 중 '남근기'가 있다는 자신의 테제를 구성한다. 오늘날에는 이 남근기를 오이디푸스기라고 부른다. 이 시기에 아이는 생식기 영역에 강한 관심을 가지며, 모든 인간은(가능하다면) 이 시기에 오이디푸스 사건을 새롭게 통과해야 한다. 여기서 프로이트는 자신과 성이 같은 남성들만 생각했고 엘렉트라 콤플렉스라는 반대 사례는 잘 알지 못했다. 이 콤플렉스에서 딸들은 어머니에 대한 적대감을 배우고 아버지에 대한 강렬한 지향을 느낀다(고 한다). (다음의 '엘렉트라 콤플렉스와 이와 관련된 몇몇 콤플렉스'를 참고하라.)

토막
이야
기

엘렉트라 콤플렉스와 이와 관련된 몇몇 콤플렉스

엘렉트라도 오이디푸스처럼 그리스 신화 세계에서 나왔다. 이 신화에 따르면, 엘렉트라는 남동생 오레스테스를 도와 자신의 어머니인 클리타임네스트라를 살해한다. 클리타임네스트라가 남편 아가멤논, 즉 엘렉트라의 아버지를 살해했기 때문이다. 엘렉트라 콤플렉스라는 개념은 심리학자 C. G. 융에게까지 거슬러 올라가는데, 융은 이 개념으로 아버지와는 대단히 밀접한 관계를 유지하면서 어머니를 거부하는 딸을 파악하고 실제 인간의 심리적 이해에 도달하기를 원했다. 이 관찰의 배경에는 지그문트 프로이트의 유명한 가정이 숨어 있다. 흔히 음경선망으로 알려져 있는데, 이 음경선망 때문에 소녀들은 자신을 결핍된 존재로 낳은 어머니를 비난하게 된다고 한다. 이 주제에 대해서는 더 이상 상세한 설명을 하지 않겠다.

엘렉트라 콤플렉스는 남성편만큼 유명하지 않으므로 여기서는 오이디푸스 콤플렉스만 다룰 것이다. 프로이트에 따르면, 남근기 혹은 오이디푸스기에 있는 남자아이의 경우 오이디푸스 콤플렉스 탓에 아버지를 적대자로 보고 어머니를 소유하려는 충동을 느낀다. 여기서 어머니는 타부시되거나, 혹은 어머니의 음부가 아들에게 타부가 되어야 한다. 마치 근대 사회에서 근친상간이 타부로 표현되고 근친상간 금지로 귀결되었듯 말이다. 근친상간 금지는 독일 형법에도 분명하게 규정되어 있다('윤리위원회와 타부' 참고).

금친상간 금지의 법률적 뿌리는 꽤 오래전으로 거슬러 올라간다. 기원전(!) 18세기에 나온 『함무라비 법전』에서 이미 관련 규정을 읽을 수 있고, 1532년 첫 번째 독일 법령으로 공포된 황제 카를 5세의 『형사적 법령』 117조에도 "가까운 친척과의 부정에 대한 처벌"을 분명히 밝히며, 근친상간을 처벌받는 행위로 규정한다. 그러나 고대 이집트 지배자들에게는 근친상간이 허락되었다. 무엇보다 그들이 흔히 죽지 않은 존재로 여겨졌고, 그 때문에 후손을 낳기 위해 많은 부인을 선택할 필요가 없었기 때문이다. 시간이 지나가면서 사람들은 가족 중에 근친 사이에서 태어난 아이들이 더 약하고 병에 잘 걸리는 사실을 자연스럽게 알게 되었다. 종종 신체적 손상이나 지적 장애를 가지고 태어나기도 했다. 그렇게 해서 이 "수치스러운 피"는 점점 더 줄어들고 단절되었으며, 마침내 국가 차원에서 금지되었다. 1871년에 나온 제국 형법에 따르면, 관련 행위는 5년 이하의 감옥형을 받을 수 있었는데, 눈에 띄는 건 당시 생물나 심리 관련 학문들이 과학적으로 변해가는 사회에서 불가피하게 등장하는 질문에 확신에 찬 대답을 제공하지 못했다는 점이다. 예를 들면 다음과 같은 질문이다. a) 무엇 때문에 근친상간이 사람에게 해를 끼치거나 나쁜 영향을 줄 수 있는가? b) 친족 사이의 성관계에 본능적인 거부감 같은 것이 존재하는가?

역사를 보면 동기간 사랑이라는 까다로운 주제에 관해 신기한 주장이 많다. 예를 들어 20세기 말까지 널리 이용되었던 어떤 정신분석학 교과서에서 학생들은 다음과 같은 어리석은 문장을 읽을 수 있었다. "(오이디푸스 사랑 경험은) 많은 이들에게 삶에서 가장 뜨거운 모험이다. 인간에게 일어날 수 있는 어떤 경험보다도 강렬하다."[15] 여기서 근친상간 욕망은 프로이트가 말한 오이디푸스 콤플렉스 때문에 젊은이들에게 생겨나는 욕망의 원초적 표현 양식으로 간주된다. 이 들떠 있는 묘사를 읽은 사람은 왜 그런 열정적인 일이 금지되고, 심지어 엄격한 처벌까지 받게 되었는지 진지하게 묻게 된다. 전문가들은 그들의 바람대로 그 이유를 알게 될 것이고, 관련 지식을 공개할 것이다.

윤리위원회와 타부

21세기의 시작과 함께 독일 연방정부는 수많은 문제가 드러나는 과학의 발전을 직시하고 전문가 위원회를 하나 만들었다. 처음에는 이 위원회를 국립 윤리위원회라는 관료적 이름으로 불렀고, 2008년부터 독일 윤리위원회로 통합했다. 이 위원회의 과제는 "연구와 발전의 관계를 고려해 특별히 생명과학 분야와 관련 기술의 적용에서 생겨나는 개인적, 사회적 결과를" 처리하는 일이다. 2007년에 윤리위원회를 위한 법이 시행되었고 위원들이 많이 교체되었는데, 그들의 이름과 윤리위원회의 새로운 전체 구성에 대한 정보는 위키피디아를 비롯한 인터넷에서 찾을 수 있는 허락된 지식이다. 특히 윤리위원회는 어떤 지식을 기대해도 되고 혹은 어떤 지식은 기대하면 안 되는지, 즉 여전히 금지되어야 하는지를 결정한다. 이런 윤리위원회의 결정에 대해서는 이 책의 다른 부분에서 충분히 다룰 것이다.

여기서는 2012년 4월 12일 유럽 인권 법원의 판결에 대한 윤리위원회의 성명서를 다룬다. 한 남성의 제소건이 그 주제인데, 이 남성은 24세 때 16세 여성을 알게 되었다. 여성은 남성의 친동생이었지만, 그는 이 사실을 몰랐다. 남매가 결혼하고 자녀까지 낳았다는 사실이 알려지기 전까지 두 사람은 4명의 아이를 낳았다. 그 후 법적 절차가 진행되어 부부는 근친상간에 따른 처벌을 받았다. 남자가 제소하자 먼저 연방 헌법재판소가 이를 기각했다. 자녀들에게 생길 수 있는 유전병이 기각의 근거였다. 유럽 인권 법원도 같은 결정을 내렸다. 2014년 성명서를 통해 윤리위원회는 이미 오래전에 한 가정에서 함께 생활하지 않았고 합의에 따라 동침한 "성인 남매들의 근친상간 금지 철폐"를 촉구한다. 이 두 가지 조건이 위에서 다룬 사례에 맞아떨어진다. 당연히 누구도 "근친상간에서 나온 아이들은 열성유전자가 두 배가 되어 질병에 걸릴 위험이 높아진다"는 과학적으로 타당한 주장을 부인하지 못한다. 오늘날 인간들은 책임 있는 행동을 위해 유전적 위험을 즉시 보여주는 태아 검사에서 필요한 지식을 얻게 된다. 윤리위원회는 과학기술적 가능성과 함께 당사자에게도 관심을 두었고, 남매 부부의 고통에 관해 지적했다. 두 사람은 많은 시간을 각자 다른 곳에서 생활한 뒤 성인이 되어서야 서로 알게 되었다. 법적 갈등을 빚어 처벌받을 위험에 빠지기를 원하지 않는다면, 그들은 단지 비밀스럽게 두려움 속에서만 사랑할 수 있다. 누구도 이 부부에게 그들의 근친상간이나 아이들의 유전적 위험성에 대한 지식을 금지해서는 안 된다. 최소한 이번 사례에서는 분명히 지식이 자유롭게 해줄 수 있다.

자연과 문화

프로이트가 자신의 오이디푸스 개념을 『근친상간 혐오』에 기록하던 때, 오늘날 이 주제에 관한 정보를 제공하는 모든 학문은 여전히 걸음마 단계였다. 특히 유전학과 행동연구가 그러했고, 사회과학도 마찬가지였다. 잘 알려져 있듯이 20세기를 지나면서 상황은 엄청나게 변했고, 여러 학문 분야가 발전해가면서 구별되는 저장고 두 개가 생겨났다. 두 분야는 처음에는 오랫동안 서로를 무시했지만 조금씩 서로를 알아가다가 공통된 설명을 찾으려고 노력했다. 이 두 개의 대표 관점은 '문화적' 그리고 '생물학적'이라는 수식어로 간단하게 구분할 수 있다. 근친상간과 관련해서는 프랑스 인류학자이자 사회과학자인 클로드 레비스트로스Claude Lévi-Strauss의 관점이 무수히 인용된다.[16]

"근친상간을 금지하게 된 기원에는 문화일변도의, 혹은 자연일변도의 이유만 있지 않다. 일부는 자연의 영역에서, 그리고 또 다른 일부는 문화에서 차용한 아이디어를 기워 만든 것도 아니다. 근친상간 금지는 어떤 근본적인 절차나 과정의 한 단계를 보여준다. 이 과정 덕분에 이 과정을 통해, 무엇보다도 그 과정 위에서 자연에서 문화로의 이전이 완성된다." 이를 한 문장으로 간결하게 요약할 수 있다. "근친상간 금지는 자연이 스스로를 극복해가는 과정이다."

여기서 금지 혹은 타부는 대체로 인간을 억압하는 게 아니라 "정반대로 해방과 후원을 위한 것으로 보는" 끊임없는 경험이 드러난다. 역사학자 알렉산드라 프뤼츠렘벨Alexandra Pryzrembel이 교수자격 논문에서 이 주제를 연구했고, 다음과 같은 관점을 제시한다. "타부화 경험, 그리고 금지 혹은 삼감의 기능은 마치 기술 세계에서 일어나는 전환의 과정처럼 계속 작동한다."[17] 기술 세계에서 더 나은 기계가 더 많은 과제를 더 충실하게 완수하는 것과 마찬가지로 사회에서 타부가 작동한다고 본 것이다.

프로이트는 또다시 레비스트로스가 했던 것처럼 사회학적 방법으로 발언했다. 프로이트는 근친상간에 대한 타고난 거부감이라는 가정은 오류일 수도 있으며, 이를 정신분석의 경험이라고 규정했다. 그러나 바로 이 점에 대해서 자연과학자들은 점점 더 많은 의심을 드러냈다. 자연과학자들은 동물뿐 아니라 인간의 행동도 탐색했고, 탐구 배경에 따라 점점 더 서로 반대되는 관점으로 향했다. 말하자면, 자연과학자들은 남매간 사랑에 대한 혐오는 본능으로 이해할 수 있다는 확신을 얻었다. 근친상간은 보통의 성장 환경에서는 회피되며, 인간의 삶에서 계속해서 배제되는 행위라는 것이다. 많은 심리학자가 보기에 생물학적(자연적 혹은 자연에 순응하는) 관점을 가장 확고하게 지지하는 대표자는 핀란드 철학자(!) 에드워드 웨스터마크Edward Westermarck인데, 삶에 밀착되고 경험에 충실한 그의 주장은 확신에 찬 간단한 문장으로 요약할 수 있다.

"나는 어린 시절 함께 살았던 사람들 사이에는 상호 성관계에 대한 타고난 거부감이 있다고 가정한다."[18] 예를 들어, 어린아이일 때는 모래밭에서 의사 놀이를 하고 아무 거부감 없이 서로를 만졌다. 처음에는 많은 동료가 웨스터마크의 가정을 비웃었다. 그러나 대개 좋은 가설은 이런 운명을 견뎌내는 법이다. 그사이에 위에서 언급했던 어린 시절 함께 보낸 경험과 부족한 성적 매력 사이의 관계가 여러 차례 확실하게 증명되었다. 관련 증명 사례를 디터 E. 짐머Dieter E. Zimmer가 1986년 주간지 《디 차이트Die Zeit》에서 소개했는데, 이 기사는 '오이디푸스의 수수께끼'에 대한 독일 심리학자 노르베르트 비쇼프Norbert Bischof의 연구를 상세하게 다룬 보고서였다. 짐머는 자신이 다루는 질문을 해결하려면 필히 거쳐야 하는 특별한 관찰 상황에 대해 지적하는 것으로 글을 시작한다. 이 특별한 관찰 상황은 인위적으로 만들 수 없다. 근대에 접어들며 금지된 지식이 적어진 것 같지만, 특정 지식으로 향하는 길은 여전히 금지된 경우가 많다.

"어릴 때 함께 자란 사람들이 성인이 된 후 상대를 향한 성적 관심을 억제하는지를 알아보기 위해 실험을 해볼 수는 없다. 그러나 종종 실제의 어떤 삶이 실험체가 되어 주기에 학문은 단지 이를 찾아내어 올바른 시선으로 보기만 하면 된다." 그다음 서로 다른 세계에서 두 개의 사례가 나온다.

"대만에는 '*작은 신부*sim-pua'라는 사라진 풍습이 있다. 미래의 아내는 (지참금이 적은) 아기 때 남편의 가정에 입양되어 그곳에서 성장한다. 여자가 15세쯤 되면, '작은 결혼식'을 올린다. 인류학자 아서 P. 울프Arthur P. Wolf는 이런 질문을 던졌다. 이 '어린 부부들'이 같은 사회 계층에 속하는 다른 평범한 중국 부부와 비교할 때 얼마나 잘 살까? 첫 번째, 마치 남매처럼 성장한 신랑신부는 예상했던 대로 서로 사랑하지 않았다. 남편은 그야말로 아내의 침대까지 억지로 끌려가야 한다. '작은 부부들'은 다른 부부보다 외도를 하는 경우가 잦았다. 이들 부부의 4분의 1이 이혼을 하거나 장기 별거로 끝이 났으며(보통의 경우 1퍼센트를 넘지 않았다), 아이도 30퍼센트나 더 적게 낳았다."

두 번째 사례도 있다. "이스라엘 키부츠 대부분은 얼마 전까지, 부분적으로는 오늘날까지도 아이들이 부모와 함께 생활하지 않고 어린이 집에서 전문 보모의 보호 아래 생활했다. 아이들은 가족 대신 어린이 집에서 같은 또래들과 깊은 유대 속에서 사회화되었고, 키부츠 공동체 생활을 준비했다. 같은 또래 소년과 소녀들이 함께 양육되었고, 거의 동등하게 대해졌다. 어른이 된 후 또래 집단 안에서의 연애와 결혼은 금지되지 않았을 뿐만 아니라, 오히려 권장되었다. 이스라엘 사회학자 조셉 쉐퍼Joseph Shepher는 키부츠의 전체 혼인등록을 면밀히 조사했는데 2,769쌍 가운데 14쌍만이 동갑이었다. 그리고 이 14쌍은 한 어린이 집에서 같이 지낸 적이 여섯 살 이후 또는 오랫동안 없었던 경우였다. 즉, 이들 가운데 누구도 자신의 배우자와 어릴 때부터 계속해서 함께 살아오지 않았다."

레비스트로스가 이미 생각했듯이, 오랫동안 친밀한 사이로 지내고 어린 시절 서로 벗은 몸을 경험하면 확실히 성적 유혹을 느끼지 않는다. 이 경험은 부모와 아이의 놀이에도 적용될 수 있기 때문에 나는 오이디푸스 콤플렉스의 존재를 늘 의심해왔다. 인간들은 사회학자 프로이트가 생각했던 것처럼 행동하지 않고, 철학자이자 인류학자인 에드워드 웨스터마크가 인지한 것처럼 행동한다. 두 아이가 모래 상자 안에서 함께 놀았다면, 성장한 후 서로에게 아무런 성적 자극을 느끼지 않는다. 기존의 학설과는 완전히 반대다!

후속 연구를 거듭하며 행동연구자들은 점점 더 강한 확신을 가졌다. 행동연구자들이 '초기 친밀감'이라고 부르는 삶에서의 첫 번째 관계는 솟아나는 성적 욕구를 억압한다. 성적으로 활성화되고 그에 맞게 타인에 대한 욕구를 느끼기 위해서는 먼저 가족으로부터 해방되고 집에서 나와야 한다. 이와 관련된 낯선 사람이나 타인을 친밀하게 느끼게 되는 특별한 감각 같은 구체적인 구조는 아직 알려지지 않았거나 서술되지 않았다. 그러나 완두콩과 파리와 함께 시작했던 유전학이 점점 인간에게 다가와 인간 유전자를 다루게 됨으로써 자연의 근친상간 금지는 성 그 자체, 유성생식 그 자체와 같은 목적을 추구한다고 곧 말할 수 있게 될 것이다.

인간에 의해, 그리고 다른 생물을 통해서도 완성된 번식 유형은 잘 알려져 있듯이 염색체 단계의 과정에서 수행된다. 이 과정을 재조합Recombination이라고 부르는데, 섞임을 통해 유전 물질의 다양성과 풍성함을 높이는 과정이다. 동종교배를 하면, 다양한 개인을 낳고 키우기 위해 유기체들, 특히 사람과 그 자손에 필요한 유전적 다양성과 다원

성이 감소된다. 인간은 생존 기회를 더 높이기 위해 다양한 생태 변화와 환경 조건 교체에 대응할 수 있는 능력을 갖추어야 한다. 이런 능력을 통해서만 인간은 육체적 건강을 지킬 수 있고 모든 개별 생명과 전체 진화에서 특히 중요한 적응에 성공할 수 있다. 이 사실이 찰스 다윈 이후에 알려졌고, 계속해서 새로운 세부 사항들이 드러나고 있다.

성적 선택

자연은 성이 가진 장점을 잃지 않기 위해 남매간의 성관계를 금지하거나 막고 있다. 오늘날 과학에 따르면, 처음에 성은 짝짓기를 하지 못하고 분열만 할 줄 알았던 단세포 생물에서 시작되었고, 진화 과정에서 생명과 유기체가 성의 장점을 획득했다. 세균이나 다른 단세포 생물이 개체수를 늘리고 싶으면 한 세포가 두 개로 분열해야 하는데, 여기서 두 개의 딸세포는 거의 일치하는 유전 물질을 보여준다는 사실을 쉽게 예상할 수 있다. 쉽게 변하고 계속해서 새로운 것을 제공하는 세상과 더 다양하게 만나기 위해, 단세포 생물은 무성생식에 성이라는 유성 변이 경쟁자를 만들어서 창조하고 발전하는 삶을 성공적으로 수행했다. 이 성공과 함께 단세포에서 오늘날의 다세포 생물과 두 성의 등장이라는 거대한 도약이 완성되었다.[19] 이 두 가지 성의 존재와 함께 언젠가부터 과학적인 질문이 하나 등장하는데, 이미 이 질문을 직시한 찰스 다윈은 이렇게 표현했다. 어떻게 남성이라는 존재는 자신에게 맞는 여성 짝을 찾고 그 반대는 또 어떻게 가능한가? 어떻게 여성은 세상에 후손을 내놓을 수 있는 제대로 된 짝을 만나게 될까? 한편 그 후손들의 세상은 부모가 성장했고 서로 만났던 세상과는 완전히 다르게 발전할 것이다.

서로 다른 성을 가진 두 유기체가 서로 가까워져 부모가 되기로 합의했을 때, 그 자식은 성의 기능과 구조 덕분에 부모 한쪽의 유전자와는 확실히 구별되는 고유한 유전자 조합을 얻는다. 생명의 성공을 위해서는 반드시 필요한 큰 수고다. 또한 이 수고는 다음을 해명하는 데도 도움을 준다. 첫째, 자연에는 유성생식이 도대체 왜 존재하는가? 둘째, 유성생식은 왜 그렇게 큰 성공을 거두었나? 유성생식을 위해서는 발전해야 했고, 현대 과학에서 아직 해명해야 할 지점이 남아 있는 세포와 분자 메커니즘이 물론 이 질문에 완전한 대답이 될 수는 없다. 책의 앞머리에서 이미 언급했던 질문이 여기서도 중요해진다. 진화적으로 의미 있고 생존에 도움을 주는 성이 인간의 본성인 지식에 대한 욕구를 설명하는 데 도움을 줄 수 있을까? 있다면, 어떻게 그럴 수 있을까?

대부분의 진화생물학 주제와 마찬가지로 다윈이 이미 이 문제를 언급했는지 물으면서 이야기를 시작하는 게 좋다. 대답은 기대대로 '그렇다'이다. 1871년에 출판된 '인간의 기원'을 다룬 자신의 책에서 다윈은 자연선택 옆에 두 번째 메커니즘을 나란히 세웠다. 그는 이 메커니즘을 '성 선택Sexual Selection'이라고 불렀는데, 이 메커니즘의 도움으로 후손을 낳는 데 적합한 짝을 찾을 수 있다. 이 근본적인 차이를 사유하는 다윈은 아이를 얻기 위해 여성이 남성보다 훨씬 더 많이 투자해야 하고 많이 알아야 한다고 지적한다. 투자라는 단어가 너무 가차 없고 상업적으로 들리기는 하지만, 여성이야말로 아이를 위해 엄청난 수고와 고통을 대가로 지불해야 한다는 생물학적 사실과 그 때문에 짝을 고를 때 남자와는 다르게 행동한다는 결과를 간과해서는 안 된다. 여러 달 동안 아이를 자신의 배 속에 지니고 있어야 하고 아이를 출산할 때 생명의 위험도 감수해야 하는 여성들이 재미만을 추구하고 책임감 없이 자신의 씨를 뿌릴 준비만 되어 있는 남자들의 특질을 세세하게 따져보는 것은 좋은 일이다. 여성과 달리 남성들은 성관계와 함께 자신의 생물학적 의무를 채운 후 곧바로 떠날 수 있다. 기회가 된다면 한 여자에게 떠난 직후에 바로 다음 성적 결합을 추구할 수도 있다. 다윈은 이 상황에 대해 남성은 상대의 특질에 관심을 갖는 여성과 달리 후손의 양에 더 많은 관심을 둔다고 표현했다.

다윈은 자신이 '**여성의 선택**_female choice_'이라고 불렀던 것이 인류에게서 중요한 역할을 한다고 생각했다. 그리고 어떻게 여성의 선택이 인간의 본성에서 그리고 문화의 보존을 위해 진행되어야 하는지 숙고해 본 사람은 무엇보다도 다음과 같은 관점에 도달할 수 있다.

많은 유기체가 자연환경을 가득 채우고 있고, 엄청나게 많은 미생물도 그곳에 있다. 이들 모두 자신들의 존재를 위해 투쟁한다. 이런 환경에서 홀로 생존하기 위해서는 자손들에게 강한 면역계를 위한 좋은 유전자 조합을 만들어줄 필요가 있다. 그래서 한 여성은 먼저 온전히 생물학적 관점에서만 관찰해 상대 남성을 찾고 선택한다. 상대방 남성은 가능한 다양한 유전자 조합을 갖고 있고, 짝짓기 후 함께 만든 자손에게 자신의 유전사로 보는 새롭고 오래된 병원체의 틈새를 막아버리는 면역계를 만들어줄 수 있어야 한다. 당연히 바로 다음 질문이 제기된다. 여성은 자기 아이의 잠재적 아빠가 신체 내부에서 무엇을 가져오고 제공하는지를 어떻게 외부세계에서 감지할 수 있을까?

이 진지한 주제에 다소 진부하게 들리는 해답 하나는 냄새를 통해 면역계에 좋은 적절한 유전자를 장착한 사람을 파악할 수 있다는 것이다. 예를 들어, 실험 참가자 여성들에게 남성 참가자들이 입었던 티셔츠의 냄새를 맡게 하고, 어떤 티셔츠에서 특별히 매력적인 냄새, 혹은 역겨운 냄새가 나는지를 평가하게 했다. 여성들은 자신들의 유전자와 눈에 띄게 다른 면역계 담당 유전자를 가진 남성의 셔츠를 선택했다. 가장 매력적인 냄새를 풍기는 남성이 함께 만들 후손의 면역계를 위한 최상의 보완 유전자를 가지고 있었던 것이다.

이 실험 이후에 성적 선택이라는 진화적 사건에서 여성의 선택에 도움을 주는 또 다른 감지 신호도 발견되었다. 얼굴의 균형, 턱이나 이마처럼 밖으로 보이는 몇몇 부분, 혹은 팔다리의 비율 등이 바로 그런 신호 역할을 한다.

실제 이런 감지 신호는 시간이 지나면서 생물학에서 거의 상식에 속하게 되었다. 즉 신체 기관의 균형은 건강에 대해 무언가를 말해준다는 것이다. 종합하면 여성의 선택은 진화 과정에서 새로운 발전의 시작이었다. 인간은 자연환경뿐 아니라 인간의 인지와 그 인지에서 나오는 평가에도 적응하게 되었다.[20]

진화의 목적

다르게 표현하면 이렇다. 성적 선택 과정에서 인간은, 여기서 상세히 서술했듯이 특히 여성은 감각 인지를 통해 상대방이 제공할 수 있는 특성에 대한 지식을 획득한다. 그리고 이처럼 지식이 어떤 역할을 수행하자마자 자연은 속임수를 생산하는데, 이 사실에 아무도 놀라지 않을 것이다. 아무것도 줄 수 없는 사람은 선택되지 못한다. 그래서 많은 남성들은 사랑을 찾는 여인이 이 사실을 알아차리는 일, 즉 '파트너(짝)'에 대한 지식을 획득하는 일을 방해하는 방법들을 찾는다. 이를 위해 남성들은 뇌 안에 특별한 지능을 발전시켰는데, 이와 관련해서 전문가들의 관심은 대뇌피질 혹은 신피질에 집중된다. 신피질은 확실히 "성적 파트너를 유혹하기 위한 선전 기관"으로 계획된 것처럼 보인다. 당연히 이런 속임수 전략 때문에 여성은 환심을 사려고 접근하는 남성의 의도를 파악하고 진정한 사랑과 뜨거운 바람을 구별할 수 있는 능력을 배울 수 있다. 여성들은 확실히 이를 위해 감정을 다양하게 이용하는데, 이 감정의 도움으로 축적된 지식은 미적 경험과 결합될 수 있다. 노벨상을 수상한 시인 조지프 브로드스키Joseph Brodsky는 이 결합을 이렇게 표현했다. "진화의 목적은 아름다움이다. 아름다움이 모든 것을 생존하게 하고 진리는 단지 아름다움을 통해 생겨난다. 아름다움은 정신적인 것을 감각적인 것으로 녹여서 하나로 만든다."[21]

브로드스키가 생각했듯이 아름다움을 인지하는 일, 미학적 능력은 윤리의 원천이 된다. 타인 혹은 다른 생명체를 개인으로 인지할 때 인간은 도덕적이 된다는 아리스토텔레스의 생각과도 잘 맞는다. 이때 감성과 이성을 함께 투입하는 게 당연한 일이다. 그러나 많은 사람이 이 둘을 동시에 사용하는 데 성공하지 못한다. 진화는 이 감성과 이성을 인간에게 제공해주었다. 그리고 형태들이 생겨나는데, 이 형태들의 비밀스러운 아름다움에서 미적 즐거움이 드러날 수 있고 느껴질 수 있다. 인간들은 서로 사랑을 한다. 이 사랑의 과정에서 인간이 태어난다. 이들이 다시 서로를, 그리고 자신을 사랑하길 원하고 더 많이 알기를 원한다.

음모와 뻐꾸기의 알

다른 말로 하면, 진화와 성적 선택의 과정에서 인지를 통해 지식을 획득하는 능력은 생존에 유리한 것으로 증명되었다. 그리고 명백히 지식 그 자체뿐만 아니라 지식을 억압하고 막으려고 했던 시도도 창조적 개인들과 함께 하는 인간 문화를 더욱 빠르게 발전시켰다. 거짓과 사기도 지식과 마찬가지로 많은 환상을 전제로 한다. 어문학자 페터 폰 마트가 '사기의 이론과 실제'를 탐구하고 소개하는 『음모Die Intrige』라는 책에서 서술했듯이[22], 거짓과 사기에 대해 설명된 모든 특성은 분명히 처음부터 생명, 창조에 모두 속한다. 이 사실에 놀라는 사람도 거의 없을 것이다. 전주곡은 간단명료한 문장을 북소리로 시작된다. '창조는 사기다.' 폰 마트가 말하듯, 생명으로 가득찬 우주는 "거짓, 속임수, 술

책이 광대하게 얽혀 있는 관계다." 이 관계는 지구 위에 첫 번째 인간이 등장하기도 전에 이미 존재했다. "창조는 사기다"라는 문장은 두 번째로 "인간 세계에서는 고도의 사기꾼이 고상함과 부유한 생활양식으로 부자인 척 한다"와 같은 사실을 상기시킨다. 비록 '딸기와 같은 온순한 창조물' 조차도 자신들이 유일한 열매인 것처럼 가장하여 환경을 속이지만, 원죄 때 악마로부터 획득하여 사적으로 이 세상에 가져온 이래로 당연히 거짓과 사기는 무엇보다도 인간만이 독점한다고 여긴다. 그러나 이미 에덴동산에서 난초나무 위에 사실은 사마귀인 악마꽃이 꽃으로 위장하고 숨어 있었을 수도 있다. 이 피조물은 다른 생명을 죽여야만 생존할 수 있기 때문이다.

폰 마트는 추측하였다. "사실 악마꽃 사마귀는 문학적 특징이 있다. 우리에게 식물과 동물의 전략을 알려주는 자연과학자들의 설명은 한편으로는 인류 역사와 함께 해온 작가들의 이야기가 생물학적 차원으로의 변환된 것이라 볼 수 있다. 작가들은 우리에게 쉽게 악해지고, 쉽게 선해지며, 쉽게 사랑받고, 쉽게 권력을 탐하며, 쉽게 억압하고, 쉽게 억압받는 인간의 위장과 사기 이야기를 전해주었다."[23] 구체적으로 뻐꾸기 이야기와 트로이 정복기가 있는데, 두 경우 모두 다른 존재의 둥지를 원한다. 호메로스 이야기에서 그리스인들은 교활한 오디세우스가 기획한 전설의 트로이 목마 덕분에 목표에 도달한다. 『오디세이아』에서 오디세우스는 지식에 중독된 자로 소개되는데, 그는 세상의 모든 지식을 알고 싶어 하고 항해를 통해 모든 경계를 넘어서고 싶어 한다. 이 이야기에서는 앎에 대한 욕망 **리비도 스키엔디** *libido sciendi*, **쿠피디타스 스키엔티아이** *cupiditas scientiae*, 즉 지식에 대한 호기심이 찬

란하게 빛난다. 아우구스티누스는 이 호기심에 경고를 보냈지만, 오디세우스의 모험이 끝난 후 서구의 역사에서 이 호기심은 코페르니쿠스, 갈릴레이, 뉴턴 그리고 다윈과 같은 인물을 통해 불타올랐다. 이 호기심 덕분에 유럽의 항해선들과 연구자들은 기존의 세계와 전승된 지식의 한계를 뛰어 넘었다. 정복자와 과학자 모두 자신들의 과업을 무지에 대한 고백에서 시작했다. 그들은 자신들이 원하는 게 무엇인지 몰랐지만, 누구로부터도 금지당하거나 새로운 지식 추구를 방해받기를 원하지 않았다. 아마도 인간은 지식이 있었기에 하느님이 인간에게 위탁했던 대로 세상을 지배할 수 있었다. 이와 관련된 모험과 어려움에 대해서는 다음 장에서 다루겠다.

지식의 적응

이 문제를 더 깊은 논의하기에 앞서 진화 과정에서 자연이 인간에게 제공한 직관적 지식을 먼저 살펴볼 필요가 있다. 이 지식은 확실히 체계적 방법으로 얻은 과학 지식보다 앞선다. 이 논의에서 우리는 직관적 지식은 왜 지속적으로 반복해서 새로운 요구를 하게 하고, 진화의 선택 능력은 왜 이 직관적 지식에 가치를 두었는지를 잘 이해하게 될 것이다. 직관적 지식을 다룬 수많은 경험적 연구들에 따르면,[24] 인간은 자신이 인지한 세계를 객관적 방식보다는 주관적 방식으로 더 많이 평가한다. 한편으로는 진부하게 들리는 결과이지만, 다른 한편으로는 세계 인지에서 무엇이 중요한지를 이해할 수 있게 해준다.

예를 들어 누군가 매끈하고 깨끗한 자신의 스마트폰 액정에서 작은 흠집을 발견했을 때, 그 사람은 크게 짜증을 낸다. 이미 많이 타고 다닌 오프로드용 차량 외부에서 수많은 손상을 발견했을 때와는 완전히 다른 반응이다. 콜레라가 창궐하는 지역에 사는 사람은 조용한 지역에 살면서 유당분해 효소결핍증을 호소하는 사람을 보고 비웃음을 보낸다. 심리 실험에 따르면, 위협적인 얼굴들을 연속해서 보고 있던 사람은 그 위협하는 얼굴의 숫자가 줄어들면 갑자기 중립적인 표정도 위협적인 얼굴로 평가하려는 경향을 보인다. 이 실험 반응을 일상에 적용해 본다면, 어떤 지역에서 보호를 받아야 하는 난민의 숫자가 줄어들어도 그 지역에 사는 사람들의 흥분된 감정은 줄어들지 않을 것이다. 이 실험의 결과에서 전문가들은 인지의 한 특징을 도출하고, 그 특징을 한 문장으로 표현한다. "문제가 줄어들면, 자연스럽게 우리는 더 많은 상황을 문제라고 여긴다." 요약하면, 유아사망률, 문맹률, 여성권, 마약중독, 폭력 등 많은 사회 의제에서 부분적으로 대단한 진보를 이루었지만, 많은 사람은 세상이 더 나쁜 방향으로 발전하며 더 위험해지고 있다고 확신한다. 모든 조치와 공급에도 불구하고 많은 이들은 미래와 자신들의 노후에 대해 느끼는 두려움에서 벗어나지 못한다. 스톡홀름에서 국제 보건을 위한 교수로 일했고 얼마 전 세상을 떠난 한스 로슬링 Hans Rosling 은 명쾌한 제목을 달고 있는 자신의 책『팩트풀니스 Factfulness』에서 대부분 사람들이 생각하는 것보다 세상이 훨씬 좋다는 사실을 인식하게 하는 열 가지 이유와 많은 데이터를 제시했다.[25] 이 책에서 로슬링은 특히 자신이 "심각한 무지 devastating ignorance"라고 불렀던 동시대인들의 끔찍한 무지함에 놀란다. 금지된 지식이 없는데도 그들은 아무것도 하지 않고 자신들이 살고 있는 세상을 편견으로 뒤덮인 눈으로만 보고 있다. 인간들에게 낙관적으로 앞을 보는 용기를 주기 위해 로슬링은 이런 어둠에 통계적 정보를 통해 반짝거리는 빛을 밝히려고 시도한다. 그러나 대다수 인간들의 세계관은 사실에 대한 인식과 수용, 즉 지식을 통해 생겨나는 게 아니라, 로슬링이 '부정 본능'이라고 표현했던 것이나 경향이라고 명명했던 것을 통해 생겨난다. 경향이란 타인에게 책임을 돌리고 그런 일은 없었다고 속임수를 쓰는 것을 말한다.

그리고 만약 지금 여기서 정당화되지 않는 비관주의나 자기 방어를 위한 흑백논리의 일반적인 비난에 동의하는 쪽으로 기울어지기도 한다면, 이런 인지와 지식의 걱정스러운 적응 안에도 강력하게 작동하는 생물학적 인지가 들어 있다. 긴 생명의 역사 과정에서 인간들은 자신이 안전하게 살고 있는지, 또 위협하는 것은 없는지 확신할 수 없었다. 반대로 인간들은 언제나 새롭게 등장하는 위험을 알아차리고 이에 대응하기 위해 모든 주의를 기울여야 했다. 모르는 것이 나타났을 때 즉시 반응해야 했으며, 인지능력을 여기에 맞추어져야 했다. 그리고 기본적으로 모든 것이 점점 나빠진다는 태도가 나오면, 모든 것을 다시 개선하기 위해 지속적인 노력을 했다. 이런 행동이 결국 인간의 생존을 가능하게 했고, 인간의 생존 능력을 만들었다. 이런 행동은 주로 지식 덕분에 일어나며, 인간들은 지식으로 세계에 대한 그림을 만든다. 인간을 둘러싸고 있으면서 끊임없이 변화하고 새로워지는 세계에 대한 상을 만든다. 인간의 문제들은 늘 해결이 쉽지 않고, 아니면 최소한 쉽지 않게 해결되며, 또 늘 새롭게 등장한다고 인간이 느낀다면, 인간의 주의력은 장점이다. 괴테의 파우스트에서 말하듯이, "인생처럼 매일 이를 정복해야 하는 사람만이 자유를 얻는다." 그리고 그 인간들이 계속해서 이를 위해 노력한다면, 결국 스스로 구원할 수 있다. 인간들은 자신들의 지식을 오로지 끊임없이 적응시켜야 하며, 자연이 인간에게 선물한 이 욕구의 모든 중단을 금지해야 한다. 그 일은 가치 있었고 계속해서 가치가 있다.

바티칸의 콘돔 연구

면역력을 약화시키는 에이즈가 점점 더 확산되고 바이러스학자들이 인간면역결핍바이러스HIV라는 이름의 바이러스를 전염성 원인 바이러스로 결정지었을 때, 가톨릭교회 또한 이에 대응하여 분노하신 하느님이 인간에게 징벌을 내렸다는 관념에서 벗어나야겠다고 생각했다. 2005년 요한 바오로 2세의 후임자로 교황 베네딕토 16세가 선출됨으로써 에이즈, 섹스, 콘돔 같은 주제를 부끄러워하지 않는 신학자가 교회의 왕관을 쓰게 되었다. 그리고 2006년 초에 이 가톨릭교회의 수장은 혁명과도 같은 걸음을 과감하게 내디뎠다. 베네딕토 16세는 바티칸 보건부 장관인 하비에르 로자노 바라간Javier Lozano Baragán 추기경에게 콘돔 사용에 대해 과학과 도덕의 관점에서 면밀하게 조사하라는 지시를 내렸다. 인간면역결핍 바이러스에 감염되어 죽은 사람이 거의 3백만 명에 달했고, 로마에 있는 성 이론가들은 기도이외에 다른 해결책을 찾아야 했다. 비록 구멍 난 콘돔이나 금욕과 같은 추기경들의 틀에 박힌 이야기들은 계속되었지만, 베네딕토 16세는 엄명을 내렸고 연구는 끝까지 진행되었다. 바라간 추기경은 200쪽짜리 문서를 작성하였지만, 이 문서는 지금까지 공개되지 않은 채 바티칸 문서저장고에서 가톨릭교회의 엄격한 콘돔 금지가 완화되고, 에이즈 감염의 위험에 처한 사람이나 어찌 되었든 오래전에 교회에 순종하지 않고 맞서기 시작했던 사람들을 도울 수 있을 때를 기다리고 있다. 이 연구로 밝혀진 것 가운데 세간에 공개된 내용은 적절한 약품을 구할 수 있는 국가들에서 에이즈가 덜 확산된다는 사실뿐이다. 그렇지 못한 나라에 사는 많은 사람은 교회의 도움을 여전히 기다리고 있지만, 아무도 이웃 사랑에 서둘러 나서지 않는다.

[3장]

비밀을
다루는 법

Vom Umgang mit Geheimnissen

과학은 인간에 의해, 인간을 위해 만들어진다. 17세기 유럽에서 근대 과학이 탄생하면서 학습된 대중 지식과 그 지식의 확장 역사는 시작되었다. 지식은 성스러운 곳으로 존중받던 금지 구역까지 확장했으며, 언젠가부터 이런 확장을 죄악이라 부르고 더 무분별해졌다고 말하게 되었다. 그 역사를 보면, 18세기 세속화되어 가던 시기에는 계몽주의 철학이 장려되었고, 19세기에는 세계의 유례없는 변화를 가져온 산업혁명이 궤도에 올랐다.[1] 20세기에 이르러 마침내 외면적으로 극적 발전을 보여주는데, 이 시기에 과학은 명백히 자신의 결백함을 잃어버린 채[2] 지능을 갖춘 기계와 함께 격렬한 디지털화를 가속화하고 있다. "비밀의 시대" 또한 이 지식 확장의 역사에 속하는데, 서구 전통 안에서 이 시대를 인식할 수 있다.[3] 예컨대, 역사학자 다니엘 위테Daniel Jütte는 『비밀의 경제학Ökonomie des Geheimen』이라는 책을 썼는데, 이 책은 "비밀로 가득 차 있는, 그러나 드물지 않게 그에 따른 지식의 금지가 있었던"[4] 우주 속에서 살았던 유럽의 유대인들과 그리스도인들을 다룬다. 비밀 경제학이란 당시 관찰되던 특별하고도 성공적인 비밀을 갖고 있는 경제 활동을 가리키는 개념임은 쉽게 알 수 있다. 비밀 요리법, 비밀 제조법, 비밀 과정 등이 바로 이런 경제 활동의 예다. 당시 인간들이 '지식 경제' 운용을 처음 배웠다는 것은 당연한 전제다. 지식 경제 시대에 기업가와 공장주들은 영어권에서 '유용한 지식Useful Knowledge'이라고 불렀던 지식을 투입하고 이용하려고 했다. 유용한 지식의 이용은 특히 생산성에서 그 효과가 두드러졌고 이익에도 반영되었다고 한다.[5] 이런 유용한 지식을 시장의 경쟁자에게 비밀로 유지하고 이 지식의 전달을 금지시키는 것은 분명히 가치가 있는 일이다. 그러나 이런 금지가 즉시 불러왔던 첫 번째 행동은 오늘날 산업스파이라고 부르는 자들의 활동이었다. 이 활동은 경제계에서 지속되고 있는데, 국가 영역에서는 이미 더 오래전부터 있어왔던 활동이었다.

사회학자 니코 슈테어Nico Stehr는 2001년 나온 책 『지식과 경제들Wissen und Wirtschaften』에서 '지식사회'라는 개념은 1960년대에 등장했다고 지적한다. 사회과학자들과 경제학자들이 지금까지 "지식과 정보라는 요인을 거의 다루지 않았음을"[6] 자각하면서 이 개념을 쓰기 시작했다는 것이다. 슈테어는 여기에 덧붙인다. "경제 활동 과정에서 늘 존재했던 지식의 탁월한 역할을 이제 지적하는 일은 관련 분야 학문의 태만함을 인정하는 일에 다름 아니다." 그 태만함은 여전하다. 경제 상황이 좋지 않은데도 바뀐 것은 아무것도 없고, 오히려 더 나빠졌다. 토크

쇼에서 모든 가능한 조치가 언급되면서도 사회와 역사 안에서 지식의 역할은 언급되지 않는다. (그리고 미국 현직 대통령은 과학자문직이 더는 필요 없다고 여긴다.) 이 책에서 이런 문제를 지적하는 일은 여전히 슬픈 의무다.

지식의 역사와 학문

'직업으로서의 학문Wissenschaft als Beruf.' 막스 베버Max Weber가 1917년 했던 유명한 강연의 제목이고, 이 강연은 2년 뒤 『직업으로서의 정신노동Geistige Arbeit als Beruf』이라는 제목의 책으로 출판되었다. 베버의 수많은 후학들이 받아들여 즐겨 반복하는 "세계의 탈주술화"라는 표현이 이 책에 들어 있다. 베버는 20세기 초반에 자신이 발견한 사실 두 가지를 이 개념으로 표현하려고 했다. 첫째, "모든 것은 원칙적으로 계산을 통해 지배"할 수 있다. 둘째, "그러므로 원칙적으로 비밀에 감추어져 있고 계산할 수 없는 권력들은 존재하지 않는다." 베버에 따르면, 근대적 인간은 "더는 야만인처럼 귀신을 지배하거나 귀신에게 청하기 위해 마법의 도구를 사용할 필요가 없다." 그 사이에 과학 덕분에 이용하게 된 더욱 더 많은 근대의 기술 도구와 계산 가능성들이 이런 작업을 수행한다. 베버는 이런 기술 지향 사회로의 변화를 "지적 합리화intellektualistische Rationalisierung"라고 부르거나 더 일반적으로 과학의 영향을 "지성화 같은" 특징이라고 말했는데, 지성화는 어떤 열정 없이 진행되고 오히려 지루함을 퍼뜨린다.

"직업으로서의 학문." 사회과학자 베버는 100여 년 전에 처음으로 19세기 내내 진행된 거대한 산업화의 사회적 결과를 이렇게 요약했다. 산업화 덕분에 화학자, 물리학자, 약학 종사자와 다른 연구자들이 실제로 단순한 사모임이나 엘리트들의 조직, 독일 자연연구자 및 의사협회Gesellschaft Deutscher Naturforscher und Ärzte나 영국 왕립 협회에서 자신들의 능력을 상세하게 설명할 필요가 없어졌으며, 대신 바이에르 주식회사Bayer AG나 염색공장 회흐스트Hoechst같은 기업의 직원으로서 자신들의 능력과 노력을 실행하고 이를 통해 가족을 위한 생계비를 벌 수 있게 되었다. 고상한 소명에서 천박한 직업이 되었고 점점 더 자신의 학문 공간을 떠나 일상으로 들어가기 시작했는데, 예컨대 약초 할머니의 손에서 만들어지는 약의 양이 점점 줄어드는 대신 산업에 의해 준비되고 채워진 약병이 시장과 의사의 처방을 통해 환자에게 가게 되었다.

과학은 처음에는 눈에 띄지 않게, 그러나 늦어도 제2차 세계대전 이후에는 점점 폭넓게 거의 논리적으로 보이는 모든 역사의 형상을 넘겨받았다. 역사는 대체로 인간의 의해 진전된다는 사실이 19세기 이후에 알려졌고, 그렇다면 그 역사의 역동성은 과학이 직업이고 기술적 가능성을 이 세상에 가져온 사람들로부터 특별히 나와야 했기 때문이다. 과학의 실용적 적용은 생존 조건을 개선하고 소비자들을 즐겁게 해주었고 현대 소비자들에게 길을 만들어주었다.

더 많은 것이 드러난다. 공공 기관들은 과학과 곳곳에 존재하는 기술의 결과물 없이는 단 하루도 운영되지 못한다. 한편으로 누구도 놀라지 않지만, 다른 한편으론 상당한 혼란에 빠질 수 있는 상황이다. 하나는 확실히 말할 수 있다. 독일 연방 의회나 유럽연합 의회 의원들 중에 기껏해야 아주 적은 소수만이 블록체인이나 배터리의 작동 원리를 이해하며, 핸드폰 안에 있는 반도체나 트렌지스터에 대해서는 아마도 전부 침묵할 것이다. 동시에 의회에 있는 국민의 대표자들은 자신들이 아는 게 전혀 없는 원자력, 자동화, 디지털화, 게놈 프로젝트, 기가바이트, 나노기술, 신재생 기술 등등 과학에서 나온 결과들을 다루어야 한다.

베버가 쉽게 발표했던 내용과는 다르게 "계산을 통해 지배 한다는 원칙"은 가장 작은 일들에만 허용되고, 두려움을 주는 "비밀스럽고 예측 불가능한 권력들"은 결코 사라지지 않았다는 것을 오늘날 자신들의 정치 과제를 진지하게 받아들이는 정치가들은 바로 알게 될 것이다. 권력들은 단지 새로운 자리를 찾았을 뿐이다. 그것도 바깥세상 어딘가에 있는 사물이 아니라 일상생활을 점점 더 강하게 종속하고 규정하는 놀라운 기계들의 내부 깊숙한 곳에 들어와 있다. 기꺼이 계몽되었다고 말하는 사회는 인간 이성을 점점 더 적게 신뢰하는 대신 어렴풋이 알고 있거나 전혀 이해하지 못하는 기계적 소프트웨어를 점점 더 신뢰한다.

물론 많은 사람이 기술 사회의 멋진 상품들을 이용하고 필요한 장치들도 구매한다. 그러나 그들은 곧 대체 불가능해지는 많은 장치들을 너무 무심하게 다룬다. 터치 몇 번으로 의무를 다한 후 외투나 가방 속으로 사라질 뿐이다. 여기서 시급한 실문 하나를 제기해야 한다. 포괄적인 학교 교육을 받고 미디어로부터 충분한 정보를 제공받는 21세기 사람들은 자신들에게 깊은 영향을 미치는 과학에 대한 무지를 어떻게 다루어야 할까? 사회심리학이 이 문제를 언급해주기를 사람들은 기대한다. 그러나 사회심리학이 침묵하는 동안 두 개의 다른 대답이 시도되었다. 첫 번째, 과학기술 관련 지식은 시인과 철학자의 나라에서 여전히 교육에 속하지 않는다. 베버 이후 등장했던 사회연구자들의 글에서 이런 태도는 쉽게 드러난다. 예를 들어 위르겐 하버마스Jürgen Habermas는 과학적으로 연구된 자연은 자신과 자신의 동료 지식인에게 어떤 대화의 소재도 제공하지 않는다고 생각한다. 두 번째 대답은 이 위대한 인물 베버가 하이델베르크에서 직접 했다. 1917년에 그는 청중들에게 아주 특이한 방식으로 사면을 선포하였고, 아주 쉬운 사례를 통해 그들의 무지 조차도 용서해주었다.

임마누엘 칸트 이후 계몽주의는 중요한 주제가 되었다. 잘 알려져 있듯이 계몽주의는 미성숙과 관련이 있다. 이 용감한 철학은 스스로 생각하는 수고를 통해 비참한 상황에서 해방되고 결코 타인 이성의 지도 아래 복종하지 말 것을 요구한다. 비록 바로 눈에 띄지는 않지만, '직업으로서의 학문' 강연 때 자신의 동료 인간들에게 막스 베버는 바로 이 요구를 했다. 강연 중에 베버는 청중들에게 별로 대수롭지 않은 듯 묻는다. "누가 자신들이 살고 있는 삶의 조건에 대해 인디언이나 미개한 원주민들보다 더 대단한 지식을 갖고 있는가?" 곧 이어 이 지식인 강연자는 스스로 대답하는데, 거의 대부분 이런 지식을 갖고 있지 않다고 자신의 확신을 밝힌다. "도시 전차를 운전하는 사람도, 물리학자가 아니라면 도시 전차가 어떻게 움직이는지 전혀 모른다." 여기서 이 질문도 가능하다. 고속열차가 많은 차량을 단 채 어떻게 달리고, 그 필요한 에너지를 어떻게 가져오는지 오늘날 누구 이해하겠는가?

도시 전차에 대한 베버의 무지는 특별한 문제를 던지지 않는다. 그러나 그다음에 이어서 청중들을 안심시키려고 베버가 수행하는 일은 좀 다르다. 충직한 시민은 "그에 대해 아무것도 모를" 필요가 있다는 말로 베버는 무지에 대한 한탄을 위로한다. 첫째, 전문가에 물어볼 수도 있고, 둘째, 누군가 전차의 움직임에 자신의 행동을 맞추어주면 된다. 베버의 말은 친절하고 나쁠 것이 없는 것처럼 들리지만, 베버는 이 생각으로 계몽의 종말이 시작되었음을 알린다. 그의 후학들은 오늘날까지 이를 알아차리지 못했거나, 심지어 베버의 생각이 그들의 마음에 들지 않았던 것처럼 보인다. 왜냐하면 전차에 대한 베버의 발언은 인간은 스스로 생각하기를 중단할 수 있고 자신의 생각을 더는 이용하지 않거나 응용하지 않아야 한다는 것을 의미하였기 때문이다. 베버는 칸트가 없애려고 했던 것을 사람들이 다시 하기를 원한다. 즉, 사람들이 타인의 이성 아래 복종하기를 원한다. 그러나 베버는 자신이 과학에 대한 거대한 오해에 속고 있음을 인지하지 못한다.

이미 1905년에 알베르트 아인슈타인은 빛에 대한 자신의 탐구에서 알게 되었다. 세상에 대한 과학적 설명이 연구 대상의 비밀을 없애버리는 게 아니라 그 비밀에 더 깊이 빠져 들게할 뿐이라는 사실을 말이다. 당연히 1917년에도 사람들은 물리학자나 기술자에게 전차가 어떻게 작동하는지 물어볼 수 있었고, 물리학자나 기술자 또한 당연히 계산될 수 있는 전류와 여기서 변환되는 에너지에 대해 설명해주었을 것이다. 그 밖에도 기술자나 물리학자는 자신들의 무지를 알고 있다. 기술자 혹은 물리학자는 전선을 통해 무엇이 흘러가는지, 이 거대한 흐름이 결국 무엇인지, 전기와 에너지가 무엇인지 말하지 못한다. 발명가이자 전기 기술자였던 니콜라 테슬라Nikola Tesla는 생애 말년에 기록하기를, 80년 동안 전기가 무엇인지를 생각했지만 이 질문에 대답을 찾지 못했다고 한다. 아인슈타인도 1905년부터 50년 동안 빛이 무엇인가라는 질문을 깊이 생각했지만 만족스러운 결과를 얻지 못했다. 죽기 얼마 전에 아인슈타인은 오늘날에는 '어떤 시정잡배도' 이걸 안다고 생각한다고 말했다.

다른 말로 하면, 계몽을 말하는 과학과 그 전문가들은 결코 세계의 탈주술화를 말할 수 없으며, 반대로 그들의 제안과 사유는 그 반대인 주술화를 장려한다. 과학은 심지어 세계를 낭만화한다. 예컨대 과학은 잘 알려진 것에 미지의 존엄성을 부여하고 익숙한 것에 비밀스러운 존경을 수여한다. 여기서 아인슈타인의 확신이 떠오른다. 즉, 비밀에 대한 느낌, 혹은 신비감이야말로 인간을 경탄으로 이끌고, 이 경탄에서 인간의 창조성이 생겨날 수 있다. 이 위대한 연구자의 지혜를 베버의 말에 적용하는 사람은 자신의 눈을 더는 신뢰하지 못할 것이다. 베버는 인간에게 경탄을 금지하고 세계에서 일어나는 기술의 기적에 눈을 감게 했다는 확신이 들기 때문이다. 그러나 눈이 멀어 더는 경탄하지 못하는 사람은 "말하자면 죽은" 사람이며, 결코 더는 창조적 생각을 할 수 없다고 아인슈타인은 생각했다.

아인슈타인의 물리학 동료들은 당연히 죽은 사람들이 아니라 생생하게 살아 있던 사람들이었고, 그렇게 그들은 원자력을 방출하는 방법을 찾을 수 있었다. 1980년에 물리학자이자 철학자인 카를 프리드리히 폰 바이츠제커는 과학자로서 『자신의 역할에 대한 해명Rechenschaft über die eigene Rolle』을 발표하면서, 자신의 도덕적 관점을 한 문장으로 정리했다. "과학은 자신의 결과에 책임이 있다."

과학에 대한 이해는 마치 블랙홀처럼 사회의 가운데 숨어 있다. 이 비유는 문자 그대로, 들리는 데로 생각될 수 있다. 왜냐하면, 사건의 지평선event horizon은 여기 표현된 물질의 최종상태에 속한다. 사건의 지평선이란 인간이 최선을 다해 근접할 수는 있지만 결코 넘어서지 못하는 어떤 경계를 말하는데, 그곳에서는 시간이 마치 어떤 사무실 안에 있듯이 정지하기 때문이다. 인간은 그 지평선 너머에서 엄청난 양의 물질이 충돌하고 회전하는 소용돌이를 감지하는데, 이 소용돌이가 블랙홀로 이끌고 들어간다. 지금 블랙홀과 사건의 지평선에 대해 말하는 사람은 사건의 지평선 바깥에 서 있다. 그리고 과학의 경우에도 마찬가지로 청중들이 언급된 경계의 밖에 서 있다. 그곳에서는 과학의 인력이 느껴지지 않는다. 아직 느껴지지 않는다. 그러나 모든 것이 매일매일 커져나가듯이 그 속으로 끌려간다. 다행히 인간은 경계가 있다고 해도 멈추지 않을 수 있다. 그 반대다! 인류는 처음으로 경계를 인식하고 경계를 넘어서거나 최소한 넘어서려고 하는 생물학적 종을 만들었다. 미래를 생각할 때 이 내디딤은 특별히 가치가 있다. 수백 년 동안 유럽인들은 경계를 넘어서는 일을 수행할 용기가 있었고 이 용기를 유지하면서 현재를 창조했다. 과학기술이 인간에게 거대한 힘을 제공하고, 그 힘으로 인간은 세계에 직접 영향을 미치고 형성할 수 있게 되었으며, 그 힘은 오늘날 더 커지고 있다.

　오늘날 과학은 1960년대보다 훨씬 영향력이 커졌지만, 1960년대는 거대한 미래 기획에 대한 더 큰 용기를 보여주었다. 이것은 매우 특이한 일이다. 달을 향해 나아갔던 그 시대에 미래학이라고 불리는 사조가 큰 관심을 불러왔는데, 미래학의 선구자들과 연구자들은 "2000년의 세계" 모습을 정확하게 알리려고 노력했다. 오늘날에는 침묵의 외투로 덮여 있는 주제를 다룬 많은 책들이 이런 미래에 대한 예측을 했었다. 1960년대에 쉼 없이 일하던 미래학자들은 역사를 넘어서려고 했고, 그냥 듣고 넘길 수 없을 만큼 알려졌듯이 새로운 인간을 만들기 위해 앞만 보려고 했다. 용기 있고 과감한 시도였지만, 목표에 닿지는 못했다. 계몽의 특징이 특별히 이 실패를 설명해줄 수 있다. 말하자면, 계몽의 근본 원칙은 인간이 먼저 세계에 대한 이성적인 질문을 던지면, 그다음 자기 자신의 지성으로 이 질문에 이성적인 대답을 제시하는 것이라고 할 수 있다. 이 대답을 알게 되면 인간은 자신의 의지대로 미래를 구성할 수 있고, 인류가 마침내 행복을 느끼고 만족스러운 삶을 꾸려갈 수 있게 인간은 행동한다. 이것이 계몽의 기획이었다. 계몽의 기획을 실행했던 이들은 낭만주의자들이 계몽의 기획에서 보고 느꼈던 것과 과학이 20세기에 경험해야 했던 것을 감지하지 못했다. 즉, 이성이 제기한 질문과 이에 대한 이성적인 대답이 서로에게 방해가 되고 서로 대립할 수 있다는 사실을 알지 못했다. 이미 언급했던 대로 아인슈타인이 이를 처음 경험했는데, 빛이 파동이면서 동시에 입자일 수 있다는 것을 알게 되었을 때 아인슈타인은 계몽의 기획이 가진 한계를 알게 되었다.

당연히 인류는 과학의 도움을 받아 미래를 구성하려고 시도할 수 있고 시도해야 한다. 그러나 철학자 오도 마르쿠바르트Odo Marquard의 지적대로 미래는 인간성에게 기회를 제공하는 기원에 달려있다. 즉, 추상적인 시간이 아니라 자신의 삶과 모든 진보에서 성찰할 줄 아는 구체적인 사람들이 중요하다. 철학자 마르쿠바르트의 말로 표현하면, "근대성이 없는 인간성은 절름발이이며, 인간성이 없는 근대성은 차갑다. 근대성은 인간성을 필요로 하는데, 미래는 기원이 필요하기 때문이다." 다르게 표현하면, 역사로 과학을 이해하고 평가하는 것이 목적이며, 거기에서 길을 찾아야 한다.

다양한 비밀들

중세에서 출발하여 르네상스를 거쳐 낭만주의까지 이어지는, 수백 년간 이어진 비밀의 시대에 일상은 낯선 것들과 기술 분야처럼 해석이 필요한 정보들로 채워져 있었다. 몇 가지 예만 들어도, 배기펌프, 현미경, 기압계가 사용되기 시작했고, 음속을 측정할 수 있게 되었다. 신앙의 영역 또한 종교적 비밀을 관리했는데, 여기서 사회학과 역사학 문헌들은 다양한 '비밀 영역들Arkanbereichen'을 구분하는 것을 배웠다. 비밀Arkan이라는 멋진 전문용어는 라틴어에서 왔는데, 제국의 비밀을 뜻하는 **아르카나 임페리**arcana imperii라는 표현에 등장하는 단어였다. 아르카나 임페리는 통치와 관련된 비밀을 보호하거나 지식이 백성들에게 공개되는 것을 막고 비밀로 유지하려고 할 때 사용하는 개념이었다. (토막 이야기 '비밀정보기관과 그 역사' 참고) 이 글에서 다루고 있는 시기에 그리도교에서는 자연의 숨겨진 법칙과 작동방식을 아르카나를 활용하여 자연의 비밀, **아르카나 나투래이** *arcana naturae*라고 불렀다. 아르카나 나투래이가 등장한 이유는 첫째, 오래된 **아르카나 임페리** *arcana imperii*, 즉 권력의 전통적인 비밀과 자연의 비밀을 구분하기 위해서였고, 둘째, 하느님의 비밀인 **아르카나 데이** *arcana dei*와 대조하기 위해서였다. 당시 하느님의 비밀은 당연히 존재하는 것이었고, 많은 사람은 이를 가슴 깊이 믿고 있었다. 이들 또한 틀림없이 알베르트 아인슈타인이 20세기에 표현했던 것을 느끼고 있었을 것이다. "우리가 경험할 수 있는 가장 아름다운 것은 비밀스러운 것이다. 비록 두려움과 혼합되기는 했지만, 종교 또한 이 비밀스러운 경험을 낳았다."[7] 아르카나 데이를 넘어 마음의 비밀인 아르카나 코르디스*arcana cordis*, *세계의 비밀인 아르카나 문디*arcana mundi에 대해서도 읽을 수 있었고, 이 모든 것이 분리되어 관찰되고 다루어지면서 인간 문화의 성장하는 한 분야를 만들었다.

방금 언급된 비밀의 다양성에 대해서는 나중에 다시 한 번 언급할 것이다. 어쨌든 여기서 확인할 수 있는 것은 초기 근대에 많은 사람이 당시의 삶과 인지 세계 안에 당연히 포함되어 있던 비밀의 다양한 발현 양식에 대해 생각했다는 점이다. 마치 오늘날 모순되고 의미도 없으면서 동시에 기만적인 정보의 홍수가 당연히 우리 삶에 포함되듯이 말이다. 얼핏 보면, 당연히 스마트폰의 액정을 얼핏 보면, 모든 비밀을 세상에 가져온 것처럼 보인다. 오늘날 고객들은 무엇보다도 범람하는 정보의 홍수 속에서 알 필요가 없고, 그래서 다시 잃어버려도 되는 정보들을 제공받고 있다. 비밀은 인간에게 강하고 다양한 인상을 남기면서 인간의 생각과 환상에 할 일을 제공해주는 반면, 정보의 홍수는 단지 인간들을 통과하여 흘러갈 뿐이며, 종종 인간들을 무력하게 남겨둔다.

'비밀Arkanum'이란 개념은 18세기에 처음으로 『대백과사전Universal-Lexicon』(대백과사전은 『모든 과학과 예술을 위한 완전한 대백과사전Grosses vollständiges Universal-Lexicon Aller Wissenschafften und Künste』의 준말이다. 1731년부터 1754년 사이에 제작된 독일어로 쓰어 있는 백과사전이며, 18세기 유럽 최대의 백과사전 프로젝트였다. 68권, 284,000개 항목으로 구성되어 있다-옮긴이)에 항목으로 등장했는데, "숨겨진, 비육체적이고 죽지 않는 것"이라고 소개되어 있으며, "인간에게 경험을 통하지 않고는 알려질 수 없는 것"이라고 규정되어 있다.[8] 당시 의학 분야에서도 비밀을 지지하는 사람들이 많이 있었는데, 예상대로 얼마 지나지 않아서 약의 생산과 조제를 "의학적 비밀"이라는 독자적인 분야로 만들었다. 이용할 수 있는 약초 목록과 배합법, 그리고 조제법은 아르카나 아르티스arcana artis, 즉 길드의 특별한 비밀로 취급되고 보호받았다. 오늘날에도 여전히 이런 취급법이 암시되는 책이 있는데, 이런 책의 저자들은 자연이라는 독약 창고를 살펴보면서 마약 정글에서 꺼내온 "마녀의 약" 같은 것을 알려준다.[9] 이런 이야기들은 전도서 1장 9절의 유명한 구절을 기억나게 한다. "태양 아래 새로운 것은 없다." 물론 진화론의 추종자들은 여기서 이의를 제기하고 태양 아래 옛 것은 없고 옛 것을 대신하는 많은 새로운 것이 있다는 반대의 관점을 옹호할 것이다. 그러나 잘 알려져 있듯이 피상적 진실에 반대하는 관점은 오류일 뿐이며, 깊이 있는 진실에 반대하는 관점은 새로운 타당성을 낳는다. 그 밖에도 오래된 문장들은 계속해서 새로운 의미를 얻을 수 있고, 그렇게 자신의 비밀을 지켜간다.

고상한 단어인 *아르카눔*arcanum과 함께 비밀을 뜻하는 또 다른 표현들도 등장했다. **세크레툼**secretum과 **오쿨툼**occultum이란 단어들이 널리 쓰였는데, 이 단어들은 근대 언어에 수용되었기 때문에 쉽게 이해할 수 있다. 예컨대, 영어에서 일급비밀을 뜻하는 '탑 시크릿top secret', 밀교나 초자연적 현상을 뜻하는 독일어 '오쿨티스무스Okkultismus'나 '오쿨테Okkulte'를 발견할 수 있고, 그 뜻을 쉽게 이해할 수 있다. (토막 이야기 '계몽의 그림자' 참고) 영어에서는 '시크릿'과 함께 '미스터리mystery'라는 단어도 있다. 예를 들어 범죄소설을 뜻하는 '미스터리 소설'이 있는데, 이런 소설에서는 범인(살인범을 선호한다) 찾기가 수수께끼처럼 묘사되며, 처음 도입부에서는 비밀처럼 다루어진다. 영어 '미스터리'는 그리스어 *미스테리온*mysterion에서 유래했는데, 고대 그리스에서 미스테리온은 비밀종파 의례의 금지되고 감추어진, 비밀로 유지되는 핵심 내용을 의미했다. 종교 분야에서 독일어 '미스테리움'Mysterium은 신앙의 비밀을 가리키는데, 내면에서, 즉 마음속에서 보존되고 느껴지는 어떤 것을 이 개념으로 파악해보려고 했다. 성서를 번역하면서 독일어에 '비밀Geheimnis'이란 단어를 선물했던 마르틴 루터Martin Luther가 정확히 이렇게 생각했다. 이처럼 개인의 내면에 존재하고 속하는 비밀은 원칙적으로 외부에 있는 이들은 알 수가 없다. 반면 다른 비밀들, 즉 무언가를 위해 존재하는 '시크릿'은 다르다. 특별히 아름다운 표현은 아니지만 전문서적들이 줄곧 사용하는 표현대로 하면 '원칙적인 인지 가능성'이 있다.

한편, 알베르트 아인슈타인이 보기에 자연의 명료함은 실제로는 이해할 수 없는 것을 보여주는데, 그렇게 이 위대한 물리학자는 평생동안 경탄하는 마음을 유지할 수 있었고, 비밀로 가득찬 세상에 존재하는 새로운 수수께끼를 끊임없이 탐구할 수 있었다.

위테가 자신의 책 주석에서 언급했듯이, 임마누엘 칸트는 비밀에 대해 한 번 언급한 적이 있었고, 이런 관점을 표명한다. 사람들은 모든 종교에서 "비밀을 (만난다). 즉 모든 개인에게는 알려져 있지만, 대중에게는 알려지지 않은, 즉, 널리 알려질 수 없는 어떤 성스러운 것을 만난다." 칸트는 이 '종교의 성스러운 비밀(신비)'과 *아르카나*arcana 및 *세크레타*secreta를 분명하게 구분하고, 위에서 언급한 것보다 더 좁게 규정한다. "자연의 숨겨진 비밀(아르카나)이 있고, 공개되어서는 안 되는 정치의 비밀들(비밀 유지하기, 세크레타)도 있을 수 있다. 그러나 이 두 가지 비밀이 경험적 원인에 기초하고 있는 한, 두 개 모두 알려지는 게 가능하다."

비밀정보기관들과 그 역사

『비밀정보기관들의 역사: 파라오부터 미국 국가안보국NSA까지』라는 책에서 볼프강 크리거Wolfgang Krieger는 제목 그대로 비밀정보기관들의 역사를 설명하는데, 이 책을 보면 국가 정보기관뿐 아니라 많

128

은 사기업들도 고객들의 정보를 모으고 금지된 사적 지식을 축척한 다는 사실을 알게 된다.[10] 이 책에는 미국의 비밀 정보 요원 에드워드 스노든Edward Snowden의 탈출 때문에 대중들이 크게 분노했었다는 내 용도 들어 있는데, 스노드는 2013년 여름에 미국을 떠나 지금은 모 스코바에 머물고 있다. 그 전에 스노든은 1952년(!)에 설립된 '국가 안보국NSA'에서 고도의 훈련과 많은 돈을 받는 직원으로 감시 활동 에 참여하고 있었다. 그가 참여했던 감시 활동은 명목상 테러 공격을 방어하는 일이라고 했지만, 사실은 오랫동안 많은 시민들의 사생활 을 들여다보고 있었다. 크리거(저자의 이름이 진짜로 전사를 의미하는 Krieger다!)가 자신의 책에서 분명하게 보여주듯이, 인터넷의 성장 과 함께 정보기관들은 더 크고 강력하게 군사 전략의 논리에 종속되 었는데, 이 상황은 사람들이 정보기관의 철폐라는 미몽에서 마침내 갑자기 깨어나게 해주었다.

역사에서 첫 번째 비밀정보기관은 늦어도 초기 이집트 대제국 때 설립되었다. 당시 이집트는 많은 민족을 포괄하고 있었고, 그들을 통 제하는 게 당연히 중요한 일이었다. 파라오는 고급 관리들을 자신의 '눈과 귀'로 투입했었다. 이로써 비밀 경찰 같은 기구가 처음 만들어 졌고, 역사가 흘러가면서 이 기구들로부터 페르시아 정보기관들이 발전하였다. 알렉산더 대왕은 이들로부터 배웠다. 상대 부대의 크기 나 타민족들의 분위기, 그리고 보급과 관련된 지리 조건 등 잘 정돈 된 정보가 공급되지 않았다면, 인도까지 진행된 정복 전쟁에서 알렉 산더는 성공하지 못했을 것이다. 알렉산더는 "부대 내부의 목소리를 조사하기 위해 자기 병사들의 편지를 개봉하게 했고 그들의 사적 대화를 엿듣게 했다."[11] 많은 지배자들이 알렉산더를 따라했는데, 특히 카이사르이자 황제인 하드리아누스가 그러했다. 하드리아누스는 원래 곡물상으로 일하던 **프루멘타리***frumentarii*를 비밀 정보 업무에 투입했는데, 이들은 많은 사람을 만났기 때문이었다. 프루멘타리는 그리스도인을 박해할 때도 스파이로 역할을 다했다.

로마 제국을 계승한 비잔틴 제국에서는 처음으로 외국과 외국 지배자들에 대한 정보 수집이 진행되었다. 그 밖에도 스파이 활동은 고대 중국이나 고대 인도와 같은 세계의 다른 지역에도 있었다. 이런 지역에서는 금지된 정보의 수집 방법을 다룬 책도 등장하였는데, 약 기원전 500년경에 살았던 중국의 손무가 쓴 『손자병법』이 대표 사례다. 손자병법은 20세기 들어 재조명되고 있는데, 특히 마오쩌둥과 미국의 경영 구루들이 이 책의 내용을 받아들였다. 손무는 정보 활동이 경제적 합리성을 기초로 운영된다고 지적한다. 사실의 수집은 비용이 많이 들지만, 대부분의 경우 그 비용은 전쟁 비용보다는 적다. 손무 이후 200년이 지난 후 인도의 카우틸랴는 백성들 사이에서 정보 활동을 진행하는 방법을 고민했다. 거지, 거리의 곡예사, 그리고 하층계급 유랑민들의 비밀 지식을 관리하자는 그의 제안은 성공을 거두었는데, 이들은 모두 눈에 띄지는 않지만 많은 정보들을 얻을 수 있는 일을 했기 때문이다.

중국인 손무의 경제적 생각은 영국 여왕 엘리자베스 1세에게 큰 영향을 주었다. 엘리자베스 1세는 16세기에 비밀정보기관을 하나 만들었고, 프랜시스 월싱햄*Francis Walsingham*이 '사무총장'으로 위장한 채이 조식을 이끌었다. 월싱햄은 후세들에게 다음 문장을 선물했다.

"지식은 결코 너무 비싸지 않다Knowledge is never too dear." 그는 무지가 결국 더 비싸다는 게 증명될 수 있다고 생각했던 것이다. 한편 이 비슷한 생각을 존 F. 케네디John F. Kennedy도 했었는데, 케네디는 교육보다 유일하게 비싼 것은 교육하지 않는 것이라고 말했다.

월싱햄 이후 50년이 지난 뒤에 프랑스에서 악명 높은 논란의 인물 리슐리외Richelieu 추기경이 처음으로 체계적인 스파이 조직 같은 것을 구성했고, 특히 카푸친회 수사가 교회 비밀 정보 조직의 수장이 되어 이 조직을 이끌었다. 100년 후 리슐리외의 모범을 따라 루이 15세가 '스크레 뒤 루아Secret du Roi'를 설립했다. 이 기관에서는 35명의 기관원이 비밀 작업을 통해 공식 국외 정치를 방해했는데, 이런 사례는 오늘날에도 일어나고 있다. 예를 들어, 정부들은 테러리스트 및 납치범들과는 절대 협상하지 않는다고 주장하지만, 해외 비밀 요원들은 오래전부터 협상 테이블에 이 범죄자들과 함께 앉곤 한다.

다른 많은 분야들처럼 정보 정치도 19세기에 전문화되었다. 비밀 활동을 위해 구성되고, 이를 위해 준비된 군사 참모 조직들이 제1차 세계대전 시기에 완전히 새로운 도전 과제를 떠맡게 되었는데, 즉 당시에 일어나고 있던 커뮤니케이션 혁명을 완성해야 했다. 갑자기 인류는 전보, 전화, 그리고 전파를 통한 신호 전달을 어느 정도 이용하게 되었다. 윈스턴 처칠Winston Churchill은 정치인 가운데 처음으로 무선 통신의 해독이 얼마나 중요한지를 알아차렸고, 영국 해군 지도자들에게 보낸 지침에[12] "독일의 생각에 침입하기"를 희망한다고 썼다. 처칠은 기술을 통해 획득한 비밀정보들의 특징을 재빠르게 이해했다. 여기에는 인간의 개입이 전혀 존재하지 않았기 때문에, 훔친 정보들의 진실성은 전혀 문제가 없었다. 물론 추가로 위장되었을 가능성은 있었지만 말이다. 소위 "미사일 격차Missile gap"(냉전시대 소련의 미사일 기술이 미국보다 상당히 앞서 있다는 과장된 허위 주장을 말한다. 케네디 대통령은 선거 운동 때 이 격차를 없애겠다는 공약을 내세웠다－옮긴이)는 유명한 일화다. 1960년 대통령 선거에서 당시 후보였던 존 F. 케네디는 상대편 후보인 리처드 닉슨Richard Nixon을 소련의 위협이라고 비난하면서, 우주 인공위성 촬영을 통해 이 위협을 해결할 수 있다고 주장했다.

어찌 되었든, "비밀 활동을 통한 정보의 획득과 분석은 언제나 인간이라는 요소에 의존한다"[13]는 사실은 변할 수 없으며, 누구나 생각할 수 있듯이 "실수는 인간적이다Errare humanum est"이라는 라틴어 문장은 여기서도 적용된다. 이런 이유 때문에 민주주의 국가들은 정보기관들을 통제하려고 하지만, 이 통제 과정에서 특별히 딜레마에 빠진다. 비밀 정보 활동을 감시할 수 있는 담당자들은 대부분 활동하는 정보원들에게 특수 임무를 부여했던 사람들이다. 그리고 그들은 자신들 주변에서 실패라는 말이 나오지 않도록 관리할 것이다. 그렇게 통제 기관들은 자신들의 의무를 제대로 수행하는 데 관심이 적다. 그러므로 필수적인 정보 활동에 대한 대중의 신뢰는 용감한 '내부고발자'나 에드워드 스노든 같은 전향자에 달려 있다. 한편 스노든 사건은 아직 알려지지 않은 것이 많다. 그가 얼마나 많은 금지된 지식을, 금지된 방법으로 국가안보국으로부터 훔쳤으며, 중국과 러시아 정보기관들이 그 훔친 정보로부터 얼마나 많은 이익을 보았는지는 아직 모른다. 어떤 이들에게 스노든은 영웅이지만, 많은 이들에게 그는 아직 배신자다. 그리고 언제나 어느 곳에서나 통용되는 사실이 이 지구적 사건에도 적용된다. 사람들은 배신은 좋아하지만, 배신자는 좋아하지 않는다. 지금까지 존재한 적이 없었던 언제나 가장 쉬운 기술이다.

계몽의 그림자

『오컬트Das Okkulte』라는 책에서 자비네 되링만토이펠Sabine Doering-Manteuffel 유럽 인류학 교수는 "계몽의 그림자"에서 완성되고 "구텐베르크에서 월드와이드웹까지" 이어진 어떤 성공의 역사를 설명한다.[14] 계몽의 신봉자들은 이성이라는 도구를 통해 세상을 점유하고 현재와 미래의 인생을 합리적으로 꾸려갈 수 있다고 생각한다. 하지만 "구텐베르크 시대 이후 모든 종류의 통속 문학들이 대중에 유통되었고, 이성적인 설명 추구는…… 자신의 신비한 그림자와 분리되지 않고 여전히 결합되어 있었다. 밝을수록 그림자는 더 짙다."[15]

중세시대에 이미 큰 존경을 받았던 표징을 읽어주는 점쟁이, 혜성 점성가, 점술가들은 계몽된 책들에 밀려나지 않고 여전히 하느님의 표징과 저주를 해석하는 신뢰할 만한 사람으로 가장 우선시되었다. 도서 인쇄가 시작된 후 50년 만에 약 8백만 권의 책이 생산되었다는 건 놀랄 만한 일이다. 그러나 동시에 "도서 시장에서는 합리적 사고, 목적지향적 생각에 대한 저항"이 일어났고, 심지어 "신비주의

(오컬트)를 다루는 문서의 메시지가…… 오히려 계몽주의의 정보 처리 방식을 통해 처음 생산되었다"[16]라고도 말할 수 있다. "계몽의 변증법Dialektik der Aufklärung"이라는 유명한 생각이 바로 이 상황에서 생겨난다. "신비적인 것(오컬트)은 정보사회와 놀이산업의 한 부분이며, 지구적 가치 사슬과 디지털 자본주의에 참여하고 있다. 월드와이드웹이 제공해주는 기회를 경솔하게 놓쳐버린다면, 그 악마는 멍청이임이 틀림없다."[17]

신비주의(오컬트주의)와 다양한 신이교Neopaganism, 밀교, 신지학 흐름들에 관심을 두고 다루어 본 사람은 신비화, 영성, 환상에 대한 인간의 욕구가 얼마나 강하고, 내면의 가치를 바꾸는 경우가 얼마나 드문지를 반복해서 발견하게 된다. 책을 통해 얻은 지혜에서 꿈꿀 수 있는 것보다 훨씬 더 많은 것들이 하늘과 땅 사이에는 존재한다고 셰익스피어가 자신의 영웅 햄릿을 통해 말했다. 인간 교육을 위해 인쇄된 지식을 권장했던 일이 동시에 오컬트적(신비주의적) 그림자를 만들어냈다는 말처럼 이런 역설은 종종 충분히 일어나기 때문에, 게오르크 크리스토프 리히텐베르크Georg Christoph Lichtenberg의 메모장에서 나온 관련된 인용이 여기서 빠져서는 안 된다. (II, 68,1)

"한 거만한 철학자가 말하길, 하늘과 땅 사이에는 우리의 학문 안에 들어 있지 않은 것들이 많다고 한다. 덴마크 왕자 햄릿이 한 말이다. 잘 알려져 있듯이 위로를 주는 사람은 아닌 이 우직한 인간이 이렇게 우리의 학문에 대해 빈정거렸다면, 우리는 이렇게 태연하게 대답할 수 있다. 좋다. 그러나 하늘에도 땅에도 존재하지 않는 어떤 것을 다루는 내용이 우리 학문에 많이 들어 있다."

사람들이 원하면, 매체는 오컬트(신비적인 것)을 몰아내는 게 아니라 그 반대로 직접 유지하고 전달해준다는 것을 18세기에 계몽주의자 리히텐베르크는 깨달았다. 오늘날에는 인터넷 백과사전도 합리성의 규칙을 지키려고 한다. 동시에 많은 "정보 야만족"들이 존재하는데, 예를 들어 그들은 "12시 15분 전의 알폰소 왕"(독일의 유명청소년 판타지 소설인 『짐 크노프와 기관사 루카스』에 나오는 루머란트를 다스리는 왕의 이름. 루머란트와 알폰소 왕을 소재로 한 인터넷 사이트도 개설되어 있으며, 온라인 커뮤니티에서 관련된 여러 가지 상상들이 유통되고 있다 – 옮긴이)과 같은 쓰레기 정보로 오컬트(신비주의)의 근대 시대가 시작되었음을 알린다. "이성과 '미신' 사이의 오래된 적대관계를 해소하는 일이 더는 중요하지 않을 것이다. 오컬트(신비적인 것)는 더는 다루지 않고, 매체 자체가 오컬트 같은 구조를 갖게 되었다."[18] 악마는 더 이상 사이에만 숨어 있지 않고, 모든 것의 뒤에도 숨어 있다. 통일된 지식의 낙원은 하느님과 인간으로부터 버림받았다. 시민들이 벌거벗은 채 그곳에 서서 낙원 바깥에서의 삶에 대한 욕구를 잃어버리지 않게 민주주의 사회는 주의해야 한다.

특별한 금지 영역

공개되어서는 **안 되는** 비밀에 대해 말하면서 칸트는 또한 정치를 위

한 어떤 태도를 표현했는데, 위대한 자연과학자 아이작 뉴턴 Isaac Newton
도 그보다 100년 전에 비슷한 언급을 했었다. 잘 알려져 있듯이 뉴턴
은 특히 기계론을 처음 만든 사람으로 유명한데, 그는 우주를 시계로
이해하는 세계관을 전 유럽에 가르쳤다. 그러나 많은 전기들이 오래전
부터 알려주었듯이, 뉴턴은 연금술에 대단히 크고 다양한 관심을 쏟았
고 물리학과 물리학 법칙에 대한 연구보다 훨씬 더 오랫동안 연금술과
연금술의 비밀에 몰두했었다. 예를 들어 뉴턴은 자신의 연금술 연구
를 알리지 말 것을 동료 로버트 보일에게 약속하게 했다.[19] 말하자면,
오늘날 윤리위원회가 허락하지 않을 것 같은, 종종 은폐된 지하실에서
비밀스러운 연기를 피워대며 진행되는 실험의 결과들은 공개되어서
는 안 된다고 이 위대한 물리학자는 생각했다. 그 결과들이 즉시 혹은
최소한 미래에는 해를 끼칠지 모르기 때문이다. 오늘날 실험이 어둡고
차가운 방에서 인위적으로 진행되지 않고 밝은 태양빛 아래에서 더 많
은 자연의 사실들을 연구한다고 해도, 예를 들어 생태학자들이 숲에
서 생명 다양성을 연구하고, 그곳에서 멸종 위기에 있는 조류의 흔적
을 찾았을 때에도, 그들은 이 정보를 "공개 정보"라는 형식으로 반드시
보급하고 싶지는 않았다.[20] 이 지식은 너무 많은 관찰자를 유혹하게 될
것이고, 그 때문에 인간들이 보호하기를 원하는 바로 그 종을 위협하
게 될 것이다. 그 때문에 환경보호가들은 비밀을 유지해야 할 필요가
있다고 생각하며, 자신들의 발견을 출판하지 않는다. 연구에서는 이를
'출판 혹은 소멸'이라고 부르지만 이 경우는 "출판 혹은 소멸"을 넘어
서는 일이다. 즉 '지식의 공유와 새들의 죽음'이 발생할 수 있다.

　다시 뉴턴으로 돌아가자. 야망이 넘치는 연금술사들이 연구하던 '변

136

환Transmutation'의 함의가 널리 이해되거나 알려지지 않았던 상황에서 뉴턴은 당시 생길 수 있는 불이익을 두려워했다. 여기서 '변환'이란 한 화학 원소가 다른 원소로 바뀌는 것을 뜻한다. 특히 연금술의 초기 실험자들은 저급한 납에서 고귀한 금을 얻으려고 노력했는데, 끈질긴 노력에도 그들은 성공하지 못했다. 여기서 한 가지를 언급할 필요가 있다. 즉, 연금술사들의 상상 속에서 금은 이미 납 안에 들어 있고, 이 고귀한 존재를 해방시키는 일이 연금술 실험의 과제였다. 이런 생각은 오늘날까지도 모든 교육학에 기본으로 깔려 있다. 교육 받는 사람 안에 선함이 이미 있음을 전제하고, 그 내면에서 이 선함을 유인하기만 하면 된다는 것이다. 비록 언제나 성공하는 건 아니지만 말이다.

뉴턴의 기계적 세계는 지구의 전 생명을 포괄하고 규정하는 것처럼 보였다. 18세기에는 계몽주의자들뿐만 아니라 낭만주의 사고를 지지하던 자들도 뉴턴의 세계관에 반응했는데, 이들의 반응이 더 적극적이었다. 이들은 뉴턴의 지식이 적절하지 않다고 생각했다. 그래서 자연과학적 공간에서도 자유롭게 자기 규정대로 발전할 수 있고, 각자 가치관에 따라 자신을 형성할 수 있는 권리가 허락되기를 낭만주의자들은 원했다. 물론 그 개별 사례에서 무엇이 출현하게 될 지는 누구도 알 수 없었지만, 낭만주의자들은 인간에게 자유를 뺏어가거나 금지하는 것을 원하지 않았다. 그리고 하느님 조차도 낙원에서 인간사에 관여할 때 도덕적 함의들 전체를 조망할 수 없었음을 그들은 이해하게 되었다.

뉴턴은 물리학자와 연금술사로서만 일했던 것이 아니라 종교의 의미를 묻는 작업에도 몰두했는데, 자신과 가까운 이들도 이 활동을 전혀 모르게 하려고 노력했다.[21] 비밀을 유지하려는 이런 욕구에서 편집

증의 한 형태를 발견할 수 있다고 뉴턴의 전기작가들은 생각한다. 이미 뉴턴의 동시대인들도 이를 확인해주었다. 뉴턴은 자신들이 만난 가장 소심하고 의심 많은 사람이었다고 한다. 자신의 종교적 연구를 숨기고 싶은 뉴턴의 바람은 납득이 된다. 옥스퍼드 대학 과학사학자 롭 일리프Rob Iliffe의 서술대로, 종교 및 연금술과 관련된 뉴턴의 관점들이 공개되었다면 당시에 그는 자신의 직업을 잃을 수도 있었다. 게다가 그 직업이 바로 케임브리지대학교의 그 유명한 루카스 수학 석좌 교수 자리였는데, 최근에는 스티븐 호킹이 이 교수직을 수행하였다. 한편, 최근에 세상을 떠난 물리학자 호킹은 상당히 특이한 하느님관을 갖고 있었는데, 어찌 되었든 그는 연금술 실험을 하지 않았고 그렇기에 직업을 잃을 걱정은 없었다.

특이하게도 원소 변환은 화학적 공정을 통해 발생하지 않는다. 뉴턴은 그 때문에 실패했다. 원소 변환에 성공하기 위해서는 오히려 물리적 도구와 과정이 훨씬 더 많이 투입되어야 한다. 1930년대 말 베를린에서 성공한 가장 유명한 원소 변환 사례가 이를 잘 보여준다. 이 실험에서는 물리학자 리제 마이트너Lise Meitner의 사전 작업에 따라 우라늄이 바륨으로 변환되는 과정을 관찰할 수 있었다. 리제 마이트너는 우라늄을 중성자 방사선에 놓아두는 시도를 했는데, 실험의 세부 분석이 보여주듯이 이 소립자들이 우라늄 원자와 충돌할 때 엄청난 에너지를 분출하면서 핵분열을 일으켰다. 마이트너의 과학적 준비와 정치적 영향은 여전히 존중받는다.

앞에서 언급했던 로버트 보일로 돌아가자. 18세기 화학의 태동기에 활동했던 화학자 보일은 자신의 실험 기록을 개인 코드로 암호화함으로써 뉴턴의 비밀 유지 요구를 지켰다. 이 자료가 발견된 후 보일에 대한 과학사의 평가가 수정되었다. 역사가들은 원래 보일을 새롭고 개방적인 과학의 초기 대표자로 존중했지만, 이런 평가는 점점 더 상대화되어야만 했다. 최근에 밝혀진 바로는, 실제로 "18세기까지는 개방적인 과학과 비밀스러운 과학 사이의 이행이 때때로 물 흐르듯 무리 없이 진행되었다." 이 사실은 "비밀 경제 활동이 '신과학'에 대한 단호하고 철저한 저항을 드러내야만 할 필요는 없었다"는 뜻이다.[22] 신과학은 17세기부터 세계를 지배하기 시작했다.

비밀 지식

뉴턴은 자신의 지식이 온 세계에 널리 퍼지는 걸 보고 싶어 하지 않았고 한 지식인 무리에게만 접근을 허락했다는 말이 있다. 이는 역사가들이 보통 '비밀'로 알고 있고 근대에 이르기까지 발견할 수 있는 것과 매우 비슷한 것 같다. 이렇게 많은 비밀 지식들이 있다. 유대교의 카발라 전통, 장미십자회, 다양한 신비주의 분파들과 많은 비밀 조직들, 그리고 신지학 단체 등 각 조직과 사상마다 책 한 권씩은 필요할 것이다. 가장 유명한 비밀 지식은 불타는 가시덤불에서 모세에게 계시되는(출애굽기 3:14) 하느님 이름의 발음이다. JHWH 이 4개의 철자(원어는 히브리어지만)가 나중에 적절한 모음과 결합하여 유명한 '여호와'가 되었고, 인간들은 이 이름을 통해 하느님을 믿고 그 분과 교류할 수 있게 되었으며 더는 비밀스럽게 들리지 않게 되었다.

　이런 탈비밀의 과정이 기원후 1세기에 나온 논문들의 모음집에는 적용되지 않았다. 이 모음집은 오늘날 헤르메스 문헌Corpus Hermeticum이라 불리며 연구의 대상이 되고 있다. 이 헤르메스(폐쇄적인) 가르침의 저자는 전설의 인물인 헤르메스 트리스메기스토스Hermes Trismegistos로 알려져 있는데, 르네상스 시대 지식인들이 그를 이집트의 현자로 신처럼 존경했다. 여기서 헤르메스 트리스메기스토스를 언급한 이유는 그의 문헌 가운데 '타불락 스마라그디나Tabula smargdina', 즉 『에메랄드 타블렛Tabula smaragdina』이라는 책이 있기 때문이다. 위대한 뉴턴이 이 책에 많은 주석을 달았으며, 이 책에서 아래 문장을 뽑아올 수 있었다. "아래에 있는 것은 위에 있는 것과 같다." 이 상황을 한마디로 규정하려 한다면, 여기에 나오는 헤르메스(숨겨진) 지식이 고대 철학을 넘어서 근대 물리학자를 앞서간다. 그러나 뉴턴은 하늘을 향해 열려 있는 과학의 길이 자신 앞에 놓였다는 사실이 두려웠다. 그래서 그는 자신의 눈에 들어온 내용에 대해 비밀을 유지하려고 했다. 그는 인간이 하느님과 같은 힘을 얻게 되는 것이 두려웠다. 비록 자신이 주님의 일과 비교할 만한 어떤 일을 수행하고 있다는 사실을 무시하고 싶지는 않았지만, 신심 깊은 그리스도인으로서 그는 주님의 일을 성스럽게 여겼다. 1685년에 이렇게 적고 있다.[23]

　"어둠의 혼돈에서 천공과 땅에 있는 물이 갈라져 세상이 창조되었듯이, 그렇게 우리의 일도 검은 혼돈으로부터 시작되어 …… 원소들의 분리와 물질의 빛남을 낳는다." 계몽으로의 행진이 시작되었다. 여기서 지적할 수 있는 건, 뉴턴은 자기 원고의 많은 부분을 비밀 언어로 작성했으며, 오늘날까지 누구도 이를 해독하지 못하고 있다는 것이다.

비밀 교수들

여기서 다루고 있는 비밀의 시대에 연금술의 저자들은 자신들의 특별한 비밀 영역을 확립했다. 당시 연금술사들이 엄청난 목표를 위해 전력을 다했다는 사실은 그렇게 놀라운 일이 아니다. 예를 들면, 그들은 인간을 새로 만드는 일에 관심을 가졌다.[24] 연금술사들이 보기에 이 일은 가능해야 했으며, 구체적인 준비를 하려고 했다. "여성의 몸, 자연의 어머니 밖에서 한 사람이 태어날 수 있다." 1666년에 나온 『화학적 인간에 대하여Vom Chmyischen Menschen』에 나온 문장이다. 이 책 저자의 이름은 프레토리우스Praetorius였는데, 당시 전설적인 연금술사 파라켈수스Paracelsus에서 따온 이름이었다.[25] 연금술사들이 늘 실험실에서 상세하게 수행했던 것들은 거대한 목표가 되어 그들의 눈앞에 놓여 있었다. 1968년 파리에서 출판된 『세계백과사전Encyclopedia universalis』에 나와 있는 내용을 보면,[26] 그들의 목표는 '시간에 승리하기', 그리고 지상의 조건인 과거를 극복하고 '인간보다 먼저 창조되었지만, 자연에 의해 미완성으로 남겨진 것'을 완성하기였다. 시간에 승리하겠다는 생각은 영생에 대한 염원으로 표현되며, 이 생각을 확실히 일반 그리스도인들과 적지 않은 연금술사들이 공유했다. 이에 대해서는 다음 장에서 좀 더 자세한 내용을 볼 수 있다.

어쨌든 연금술사들은 이미 과학 시대 이전에, 유전 기술이 나오기 수백 년 전에 유전법칙에 대한 아무 지식도 없이 신과 같은 일을 하려고 했다. 이를 위해 그들은 오늘날 과학 활동에 대한 비판가들이 현대 분자생물학에게 책임을 전가하는 일을 했다. 확실히 지식의 획득만이 인간의 본성이 아니다. 지식을 얻기 위해 활동도 인간 본성의 일부다. 하느님이 자신의 창조물을 평가한대로 인간은 세계를 만들려고 한다. "보시니 참 좋았다."

당연히 비밀의 시대에 '실용적 연금술'의 많은 대표자들이 성스러운 일보다는 세속적인 일에 종사했었다. 예를 들면, 염색업, 소주 양조, 브랜디 양조, 수은 화합물 생산 등에 종사했으며, 당연히 이와 관련된 연금술(화학) 기술은 '비밀', 즉 각각의 사업가를 위한 사업 비밀로 만들었다. 예를 들어 베네치아의 교회 당국은 유대인 사업가인 구이다 나카만Guida Nacaman에게 그것(사업 비밀)을 승인하여 그의 경제적 이익을 보장해주었다. 이탈리아 지역 언어로 된 문서에 기록된 내용이다.[27]

'실용적 비밀들'의 준비, 공급, 제공, 전달은 전근대 시대 경제 생활에서 언저리 활동이 아니었다. 예컨대, 이탈리아에서는 몇몇 유대인들이 *비밀 교수들*professori de' secreti이라 불리며 자문 활동을 할 수 있었다. 그들은 학문적 지위나 대학에 아무런 교직을 갖고 있지 않으면서도 교수들이라 불리었다. 과학사에 나오는 이 '비밀 교수들'을 대표하는 저명한 인물로 만토바Mantova 출신의 아브라모 콜로르니Abramo Colorni가 있다. 그는 수학자, 연금술사, 화약제조자, 그리고 사치물품들의 상인으로 성공했었다. 그리고 다른 유대인 가족들처럼 비밀의 경제에서 매력적인 시장을 봤는데, 그곳에서는 유니콘과 같은 비밀 물건들을 구매할 수 있었다. 그러나 비밀 거래는 단지 부가적인 사업이었을 뿐이며, 비밀을 제공하던 그리스도교의 주역들도 이 비밀의 경제에 들어올 수 있었다. 이와는 별개로 이 시대를 다루는 역사학자들에게는 늘 떠오르는 게 있다. 바로 의학적 비밀이다. "초기 근대에는 유대인들의 의학적 비밀에 대한 두드러진 요구가 있었다. 일반적으로 이 시대 의사에 대한 명성은 종종 소위 묘약에 대한 지식에 달려 있었다. 특히 파라켈수스 전통에서 16세기 이래 '약제 비밀학'이 형성되었다." 파라켈수스의 지지자들에게 *아르카눔*arcanum이란 개념은 연금술법에 따라 대부분 어두운 실험실에서 스승의 지도에 따라 생산되었던 약품을 뜻했다. 스위스와 오스트리아에서 활동했던 의사이자 신비주의자인 파라켈수스에서 나온 한 구절이다. "아르카나(아르카눔의 복수 - 옮긴이)를 만들어 / 그것으로 질병에 맞서라." 18세기에도 여전히 이에 대해 탄식했다. "만약 재료와 도구에 대해서만 침묵할 준비가 되면, 아르카나 약을 나누어 줍니다(줄 수 있습니다)."[28] 여기에 개인적 촌평을 하나 덧붙이면, 오늘날 '의학의 교수들'은 다리에 '다발성신경병증'이 걸려 있다. 그 상태가 자신들에게는 비밀로 유지됨을 부인하지 않는다.

"교만한 마음을 품지 말고, 도리어 두려워하십시오"

"교만한 마음을 품지 말고, 도리어 두려워하십시오." 사도 바울은 로마인들에게 보낸 편지(로마서 11:20)에서 이렇게 경고했다. 역사학자 카를로 긴즈부르그Carlo Ginzburg가 장문의 에세이에서 상세히 서술했듯이,[29] 이 경고는 구체적으로 16세기에 지식을 금하는 구절로 이해되었다. 여기에 로마서 12장 3절에 나오는 바울의 권유도 추가되었다. "여러분은 스스로 마땅히 생각해야 하는 것 이상으로 생각하지 말고, 하느님께서 각 사람에게 나누어주신 믿음의 분량대로, 분수에 맞게 생각하십시오." 긴즈부르그의 말대로 16세기 그리스도교 신앙인들은 이 문장을, 사물을 탐구하여 잘 알게 되는 것보다 두려워하는 것이 더 낫다는 뜻으로 이해했다. "그대들의 생각을 고귀한 일에 두지 말고 하찮은 일에 두십시오"라고 바울이 경고하였듯 말이다(로마서 12: 16).

신약성서의 말대로 '고귀한 일'은 여전히 인간에게 금지되었던 반면, '하찮은 일'은 인간에게 맡겨졌다. 결과적으로 이것은 긴즈부르그가 직접적으로 상기시켜준 고대의 시각, 즉 실재를 언제나 양극적 범주 혹은 반대 개념으로 정리하는 관점을 보여준다. 밝음과 어둠, 뜨거움과 차가움, 숨겨진(금지된) 것과 공개(허락)된 것, 위와 아래, 혹은 높은(고귀한) 것과 낮은(하찮은) 것. 잘 알려져 있듯이, 모든 인간 공동체(문명)는 자신들의 신을 높은 곳에 정착시키고, 악마와 함께 지옥을 깊은 곳으로 몰아내기 때문에, 실제 숨겨져 있을 *자연의 비밀을*arcana naturae 찾아내려고 하늘을 쳐다보는 잠재적 점성가에게 바울의 편지는 철저한 금지로 읽힐 수 있다. 하느님의 비밀, 즉 '*아르카나 데이*arcana Dei'는 세속의 관찰자에게 당연히 감추어져 있었지만, 과학적 호기심과 능력을 가진 사람들이 '비밀 중의 비밀'에 놓여 있는 본질, 즉, 긴즈부르그가 종교의 정치적 활용이라고 표현한 본질을 깨닫게 되면서, 16세기 이후 사람들은 바울의 경고에도 불구하고 자연의 비밀을 탐색할 용기를 점점 더 내게 되었다. 그러나 종교의 정치적 활용이라는 개념을 사용할 때 알아 두어야 할 사실이 있다. 위대한 찰스 다윈도 자신의 "비밀들의 비밀"을 알았고, 그랬기 때문에 생명의 진화적 발전을 새로운 종의 출현이라고 생각했다.

"(태양 중심 체제에 대한 로마 가톨릭교회의 저주는) 맹목적인 배척보다는 오히려 새로운 우주론에 담긴 종교적, 정치적 함의가 불러올 막연한 공포에서 생겨났을 가능성을 배제할 수 없다"고 긴즈부르그는 서술했다.[30]

이탈리아의 예수회원, 스포르차 팔라비치노forza Pallavicino 추기경이 이 주제에 개입했다. 팔라비치노 추기경은 '*자연의 비밀*arcana naturae' 과 '*권력의 비밀*arcana imperii' 사이의 낡은 유사성을 지적하고, 자연의 행동은 예측할 수 있지만, 왕과 왕자의 행동은 예측할 수 없음을 확언하며 이 둘을 구별하였다. 하찮은 일반 백성이 아닌 오직 더 높은 분들에게만 시선을 두는 팔라비치노 추기경은 정치적 결정에서 별 볼 일 없는 민중을 배제하고, 권력의 비밀을 금지할 수 있는 상황을 당연하게 여겼다. 또한 그는 저잣거리의 남녀들이 자연법 지식으로 더는 괴롭힘을 당하지 않는 게 더 유익하고 건강에도 좋다고 생각했다. 많은 노력에도 불구하고 그들의 과학지식이 대단히 낮은 수준에 머문 것처럼 보였더라도, 추기경의 이런 생각은 오늘날 타부에 해당한다.

이런 상황과는 별개로, 특히 17세기를 지나면서 서서히 몇몇 사람들이 자기 자신의 지성을 이용하는 용기를 보여주었고, 나중에 임마누엘 칸트가 이를 계몽 철학에서 보여주게 된다. 이 엄청난 역사적 발전은 유명한 질문을 제기한다. 요하네스 케플러와 갈릴레오 갈릴레이가, 16세기 중반에 대 피터르 브뤼헐Pieter Bruegel der Ältere이 그린 추락하는 이카루스 그림을 눈앞에 두고도, 신약성서에 나오는 바울의 경고와 금지를 넘어 관찰을 통해 하늘에 대한 이성적 지식을 모았던 원동력은 무엇이었을까? 오비디우스의 『변신이야기』(8권, 217–223행)가 이 그림 속에 등장하는 사람들을 잘 설명해준다. 이 작품에 나오는 사람들은 이카루스와 그의 아버지 다이달로스가 '하늘로 높이' 오르기 시작할 때, 이 두 사람이 '신들을 보게 될 것'이라고 믿었지만, 성급하고 겁이 없는 아들 이카루스가 너무 많은 걸 원하다가 바다로 추락할 때는 오히려 무심하게 자기 일을 한다. 바다로 추락하는 이 결정적 순간을 오비디우스는 이렇게 표현했다. "그리고, '아버지'라고 아직 외치고 있는 그의 입을 시퍼런 바다의 시커먼 파도가 삼킨다."

16세기 사람들에게 이카루스의 전설이 주는 의미는 아마도 이렇게 표현할 수 있을 것이다. 이카루스는 어떤 금지된, 너무 높은 지식의 영역에 진입하려고 했고, 허락된 인간 의식의 영역 바깥에 있어서 인간 이성에게는 주어지지도 않았고, 인간 이성이 접근할 수도 없었던 사물들을 그곳에서 발견할 수 있었다. 실제로 1586년 니코데무스 프리쉴린Nicodemus Frischlin이라는 사람이 편찬했던 『문학의 기술에 대하여De astronomiae artis』에 아래와 같은 내용이 나온다. "주님이신 하느님은 천체들을 인간 감각으로부터 아주 멀리 떨어진 곳에 놓아두셔서, 우리는 천체들에 적용되는 원리들을(다른 과학 분야와 달리) 증명하지 못하고, 그 특별한 현상의 원인을 설명하는 데 필요한 당연하고 타당한 것들을 발견하지도 못한다."[31]

이 관점은 명백히 종교적이지도 않고 정치적이지도 않은 금지를 보여주고, 하늘에서 일어나는 일들을 단순한 현상이 아닌 물리적 과정으로 파악하고 이해하는 기술적 가능성을 토론하게 한다. 이카루스가 당시에 하나의 주제가 되었다는 사실을 받아들인다면, 이 들끓는 시기에 인간들이 두려움과 절망 사이를 갈팡질팡했다는 것을 이해할 수 있다. 한편으로 그들은 과감하게 너무 멀리, 너무 밖으로, 너무 높이 혹은 너무 낮게 시도하는 건 아닌지 두려웠다. 다른 한편으로 그들은 자신들의 지식과 의지의 한계 때문에 절망했다. 마침내 17세기 초에 처음으로 프랜시스 베이컨이, 그 한계를 넘어 지식의 열린 바다로 용감하게 항해하자고 요청했다. 그의 관점은 1620년에 처음 나온 유명한 『대혁신Instauratio Magna』의 표지(권두삽화)에 표현되었다. 이 삽화에는 '헤르쿨레스Herkules의 기둥' 사이를 통과하는 배 한 척이 있다. 당시에 그 기둥은 고대 세계의 끝 지점을 표시하고 공표했다. "여기까지! 더 이상은 금지!Non plus ultra!"

헤르쿨레스(또는 헤라클레스Herakles)의 기둥이라 불리는 바위산은 지브롤터 해협에 있고, 한 때 인간이 거주하는 세계의 지리적 끝이라고 여겨졌다. 이 기둥은 기원후 2세기에 살았던 그리스 문학가 사모사타의 루키아노스Lucian von Samosata에게도 의미가 있었다. 루키아노스는 도덕적 관점뿐만 아니라 지식의 관점에서도 인간을 만족시킬 수 있는 방법을 깊이 생각했다. 루키아노스는 자신의 판타지에서 무모하게 길을 떠나 극적인 모험을 경험하고, 그 모험에서 '세상의 끝에 무엇이' 있는지 발견하기 위해 헤르쿨레스의 기둥을 지나 이미 알고 있는 세상을 벗어나는 여행을 상상했다. 이교도의 시대였던 당시에는 누구도 이런 지식을 향한 탐구를 금지시킬 생각을 하지 않았다. 루키아노스는 수평선 뒤에서 어떤 생명체가 등장하는지를 자신의 눈으로 보고 싶었다. 그는 자신의 꿈 이야기에서 인간들이 탐사여행의 역사 속에서 바꾸어 놓게 될 것들을 언급하였다.[32] 인간들이 떠난 탐사여행들 중에서 1500 년 직전에 떠난 콜럼버스의 여행이 가장 유명하고 가장 지속적인 영향 을 끼쳤다.

베르너 하이젠베르크Werner Heisenberg 또한 물리학 분야의 위대한 발 견자였다. 그는 콜럼부스에 대해 이렇게 서술했다. "크리스토프 콜럼 버스의 아메리카 대륙 발견이라는 위대한 성취의 핵심에 무엇이 있는 가라는 질문에 이렇게 대답해야 할 것이다. 서쪽 항로를 통해 인도로 가기 위해 둥근 모양의 지구를 이용하겠다는 생각은 핵심이 아니었다. 이 생각은 이미 다른 이들도 언급했었다. 탐사를 위한 꼼꼼한 준비도, 배에 장착한 각종 전문 장비도 아니었다. 이 또한 다른 이들도 준비하 고 마련할 수 있었다. 이 탐사 여행에서 가장 어려웠던 일은 구비된 물 품으로는 귀환이 불가능했던 상황에서 지금까지 알려진 모든 나라를 떠나 서쪽으로 계속 항해한다는 결정이었다."[33] 당연히 콜럼버스는 이 사실을 비밀로 유지해야 했고 동료들에게 숨겨야 했다.

베이컨은 『신기관Novum Organon』이외에 유토피아 사회를 묘사한 책 도 썼다. 그 책의 제목은 『새로운 아틀란티스』다. 아틀란티스는 철학 자 플라톤이 언급했던 신비로운 왕국을 가리키며, 플라톤은 이 왕국의 수도섬을 헤라클레스 기둥 너머에 두었다. 17세기 예수회원이었던 아 타나시우스 키르헤Athanasius Kircher는 박식한 보편지식인으로 알려져 있 는데, 그의 생애를 다룬 전기의 아름다운 제목은 '모든 것을 알았던 마 시막 사람'이다. 키르헤는 전설의 아틀란티스 지도도 그렸고, 이 책에서 언급할 가치가 있는 관점도 언급하였다. 즉, 비밀 유지 혹은 지식의 금지가 가끔 긍정적 효과를 낳을 수 있다는 변증법적 관점을 털어놓았던 것이다. 실제 인간의 역사는 키르헤의 관점이 옳았음을 보여준다.

베이컨의 『새로운 아틀란티스』에는 솔로몬의 집이 나오는데, 이 집에서는 전근대 시대의 식품 화학과 같은 작업이 진행되었고 한 무리의 일꾼들이 산업과 군사 분야에서 이용될 수 있었던 기술을 발전시켰다고 한다. 솔로몬의 집은 "원인과 운동, 그리고 자연에 잠재된 힘들을 인식하고, 최대한 가능한 경계까지 인간의 지배를 확장하는 데" 그 목적이 있었다.[34] 솔로몬의 집에서 발견되고 발전된 많은 과학적 혁신은 공개되지 않고 비밀로 유지되어야 했고, 일꾼들은 특별히 명령받은 침묵 의무의 준수를 맹세했다. 이 이야기를 보면서 베이컨의 '아는 것이 힘이다'라는 명제가 갖는 두 가지 의미를 더는 간과해서는 안 된다. 첫째, 이 명제는 미래를 열어주는 용감한 철학적 고백 이상의 의미를 갖는다. 둘째, 이 명제는 주어진 상황 아래에서 직접적인 정치적 의미를 획득하게 되는데, 그 의미는 당연히 각자의 시대가 스스로 결정해야 한다.

암실의 비밀

인간은 하늘에 닿을 수 없기에 운동의 원인은 탐구하지 못하며, 눈에 보이는 운동에만 제한 받을 운명이라는 철학자들의 주장도 당연히 호기심 많은 인간들의 노력을 제한하지 못한다. 반대로 인간은 도구와 방법을 찾으려는 자신의 열망을 자극한다. 이 도구와 방법이 지구로부터의 개입을 허락해줄 것이다('하이텔베르크에서 관찰된 우주' 참고). 특히 17세기 요하네스 케플러Johannes Kepler가 바로 이런 도구와 방법을 찾기 위해 헌신했는데, 그는 새로운 광학이 자신에게 도움이 될 수 있기를 희망했다. 케플러는 이미 1604년에『천문학의 광학적 측면에서의 비텔로에 대한 보론Ad Vitellionem paralipomena, quibus astronomiae pas optica traditur』이라는 긴 제목의 작품을 라틴어로 집필했다. 이 책은 1922년에 오스트발트Ostwald의 (이름 그대로의!) 고전 시리즈 198권(Ostwalds Klassiker 오스트발트의 고전 시리즈는 자연과학의 중요 저작들을 출판하는 총서 시리즈다. 독일의 물리화학자 빌헬름 오스트발트에 의해 1889년에 시작되었고, 1987년까지 모두 275권의 자연과학 고전이 출판되었다 – 옮긴이),『기하광학의 기초(비텔로의 광학을 계승한)Grundlagen der geometrischen Optik(im Anschluss an die Optik des Witelo)』이라는 제목으로 출판되었다. 여기서 언급된 비텔로Witelo는 13세기 폴란드-튀링겐 출신으로 슐레지엔Schlesien에 살았던 수사이자 철학자인데, 그는 철저하게 물리적 관점에서 빛을 묘사했고, 특히 빛의 반사와 굴절을 이해하려고 노력했다. 비텔로의 광학 덕분에 케플러는 자신의 눈이 가진 한계를 넘어서는 과학으로 가는 기획력을 얻었다. 케플러는 이제 맨눈 관찰을 넘어서기 위한 도구들도 알게 되었다. 케플러는 스스로를 마치 하늘 높이 날아올랐던 이카루스처럼 느꼈다. 그가 몸에 두른 양 날개는 기하학과 수론이었다. 이 양 날개로 케플러는 바울이 로마서에서 경고했던 일, 즉 자신의 감각을 고상한 것들로 향하게 하는 일을 할 수 있었다. 심지어 기하학과 수론이라는 두 날개는 개신교 이상주의자였던 케플러가 고도를 높이는 동안 더 큰 견고함과 신뢰를 제공했다.

하이텔베르크에서 관찰된 우주

19세기에 화학은 스펙트럼 분석을 통해 지상에 있는 원소들의 특성을 보여주는 데 성공했다. 불꽃 반응 실험을 할 때 불타는 화학 원소의 색깔에서 원소의 정체를 밝힐 수 있음을 알게 된 것이다. 하이델베르크대학교에 재직하던 로베르트 분젠Robert Bunsen 교수와 구스타프 키르히호프Gustav Kirchhoff 교수는 1860년에 '스펙트럼 관찰을 통한 화학적 분석Chemische Analysen durch Spektralbeobachtungen'이라는 제목의 논문을 제출했다. 이 논문으로 그들은 큰 반향을 일으켰는데, 두 사람은 자신들의 연구를 하늘에서도 계속 진행할 수 있었기 때문이다.[35]

이 논문에 따르면, 빛의 연구, 즉 빛의 스펙트럼 분석은 "땅에 있는 모든 원소의 가장 작은 흔적도 발견할 수 있는 놀랄만큼 단순한 도구를 제공할 뿐 아니라, 지금까지 완전히 닫혀 있었던 영역, 지구의 경계 심지어 우리 태양계의 경계를 넘어서는 곳까지 화학 연구의 범위를 넓혀준다. 왜냐하면 …… 스펙트럼 분석을 위해서 빛나는 공기를 보는 것만으로 충분하기 때문이다. 그래서 이 방법이 태양과 빛을 내는 항성의 대기에도 적용될 수 있을 거라는 생각이 떠오른다."

비록 이 발견이 일반적인 교양으로 과학적 세계관의 확장과 정착에 분명하게 도움을 주지는 않지만, 혁명적 새로움과 지평의 확장을 가끔은 이렇게 간결하고 겸손하게 표현될 수도 있다. 분젠과 키르히호프가 이룬 업적을 이렇게 표현할 수도 있겠다. 두 화학자는 자신들의 분석을 통해 하늘과 땅에 같은 화학 원소들이 있음을 보여줄 수 있었다. 그렇게 인간을 비롯한 삼라만상을 포괄하는 우주는 물질적 단일성을 보여주었고, 그렇게 천문학의 대상으로 자신을 드러냈다.

1604년 케플러의 광학 노트를 보면 오늘날 보기에는 진부하지만 당시에는 혁명일 수밖에 없었던 진전을 이루어냈다. 달의 위상 변화를 관찰할 때처럼 그는 천체들을 천체들이 반사하는 빛 또는 천체를 드러내는 그림자 가운데 하나와 동일시했다. 이제 하늘에는 당시 사람들의 생각처럼 물리적 '방사열'만 나타나는 게 아니라 놀라운 빛도 나타났고, 지상의 케플러에게까지 그 빛은 비추고 땅에서 그 빛을 분석할 수 있게 되었다. 사물을 직접 자기 앞에 둘 수 있는지, 아니면 저 멀리 높은 하늘을 단지 관찰만 할 수 있는지가 이제 더는 중요하지 않다. 비텔로의 사전 작업에 따르면, 빛은 분류될 수 있는 특성들을 방출하고 탐구자들에게 전해주기 때문에 천체를 과학적으로 다루는 데 그림자만으로 충분하다. 고대에 아리스토텔레스가 이미 일식, 즉 달그림자와 달의 위상변화를 통해 우주를 탐구하고 측정했다는 사실을 케플러도 당연히 알고 있었다. '우주극장'처럼 놀라운 하늘의 연극이 케플러

앞에 펼쳐졌다. 그는 이를 광학의 기초라고 부르며 새로운 천문학은 빛을 내는 발광체의 소등 혹은 비가시성에 기초한다고 확신했다. 한편 광학의 기초는 그가 라틴어로 작성했던 광학책 원본의 제목이었다.[36] 그 제목은 다음과 같다. 『아스트로노미움 히스 루미니움 옵스쿠라치오니부스astronomium his luminium obscurationibus』

이를 위해 케플러는 플라톤의 유명한 동굴의 비유를 뒤집어 설명한다. 원래 이 이야기는 동굴에서 생을 보내야 하는 죄수에 대한 이야기다. 플라톤의 이야기에서 동굴에 갇힌 죄수는 한 쪽 벽만 볼 수 있다. 죄수 뒤에서 불빛이 그 벽을 비추고 있기에 죄수는 오직 자기 뒤에 있는 물체의 그림자만 볼 수 있다. 플라톤에 따르면, 죄수는 자신이 보고 있는 그림자를 실제라고 착각한다. 그러나 바로 이 그림자가, 인간이 볼 수 있고 인지할 수 있는 그 어둠과 모호함이 빛의 물질적 특성을 드러내고 인간 지식의 원천이 되었음을 케플러는 보여준다. 인간은 천체들의 그림자 덕분에 지상의 지식이라는 빛을 얻는다. 별 관찰자 케플러에게 인간의 눈은 빛을 인지하는 자연 도구에서 *카메라 오브스쿠라* Camera Obscura, 즉 빛과 어둠의 연극 놀이가 상연되는 암실로 변환된다. 이 암실에서 인간은 규칙을 관찰할 수 있다. 1604년에 케플러는 별을 지구로 데려왔고 자신의 암실에서 이를 관찰했다. 얼마 지나지 않아 인류는 망원경을 만들었다. 이제 케플러뿐만 아니라 갈릴레이도 광학 기술의 도움으로 하늘과 별을 점점 더 정확하게, 거의 눈 앞에 둔 것처럼 보기 위해 망원경을 하늘로 뻗었다. 곧 과학의 한계는 사라질 것처럼 보였지만, 계몽으로 가는 길은 여전히 인류 앞에 놓여 있다.

두꺼비의 울음

역사학자들은 '비밀의 시대'가 1800년대까지 이어진다고 본다. 1800년대는 계몽철학의 시대다. 임마누엘 칸트가 거의 80이 되었으며, 이미 그의 위대한 저작들은 모두 출판된 상태였다. 그의 유명한 글 『계몽이란 무엇인가?Was ist Aufklärung?』는 1784년에 출판되었는데, 이 해방의 사상운동이 비밀 경제학의 토대를 없애버렸다고 말한다면, 처음에는 이에 반박하고 싶지는 않을 것이다. 늦어도 19세기에는 '비밀'이라는 단어가 오늘날 우리가 사용하는 나쁜 의미를 갖게 되었다. 1848년에 나온 백과사전 『모든 이를 위한 마이어의 새 백과사전Meyers Neues Konversationslexikon für alle Stände』의 '비밀Geheim' 항목이 이를 잘 보여준다. "비밀 속에서 악행과 배신이 깨어나고, 비밀스럽게 살인이 칼을 갈며, 도롱뇽과 뱀들이 희생자를 기다린다. 그리고 비밀스럽게 종교재판관들이 자신들의 피의 처형단과 축제를 벌인다." 그러나 과학의 시대라도 비밀 자체를 너무 쉽게 여겨서는 안 된다. 나는 『세계의 탈주술화Die Verzauberung der Welt』에서 세계에 대한 모든 (과학적) 설명은 보여지는 현상보다 훨씬 비밀스럽다고 주장했었다. 물론 많은 사회학자들은 19세기에 처음으로 서구의 생활세계가 '탈비밀화Entsekretisierung'(게오르크 짐멜)되었고, 심지어 '탈주술화'(막스 베버) 되었다고 생각한다. 그러나 예컨대 알베르트 아인슈타인의 관점은 완전히 반대다. 여전히 남아 있는 "비밀스러운 느낌"이야 말로 호기심 많은 인간을 창조적으로 만들고 과학과 예술에 능동적으로 기여하게 한다는 것이다. 이 관점에 따르면, 비밀과의 관계 유지는 종종 전혀 효과를 내지 못한 채 단지 더 깊은 비밀에 도착하게 하는 단순한 폭로보다 더 많은 가능성을 열어준다.

그런데 인간들을 이런 단순한 관점으로 이끈 것이 하필 왜 계몽주의였을까? 이 책에서 이미 여러 차례 등장한 역사가 긴즈부르그가 이 질문에 대해 수용할 만한 명료한 생각을 제시하는데, 긴즈부르그에 따르면 인간들은 실제를 언제나 정과 반의 형태로 사고를 정돈한다. 앞에서 언급했듯이, 세계와 사물을 밝음과 어둠, 뜨거움과 차가움, 숨겨진(금지된)과 개방된(허락된), 위와 아래 또는 높은(고귀한)과 낮은(하찮은)등으로 구분한다는 것이다. 여기에 이제 계몽된(합리적인)과 낭만적인(비합리적인), 그리고 시적인 것과 과학적인 것과 같은 몇 가지가 추가되어야 한다. 긴즈부르그의 생각은 일반적인 반대 개념을 나열하는 '양극성의 법칙'으로 낭만주의 '자연철학'의 근본 원칙을 소개한다. 앙리 엘렌버거Henri F. Ellenberger가 자신의 책『무의식의 발견Die Entdeckung des Unbewussten』에서 역동적 정신분석의 역사를 서술하면서 이를 묘사하기도 했었다.[37] 1800년의 낭만주의 철학자들에 따르면, 양극성은 밤과 낮, 힘과 물질, 남성적인 것과 여성적인 것, 깨어 있음과 잠, 생각과 꿈, 의식과 무의식, 주체와 객체, 능동과 수동으로 드러난다. 이 시대 이후 많은 사람이 이원론적 사고에 친근함을 느끼는 것은 그리 놀라운 일이 아니다. 여기서 나는 *상보성*complementarity(다음의 글 참고)이란 생각이 작동하고 있음을 본다.[38]

과학에서의 상보성

1927년에 닐스 보어Niels Bohr는 '상보성'이란 개념을 자연과학에 처음 도입하려고 했다. 보어는 이 상보성 개념으로 당시 핵물리학자들의 경험을 이해시키려고 했다. 당시 핵물리학자들은 자연에 대한 모든 서술에서 서로 보완하는 정반대의 짝을 찾을 수 있었는데, 이 둘은 (표면적으로는) 완전히 다르고 서로 반대되는 것처럼 보이지만 (심층적으로는) 원초적 동등함을 보여주었다. 여기서 사람들은 그 반대 또한 하나의 진리이고, 이 진리는 명료하게 표현될 수 없다는 진리를 깨닫게 된다고 보어는 말하곤 했었다. 긍정문으로 변환하면, 내가 진리를 말할 때 진리는 자신만의 비밀을 품고 있다. 미학적으로 표현하면, 진리를 말하려면 상징이나 비유 같은 시적 표현을 사용해야 한다.

동양의 사고는 서로 보완하는 반대라는 생각을 오래전에 이미 수용했고, 이 생각을 음양이라는 상징으로 적절하면서도 예술적으로 표현했다. 반면 서양의 사고는 르네 데카르트René Descartes가 육체에서 영혼을 분리할 때 도달한 단계에서 여전히 고투하고 있다. 그때 이후 주체는 객체라는 세계에서 분리되었고, 세계는 과학에 넘겨졌으며, 그 결과 감정의 존재인 인간은 과학 안에 더는 존재하지 않고 바깥에 머문다.

보어의 상보성은 이 분열을 극복하고 양극에 있는 반대쌍이라는 낭만주의 사유에 새로운 형태를 세공하려고 한다. 자연과 실제를 상보적으로 묘사하는 방법이 있다. 이 묘사 안에서 두 대립은 서로 반대되지만 , 동등하게 다루어진다. 상보적 묘사는 진실이 아닌 맞는 것이다. 생명과 과학의 역사에서 등장한 빛의 파동–입자 이원론과 우연과 필연(통계 법칙과 결정론적 법칙)의 상호작용이 상보적 묘사의 사례다.

한편 보어의 철학과 생각을 경고하는 반대의 목소리도 있는데, 이런 반대는 상보성 개념에 잘 부합되는 모습이다. 이 반대의 목소리에 대해서는 실제가 어떻게 실제로 형성되는지라는 질문에 지식이 응해야 하는 다음 장에서 살펴볼 것이다.

여기서는 계몽이 가져다 줄 수 있다고 생각한 소위 비밀의 소멸이 중요 주제가 된다. 특히 위대한 칸트가 이 문제에 대해 상당히 좁게 생각했는데, 1768년 쾨니히스베르크Königsberg에 있는 한 친구에게 이런 생각을 밝혔다. "천문학은 지금 최종 지점에 와 있고, 천문학자들은 지금 그들이 알 수 있었던 모든 것을 아는 듯하다." 칸트가 기쁨에 찬 목소리로 "종결된 과학이라고 결론 내리기에 충분하다"고 추가로 말할 때, 요한 게오르크 하만Johann Georg Hamann 이라는 또 다른 참가자를 화나게 했다. 그는 발을 동동 구르면서 "그 전체 분야를 기꺼이 박멸하려 들었을 것이다."[39] 하만은 이 위대한 철학자와 그가 생각하는 세계를 더는 이해하지 못했다. 이사야 벌린Isaiah Berlin이 하만의 생각을 아주 분명하게 표현하였다. "마치 이 세계에 더는 비밀이 없는 것 같다! 마치 인간의 노력으로 영원히 목표에 도달할 수 있고, 완성될 수 있다는 것 같다! 이미 이 단순한 생각, 즉 인간이 마지막까지 왔고, 모든 것을 알 수 있는 특정한 주제들이 있으며, 완전히 연구될 수 있는 자연 영역이 있고, 궁극적 해답을 제시할 수 있는 질문들이 있다는 이 모든 생각이 하만에게는 당황스럽고 실효성이 없으며 완전히 멍청하게 보였다." 여기에 덧붙여야 한다. 오늘날 많은 사람이 기꺼이 계몽된 사람처럼 태어나고 계몽의 관점으로 세상을 지배하기를 원한다. 그 관점은 막스 베버가 그들에게 제시했었는데, 즉 인간은 모든 것을 "계산을 통해 지배 할 수 있고" 더는 "비밀스러운, 계산 불가능한 힘들"은 존재하지 않는다는 관점이다.[40] 그러나 여기서 그들은 근대 과학이 가능하기 위해 우선 낭만주의 혁명이 반드시 필요했다는 것을 간과한다. 낭만주의 혁명이 바로 19세기에 이미 언급되었던 세계의 변화를 가능하게 했고, 오늘날 우리가 살고 있는 현대를 낳았다.

위에서 언급한 칸트의 친구이자 같은 쾨니히스베르크 출신의 철학자이자 작가였던 요한 게오르크 하만은 문화사에서 근대의 계몽에 대한 첫 번째 비판가로 등장한다. 하만은 갈릴레이 이후 대표되는 하느님은 수학자라는 관점이 마음에 들지 않았고, 하느님은 시인이나 예술가로 봐야 한다는 반대 관점을 내놓는다. 이런 하느님은 예를 들어 심장 박동을 통한 시간, 들숨과 날숨, 또는 음악 감상을 경험할 수 있게 해주며, 이 경험들을 '직관의 형식'으로 폄하하지 않는다. 이것이 칸트의 제안과 다른 점이다. 엄청나게 다양한 생명의 색채를 이 회색 이론이 표현할 수 있다고 사람들이 진지하게 받아들이는 모습을 하만은 이해하지 못했다. 그는 영국 시인 윌리엄 블레이크William Blake의 문장에 열광했다. "예술은 생명의 나무이며, ……과학은 죽음의 나무다."[41] 이 사야 벌린의 사랑스러운 표현대로 하만은 "비록 그 땅을 일구고 경작할 권리가 있다고 해도, 쟁기날 아래에 있는 두꺼비 울음소리를 듣는 사람들을 대표해서 말한다. 왜냐하면 인간들이 그 울음을 듣지 못한다면, 그들이 귀머거리이기 때문이다. 인간들이 두꺼비를 던져버린다면, '그들을 통한 역사의 심판이' 작동되기 때문이다. 역사는 언제나 승자의 역사이기 때문에 열등한 존재들이 배려를 받을 가치가 없다면, 이런 승리들은 스스로를 부정한다. 그리고 이런 승리는 싸움으로 얻어낸 그 가치를 없애버릴 위험이 있다.[42]

가치라는 주제어는 하만이 말한 계몽되고 순수한 양적 과학에서 빠져 있는 어떤 것의 실마리를 제공해준다. 양적 과학은 사실로 알려진 것과 세계에서 발견될 수 있는 것만 돌본다. 그러나 가치 또한 생명의 일부다. 가치는 팩트로 존재하지 않으며, 대신 인간의 독립된 창조물로 성립되었다. 그래서 결코 특정 전문 지식에 의해 규정되지 않는다.

계몽과 계몽의 자기모순

인간이 성취할 수 있는 지식이란 관점에서 계몽 사상의 기본 구조를 최대한 간략하고 분명하게 설명한다면, 세 가지 전제 혹은 확신을 제시할 수 있다. 첫 번째, 인간은 자신을 둘러싼 세계에 대해 이성적이고 의미 있는 질문을 제기할 수 있고 이 질문에 이성적이고 이해 가능한 대답을 할 수 있다는 확신이다. 물체는 왜 땅으로 떨어지나? 중력 때문이다. 하늘은 왜 푸른가? 대기 중에 있는 태양광이 산란하고 산란광의 강도는 주파수의 4제곱에 비례하기 때문이다! 생명체는 진화 과정에서 어떻게 변화하고 적응할 수 있었나? 다양한 생활환경에 잘 적응하는 개체로 이끌어주는 유전자 변이 물질이 제공되기 때문이다. 이렇게 계속 답할 수 있다.

두 번째, 제기된 모든 질문에 실제 답할 수 있다는 확신이다. 비록 이를 위해 필요한 기술과 이론은 시간이 지나면서 점점 복잡해지고, 새로운 지식은 경우에 따라 다음 단계에서 해명해야 하는 새로운 질문을 제기하지만 말이다. 세 번째 기본 전제는 발견되고 검증된 대답들은 서로 조화롭고 모순되지 않는다는 가정이다. 인간들이 자신들의 이성을 올바르게 투입하고 수학적 분석을 통해 오류 없이 보강한다면, 어떻게 이렇지 않을 수 있겠는가?

계몽의 이 세 가지 원칙이 화학과 같은 자연과학 분야에만 적용될 수 있다고 생각하지 않았고, 자연과학에서만 계몽의 지식을 얻을 수 있다고 생각하지도 않았다. 계몽의 시대는 "뉴턴이 물리학 분야에서 성취한 것이 도덕과 정치에서도 확실히 실행될 수 있었다"[43]라는 의견의 일치를 끌어냈다.

어떻게 살고 싶나? 누구를 믿어야 하나? 추구할 만한 가치가 있는 일은 무엇인가? 이런 가치 지향적 질문들도 계몽주의자들은 이성적으로 대답할 수 있는 사실 지향적 질문의 특정한 형태로 여겼다. 그러나 곧 이어 낭만주의 혁명이 도래했으며, 이 혁명의 주창자들은 "윤리적 가치, 즉 올바른 행동과 이를 위한 결단에 대해 대답할 수 있다는 휴머니즘 세계관의 근본 뿌리를 잘라버렸다." 심지어 한 걸음 더 나아가 낭만주의자들은 "몇몇 질문들은 주관적 해답도 객관적 해답도 없으며, 경험적 해답도 선험적 해답도 결코 없다"고 가정했다. "가치들은 원칙적으로 서로 모순될 수 없다"라는 명제도 그들은 결코 확신하지 못했다. 이런 신조와 더불어 낭만주의자들은 새로운 가치 체계를 도입했다. "이 가치 체계는 과거의 가치 체계와는 일치할 수 없었는데, 오늘날 유럽인 다수는 이 두 가지 반대되는 전통을 물려받은 상속인의 모습을 보여준다." 비록 "모든 지성적 일관성은 결여되어 있어도"⁴⁴ 그들은 이 두 가지 가치 체계 사이에서 왔다갔다 한다.

사상사학자 벌린이 윤리에 대해 분명하게 말한 점은 위에서 상보성 개념으로 설명했듯이 자연 연구의 지식 상황에도 잘 들어맞는다. 늦어도 알베르트 아인슈타인 시대 이후에는, 즉 파장과 입자를 동시에 이해해야 빛의 전체 특성을 설명할 수 있다는 아인슈타인의 발견 이후에는 물리학이 제시하는 대답에 모순이 없다는 계몽주의자들의 세 번째 기본 가정이 틀렸다고 판명되었다. 당시에 아인슈타인은 모든 기초를 잃어버렸다고 생각했다. 그리고 실제로 아인슈타인이 상보적 대답이 필요했던 물리학의 첫 번째 질문을 발견했다. 이 질문에 대한 대답들은 빛의 현상이라는 오직 하나의 현상과 관계되고, 서로 긴밀히 결합되어 있지만 서로 모순된다. '빛은 무엇인가?'라는 질문에 이중의 대답과 이 대답을 통해 드러나는 이중성, 양극성 혹은 상보성을 통해 자연에는 감추어져 있거나, 혹은 더 높은 곳에서 관찰할 때 지식의 금지된 영역이 있음이 인간들에게 드러난다. 긍정문으로 변환하면, 낡고 표면적 비밀의 시대는 지나갔고 새롭고 심층적 비밀의 시대가 시작되었다. 과학은 늘 하던 보통의 일을 비밀스럽게 만들면서 세계를 해명하는 게 아니라 낭만화한다. 과학 지식을 막으려는 사람은 비밀을 금지시켜야 한다. 이 금지가 어떻게 작동하는지는 확실히 아직까지는 비밀이다.

[4장]

성스러운 것을
엿본 죄

DAS HEILIGE UND DIE SÜNDE

약 400년 전 과학이 인간 생존 조건을 완화하고 현세의 삶을 개선하는 일을 시작했을 때, 그 대표자들은 이제 지식의 저 넓은 바다로 넓은 돛을 달고 나아가 매혹의 수평선에 도달할 수 있으리라고 생각했다. 엄청나게 많은 일을 경험했고, 탐구는 끝없이 열려 있는 듯했으며 제공되는 기회는 제한이 없었다. 그리고 이런 기대는 영원히 계속될 것 같은 낙관주의를 낳았다. 과학에 종사했던 인간은 수백 년 동안의 연구와 노력 후에 긍정의 자평을 내렸다. 하느님처럼 완전한 만족과 큰 기쁨 속에서 지신의 능력을 바라보며 "참 좋았다"라고 평가할 수 있을 거라 생각했던 것이다.

그러나 이런 낙관적 자평 대신 인간은 자신이 어떤 폐쇄된 시설에 도착했음을 알게 되었고, 그곳에서 자신의 생명이 위협받는 것처럼 보였다. 1962년, 스위스 출신의 극작가 프리드리히 뒤렌마트Friedrich Dürrenmatt는 「물리학자들Die Physiker」이라는 제목의 연극을 무대에 올렸는데, 이 연극의 핵심 인물은 핵물리연구자 요한 빌헬름 뫼비우스Johann Wilhelm Möbius다. 이 으스스한 남자는 '모든 것이 가능한 발명 체제'라는 포괄적인 이론을 구성할 수 있었다. 그는 이 이론의 결과를 괴멸적이라고 평가했는데, 왜냐하면 자신의 연구가 사람들의 손에 들어가면 그들의 도움으로 새롭고 상상하기 힘든 에너지가 방출될 것이고, 모든 환상을 웃음거리로 만드는 기술이 가능해진다고 생각했기 때문이다.

깊은 충격에 빠진 뫼비우스는 자신의 금지된 지식을 마음속에 간직하고 세계로부터 숨기기 위해 정신병원으로 되돌아갔다. 그러나 작가 뒤렌마트는 뫼비우스와 인류에게 이 쉬운 출구를 허락하지 않는다. 연극에서 광기에 빠진 정신병원장이 오래전부터 뫼비우스의 금지된 지식을 익혔으며, 이 지식을 마음껏 활용하기 위해 계획들을 다듬기 시작했다는 사실이 밝혀질 때, 상황은 최악으로 치달아간다. 뒤렌마트는 자신의 광기 넘치는 작품을 코미디라고 정의했지만, 막이 내리고 나면 관객들은 당혹감 속에 귀가하게 된다.

한편 이 연극에는 언급된 주인공 이외에도 두 명의 인물이 함께 등장하는데, 물리학의 역사에서 가장 신뢰감 있는 뉴턴과 아인슈타인의 이름을 이 두 사람에게 붙여 주었다.

물리학자들과 죄

20세기에 과학은 인류의 손에 무시무시한 폭발력의 원자탄을 쥐여 주었다. 이 연극은 그 이후 과학이 빠지게 되는 도덕적 딜레마를 제기한다. 트루먼 대통령의 명령에 따라 미국 공군은 일본의 두 도시 히로시마와 나가사키를 연달아 핵무기로 공습했다. 이 공습을 통해 폭탄 안에 숨어 있는 엄청난 에너지가 얼마나 파괴적이고 끔찍한 영향을 미칠 수 있는지 전 세계에 계시되었다. 연극에서 정신병원에 수용된 물리학자 뫼비우스가 공습이 끝난 후 그 결과를 보고 한 말이다. 이 극중 인물의 과학 능력은 위대한 알베르트 아인슈타인을 모방하였다. 아인슈타인은 세계라는 거대한 무대 위에서 수십 년 동안, 그러나 아무 성과 없이 물질의 통일장 이론과 그 에너지 연구에 헌신했는데, 어떤 물리학자들은 통일장 이론을 물리학의 성배라고 부른다. 연극에서는 뫼비우스가 이를 처음 발견했다고 하는데, 그다음 갑자기 역설적이게도 그 이론을 세계로부터 숨기려고 한다.

확신에 찬 평화주의자로 알려져 있고, 특히 그 때문에 많은 이들의 존경을 받는 아인슈타인은 원자에너지 발전의 전체 과정에서 아주 특이한 역할을 했다. 1945년처럼 원자에너지 기술을 이용하여 군사 문제를 해결하고 전쟁을 근본적으로 종결시킬 수 있다고 생각했던 과학자는 처음에는 아무도 혹은 거의 없었다. 아인슈타인과 그의 동료들이 원자를 이해하려고 아직 어둠 속에서 더듬거리고 있었던 1905년에 이미 아인슈타인은 놀라운 상관관계 하나를 발견했다. 그 관계란 오늘날 거의 온 세계가 알고 있는 그 유명한 공식, 물질의 질량 M과 그 물질에서 나오는 에너지 E 사이에 있는 관계식 $E=mc^2$을 말한다. 에너지는 질량에 빛 속도의 제곱을 곱한 값이다. 처음에는 여기서 발견한 지식을 감추고 사람들에게 보여주지 않는 게 좋겠다는 생각을 아인슈타인은 전혀 하지 않았다.[1] 그는 자신의 숙고를 "재미있고 매혹적이다"라고 생각하면서 친구 콘라트 하비히트Conrad Habicht에게 쓴 한 편지에서 궁금해했다. "주 하느님이 (전기역학 물리학의 결과를) 비웃고, 나를 조롱하지는 않을지 알 수가 없네."[2]

아인슈타인이 아이처럼 스스로 기뻐하고 놀라고 있을 때, 영국 작가 H.G 웰스H.G Wells는 어떻게 그 거대한 에너지가 그 작은 질량 안에 숨어 있는지를 검토했다. 그리고 이 SF 소설가는 1914년에 나온 자신의 소설 『해방된 세계The World Set Free』에서 곧 충분히 진지한 환상을 발전시켰는데, 물질에서 방출된 에너지로 전 도시를 황폐화할 수 있음을 상상하기 위해서였다. 이와 관련해서 심지어 그는 이미 '원자폭탄'이란 말도 제안했는데, 원자폭탄은 한 작가의 창작물로서 상상할 수 있는 존재였던 것이다. 물질의 가장 작은 요소들을 처음으로 충분히 명료하게 생각하는 데 물리학자들은 10년이 더 필요했다. 이 생각과 함께 문학적 상상력이 이미 실현해 보였던 것을 기술적으로도 실현할 가능성이 물리학자들에게도 열렸다. 실제로는 1938년 베를린 연구소에서 물리학자 리제 마이트너, 화학자 오토 한Otto Hahn과 프리츠 슈트라스만Fritz Strassmann이 물질의 내부로 가는 첫 번째 길을 발견하기 위해 수행했던 방사능 원자 실험에서 마침내 묶여 있던 에너지를 방출시킬 수 있었다. 에너지의 양은 처음에는 당연히 거의 눈에 띄지 않고 위험하지 않지만, 소위 연쇄반응을 통해 증폭될 수 있었다.

유감스럽게도 과학의 이 역사적 돌파구가 실제 역사에서는 대단히 좋지 않은 시기에 일어났다. 실험과 이론이 점점 확장되어 핵에너지가 처음으로 방출되고 계산되었을 때, 국가사회주의 테러집단이 독일을 지배하고 있었다. 그들은 전 세계를 침략 전쟁으로 덮으려는 광기 어린 행동을 시작하고 있었다. 오래전 미국으로 망명하여 미국 시민이 되었던 평화주의자 아인슈타인도 이제 행동해야 했다. 1940년 이후 핵개발을 시작했던 미국은 엄청난 노력을 쏟아부어 몇 년 후 전설의 맨해튼 계획 아래 원자폭탄 제조에 성공했다. 2차 세계대전이 태평양 지역에서는 아직 종결되지 않았던 1945년 여름, 뉴멕시코 주에 있는 인적 드문 사막에서 첫 번째 원자폭탄 시험에 성공했다.

독일과 미국의 폭탄

2차 세계대전 때 독일 물리학자들은 원자폭탄을 만들기 위해 노력했을까? 그리고 실제로 미국 및 연합군과 독일 사이에 핵무기와 관련된 경쟁이 있었을까? 이 질문들은 2차 세계대전의 비밀에 속하는 주제다. 작가이자 중국학 전공자인 리하르트 폰 쉬라흐Richard von Schirach는 이 주제를 다룬 유익하면서도 짧은 책『물리학자들의 밤Die Nacht der Physiker』을 집필했다. 이 책에는 특히 1942년에 작성된 비밀문서가 하나 나오는데, 쉬라흐는 이 비밀문서를 통해 다음과 같은 결론을 내린다. 독일이 "이론에서는 세계 최고였지만, 전쟁 4년 차 때 이론에 부합하는 폭발 물질 우라늄 235를 1그램도 아직은 생산할 수 없었다."[3] 또한, 잘 알려졌듯이 전쟁 후에 미국의 특수부대는 독일의 핵물리학자들이 도달했던 기술 등을 조사했고, 그 부대의 책임자는 분명하게 확인해줄 수 있었다. "확실히 독일의 전체 우라늄 프로젝트는 우스울 정도로 작은 규모였다. 중앙 연구소는 지하에 있는 작은 창고였고, 일부는 작은 섬유공장에 있었으며, 옛 맥주 공장에 방 몇 개도 있었다."[4] 즉, 모든 사소한 것까지 많은 물리학자들은 이미 사전에 알고 있었다. 그 정보들은 베를린에서 미국으로 전해져 뉴멕시코 로스앨러모스Los Alamos에 있는 물리학자들도 그 정보를 받았어야 했다. 그러나 영국 비밀정보기관이 이 정보를 가로채 자신들의 저장고에 숨겼다. 올바른 정보 전달이 연합군의 원자폭탄 제조를 저지할 수 있었는지를 말해주지 않은 채 그곳에 이 금지된 지식이 오늘날까지 잠자고 있다. 이 질문은 제기할 가치가 충분히 있는 질문이다. 그리고 이 질문은 과학이 아닌 군대와 정치를 향해 던지는 질문이다.

많은 비밀에 둘러싸인 거대한 이 과학 사업 전체를 미국 대통령의 명령 아래 물리학자 J. 로버트 오펜하이머가 이끌었는데, 그는 자신과 동료들이 만든 사막의 불덩이를 보고 다음과 같은 기록을 남겼다. "물리학자들은 지금 죄가 무엇인지 경험했다. 이 지식은 더는 그들을 내버려 두지 않을 것이다." 오펜하이머의 기록은 눈을 찌르는 폭탄의 빛

에 많은 관찰자들이 받은 깊은 인상을 잘 보여준다. 원자폭탄의 번쩍이는 불꽃은 "천 개의 태양보다 밝게" 빛났다. 그 불꽃에서 오펜하이머는 고대 인도 신화 『바가바드기타』의 한 구절을 떠올렸다. "나는 이제 모든 것을 빼앗는 죽음의 신이며, 세상의 파괴자가 되었도다."[5]

뉴멕시코 주 사막에서 진행되었던 이 핵실험과 함께 인류는 "핵의 시대라는 새로운 시대"에 발을 디뎠다는 것을 역사가들은 확신했다. 이 폭발의 순간에 옛 시대는 종착역에 도달할 수밖에 없었다. 앞에서 언급했던 지식이라는 거대한 바다 위에서 낙관적 항해를 시작했던 베이컨의 시대가 끝난 것이다.[6] 이제 인간은 지평선을 넘어갔지만, 그 너머에는 영광의 땅이 아닌 황무지만 드러났을 뿐이다. 독일 철학자 게르노트 뵈메Gernot Böhme의 지적에 따르면, 베이컨 기획의 실패는 4가지로 설명할 수 있다. 여기서는 목록만 짧게 제시한다. 첫째, 이 전체 기획이 모든 과학기술적 진보는 휴머니즘에도 유익하다는 채워지지 않은 기대 속에 시작되었다. 둘째, 그 기획에서 역사 속에서 추구되고 증가하는 전쟁의 과학화를 발견한다. 이것은 핵무기라는 주제어로 안내한다. 셋째, 발전 과정에서 흔히 발생하는 변증법도 간과할 수 없다. 즉, 추구하던 유용성과 함께 기대하지 않았던 많은 결과들이 함께 생겨났다. 넷째, 베이컨의 합리성은 사회주의 국가들이 추구했음을 인정해야 한다. 기계에서 기술이 지식에 따라 진보하듯이 사회를 과학적으로 조직하고 인간의 행복을 계획할 수 있다고 사회주의 국가들은 생각했다.

이미 지나갔지만, 영광스러웠던 이 시대의 흐름을 금지된 지식이라는 관점에서 계속 살펴보기 전에 새로운 세계관에 기여한 두 사람의 물리학자에게 시선을 던질 필요가 있다. 이 두 사람은 특별히 연극 관객들에게 유명하고 그들의 신뢰를 받는다. 두 사람을 다룬 연극이 여러 편 있고 무대 위에서 등장인물로 이들을 경험할 수 있기 때문이다. 아인슈타인은 앞에서 언급했던 뒤렌마트의 「물리학자들」이 등장하고, 오펜하이머에 대해서는 극작가 하이나르 키파르트Heinar Kipphardt가 1964년에 『로버트 오펜하이머의 과업 In Sachen J. Robert Oppenheimer』이라는 제목의 '연극 형식의 보고서'를 발표했다. 이 연극 마지막에 영웅 오펜하이머는 다음과 같은 결론을 내린다. "우리는 악마짓을 했다."[7] 그러나 그는 의심을 접고 다시 자신이 사랑하는 연구 작업에 몰두하겠다고 선언한다. 다만 정치적 책임을 직접 질 필요가 없는 작업이기를 그는 희망했다.[8] 1945년 이후 오펜하이머는 특히 '원자력과 인간의 자유'에 대해 숙고했고, "핵시대에 확실한 완전 보장의 근본 전제는 개방성과 공개성 뿐"이라고 주장했다. 즉, 금지와 비밀 유지를 반대했다. 오펜하이머가 보기에, 인류는 "대중적 이해와 비밀 정치 및 권력 정치의 추구 사이에서 선택해야 한다."[9]

한편, 1950년대에 아인슈타인이 이런 말을 했다는 소문이 떠돌았다. "내가 다시 세상에 태어나면, 물리학자 대신 기능공이 되었을 것이다." 1954년 노벨물리학상을 받았던 막스 보른Max Born이 그 내용을 정확히 알고 싶어서 편지로 친구 아인슈타인의 생각을 물어보았다. 1955년 1월 17일에 보낸 답장에서 아인슈타인은 한 신문 인터뷰에서 그냥 단순하게 대답한 내용이라고 알려주었다. "오늘날과 같은 상황이라면 지식을 추구하는 것과는 아무 관계 없는 직업 하나를 밥벌이로 택했을 것 같아."[10] 보른은 이 단순한 관점에 불만족을 드러내며 1955년 1월

29일에 적절하게 반박했다. "지식 추구와 관계없는 밥벌이를 선택했더라도, 이 지식을 비밀로 간직할 것인지, 아니면 친구들과 사적으로 교류만 할 건지를 결정해야 하네. 17~18세기에 흔히 그러했듯이 말이야. 이런 결정을 분명하게 하지 않으면, 그 결과는 다시 타인들에 의해 나쁜 목적에 오용될 것이고, 사람들은 그 책임에서 벗어나지 못한다고 나는 느끼네."

집에 있고 이동하는 핵무기

독일 작가 리하르트 파스텐Richard Fasten이 쓴 『금지된 지식 사전 Lexikon des verbotenen Wissens』은 재미있고 추천할 만한 책이다. 이 책에는 아래와 같은 구절이 들어 있다. "계속 금지해야 한다고 인류 다수가 동의하는 지식이 그렇게 많지는 않다. 그러나 원자폭탄 제조법은 금지 목록 가장 위에 있다."[11] 원자폭탄 제조 설명서를 손에 넣는 데 인터넷에서 마우스 클릭 몇 번이면 충분하다는 소문이 불안감을 더욱 높인다. 파스텐은 그 소문의 흔적을 찾아다녔고, 그중에서도 다음 설명서를 만났다.

"먼저 무기를 만드는 데 적절한 100파운드의 플라토늄을 주변 공급처에서 구해라. 핵발전소는 추천하지 않는다. 이렇게 많은 양의 플라토늄이 발전소에서 빠져나가면 당신 집에 있는 화장실 전등에 불이 안 들어올 수 있기 때문이다. 우리는 당신 지역에 있는 테러조직

172

과의⋯⋯. 연락을 추천한다."

　이 이야기는 웃음을 준다. 그러나 파스텐이 '핵잠수함'이라는 꼭지에서 알려주는, 핵을 가진 몇몇 권력이 핵무기를 다루면서 보여주는 경솔함을 알게 되면 그 즐거움은 사라질 것이다. 1968년에 미 공군의 B-52 폭격기가 핵탄두 4개를 실은 채 그린란드 상공에서 추락했다. 핵탄두 3개는 찾아서 수거할 수 있었지만, 나머지 하나는 영원히 얼음 속으로 사라진 것처럼 보인다. 파스텐에 따르면 핵잠수함이 수색하였지만, 그 수색 사실은 비밀 유지라는 두꺼운 외투로 덮어 두었다. 특히 미국, 프랑스, 러시아, 영국, 중국 등 핵보유국들이 함께 그 외투를 덮었다. 아마도 이런 지식으로부터는 떨어져 사는 것이 나을 것이다. 이걸 아는 사람이 과연 있을까?

"인류의 가장 성스러운 물건들"

　1882년생 보른과 보른보다 세 살 많은 아인슈타인은 19세기 말이라는 전환기를 경험할 수 있었던 과학자에 속한다. 19세기 말은 인류가 영광의 시간에 다가가던 때였다. 《프랑크푸르터 차이퉁Frankfurter Zeitung》 1899년 12월 31일자 기사에서 읽을 수 있듯이, "지식은 한 단계 더 올라섰고, 과거에는 없었던 자연의 힘을 실용화하는 단계에 올라갔기" 때문이다.[12] 이 기사는 이 확신을 계속해서 보여준다. "우리는 인류의 목표를 향한 중요한 단계를 올라갔다. 그 목표는 자연의 정복과 정의의 제국을 만드는 일이다." 이 확신 뒤에 자랑스러운 "19세기 결과물"이 나열된다. 철도, 전기, 증기기관, 마취, 예방 접종, 혈청 치료법, 검안경, 재봉틀이 나왔고, 뒤이어 마이크, 전보, 말하는 기계, 즉 전화기와 영사기가 나왔다. 엑스선, 스펙트럼 분석, 첫 번째 전기 발전기도 이 자랑스러운 목록에서 가볍게 여길 수 없는 성과다. 이 최초의 전기 발전기 덕분에 베르너 폰 지멘스Werner von Siemens는 자신의 전기기술 회사를 설립할 수 있었다.

여기서 언급된 과학기술의 성과물들과 그 밖의 다른 결과물들이 점점 세속화되어가는 사회에서 "인류의 가장 성스러운 물건들"로 칭송받는 것에[13] 놀랄 필요는 없다. 그러나 이런 칭송이 1차 세계대전 때 등장하는 과학의 첫 번째 원죄를 더욱 분명하게 도드라지게 했다. 한편 보른과 아인슈타인은 다른 면에서 이 원죄를 대면하게 된다. 쉽게 말해 당시 군사 지도부는 연구자들에게 적군이 숨어 있는 모퉁이와 참호 속으로도 쏠 수 있는 무기를 요구했다. 새 살인 도구를 이용하여 소모적 전투를 멈추고 적군의 전선을 돌파하는 데 그 목적이 있었다. 군사 지도부가 원하고 명령했던 것을 마침내 화학이 제공해주었다. 독가스가 1915년 전장에 투입되었던 것이다. 여기서 특히 독일의 과학자 프리츠 하버Fritz Haber 같은 이들은 큰 자부심을 갖고 엄청난 능력으로 은밀하고도 음흉하게 전쟁을 도우면서 적군을 압도하는 모습을 보여주었다.

아인슈타인은 하버의 친구였다. 두 사람 모두 유대인이었으며, 1차 대전 때 베를린에 살고 있었다. 1939년에 아인슈타인은 독일 교수들이 1차 세계대전 때 자신들의 능력을 전쟁을 위해 얼마나 기꺼이 제공했는지 상기시켜 주었다. 이때의 경험 때문에 아인슈타인은 평화주의가 자신의 기본 가치임에도 미국에 핵무기 제조를 권유하게 된다. 아인슈타인이 처한 상황의 양가성도 가볍지는 않지만, 전쟁 시기 불가피한 과학의 양면성은 화학자 프리츠 하버Fritz Haber의 사례가 특히 잘 보여준다. 하버의 좌우명은 "평화로울 때는 인류를 위해, 전쟁 때는 조국을 위해"였다. 독가스 제조에 헌신하기 전에 하버는 이와는 완전히 반대되는 일에 성공했었다. 당시 사람들은 놀라운 하버의 업적에 "공기에서 빵을" 가져왔다고 칭송했다. 하버는 공기에서 질소를 얻고, 이 질소로 암모니아를 합성하는 데 성공했다. 이 암모니아로부터 농화학을 연구하는 하버의 동료들이 밀을 자라게 하고 밀가루를 얻게 하는 비료를 만들었다. 암모니아 합성법 덕분에 하버는 노벨화학상을 받았지만, 이 수상은 양가성을 더욱 두드러지게 했다. 스톡홀름에서 온 이 기쁜 소식을 하버는 1918년에 들었다. 하버는 독가스를 1차대전 전장에서 아직 치우지 않았던 시기에 노벨상을 수상했던 것이다.

1차 세계대전이 끝난 후 베르사유 조약에 따라 독일에서 화학 무기가 금지되었을 때, 애국자 하버는 공식적으로 살충제 개발에 종사한다고 하면서 이 규정을 피해갔다. 하버는 청산염 개발에 집중했다. 청산염은 세포의 신진대사를 방해하여 신체 내부의 질식을 일으킨다. 나치가 집단수용소에서 엄청난 대량 학살을 자행할 때 사용했던 치클론 베Zyklon B라는 독가스의 원리를 하필 유대인으로 태어났던 하버가 만들었다는 것은 특별한 비극이다. 하버가 창조한 지식은 틀림없이 당시 사람들도 기꺼이 금지시켰을 것이다. 그러나 하버와 같은 생각을 하게 될 다른 화학자가 없었을 거라는 착각에 빠져서는 안 될 것이다. 하버처럼 처음에는 산업 분야의 친구들과 함께 생산하기 위해, 그 사람 다음에는 정치인들에게 제공하기 위해 죽음을 가져오는 가스를 만들었을 것이다. 화학자들은 학살자들에게 집단수용소 희생자들을 몰아넣은 방에 가볍게 던져 놓을 수 있는 깡통 포장의 휘발성 살인 무기를 제공하였다.

하버의 삶은 극적이면서 비극적인 장면들로 가득 차 있다. 생애 마지막 시기에 하버는 나치에 의해 독일 밖으로 쫓겨났으며, 친구 아인슈타인의 표현대로 엄청난 상심 속에서 숨을 거두었다. 나치는 심지어 베를린에서 열린 하버의 장례식에 그의 옛 동료들이 참석하는 것도 금지했다. 유대인이 얼마나 국가에 도움이 되고 애국적일 수 있는지 알게 되는 일은 제3제국에서 금지였던 것이다. 한편 프리츠 하버를 다룬 전기가 독일에서 나오기까지 수십 년이 걸렸다.[14]

18세기 타임캡슐

17세기에는 근대 과학이 태어났고 19세기에는 그 결과로 세계의 변화가 일어났다. 이미 상세히 설명했듯이, 20세기에는 과학이 결백을 잃어버렸다. 그럼 바흐가 죽었고 모차르트가 살았으며 슈베르트가 태어났던 18세기에는 무슨 일이 일어났을까? 임마누엘 칸트가 용감하게 '계몽이란 무엇인가?'라는 질문에 대답하려고 시도하던 1784년에 어떤 사람은 당시 사람들이 경험한다고 믿었던 진보를 찬양하고 기술하였다. 이 익명의 문서는 고타Gotha에 있는 마가레텐 교회Margarethenkirche 첨탑 꼭대기에 놓여 있었고 20세기에 그곳에서 발견되었다. 이 문서에 실린 내용은 아래와 같다.[15]

"우리는 18세기라는 가장 행복한 시간을 살고 있다. 황제, 왕, 영주들은 무서운 높은 자리에서 내려와 친절해졌고, 번쩍거리는 화려함을 경멸하면서 국민의 아버지, 친구, 믿음직한 사람이 되었다. 종교는 성직자의 옷을 찢어 버리고 신성을 드러낸다. 계몽은 큰 걸음을 내디딘다. 종교적 게으름 속에 살아가던 수많은 우리의 형제자매들이 국가에 제공된다. 적대적 신앙과 강제된 양심은 사라진다. 인간애와 생각의 자유가 승리한다. 예술과 과학이 번성하고, 우리의 시선은 자연이라는 작업장을 깊이 꿰뚫어 본다. 장인들은 예술가처럼 완전함에 다가가고, 모든 곳에서 유용한 지식이 나온다. 여기서 그대들은 우리 시대의 사실적 묘사를 경험한다. 그대들이 우리보다 더 높은 곳에 있고 더 멀리 본다 해도 거만하게 우리를 깔보지 마라. 우리가 용기와 힘으로 당신의 자리를 얼마나 많이 들어 올리고 지탱하고 있는지를 주어진 그림들 속에서 더 많이 알아차려라. 이웃을 위해 당신도 같은 일을 하고, 행복하라!"

열광의 문장으로 가득 찬 이 문서는 1956년 가을 마가레텐 교회의 첨탑을 수리할 때 발견되었다. 우리는 여기서 인간은 목적과 계획에 따라 행복을 찾을 수 있다는 계몽과 확신의 행복한 시대상을 생생하게 읽을 수 있다. 인간은 진보라는 무대를 즐긴다. 의심의 여지 없이 이 무대에서 인간은 지식의 증가를 목격한다. 지식의 금지 때문에 생각이 낭비되지 않는다. 이들은 순수하게 작동하는 존재의 행복에 경탄한다. 그렇지 않은가? 혹시 이 문서의 저자는 의도적으로 무언가를 무시했거나, 또는 단순히 인지하지 못했던 것은 아닐까?

장자크 루소Jean-Jacques Rousseau가 1762년 자신의 교육 소설 『에밀Emile』에서 언급했듯이, 실제로 18세기에 인간과 인류의 진보에 대한 첫 번째 회의가 등장했다. 루소의 생각에 따르면, 인간은 원래 선하게 태어나지만, 사회가 악의 뿌리를 제공한다. 사회는 구성원들이 이기적 경쟁의식에 빠지도록 유혹하기 때문이다. 루소의 생각은 영국 철학자 토머스 홉스의 관점과 대립하는 인간관을 만든다. 홉스가 보기엔 인간은 태어날 때부터 악하고 이기적이다. 이런 인간에게 도덕적 한계를 정해주는 유일한 도구는 국가 권력이라고 홉스는 생각했다. 한편 18세기 위대한 수학자이자 라이프니츠의 후임으로 베를린 왕립 과학 아카데미 의장을 잠시 지내기도 했던 피에르 루이 모로 드 모페르튀Pierre des Maupertius는 개인과 공동체 사이의 상호작용을 보는 특이한 관점 하나를 제시했다. 고타에서 나온 글은 인간애에 열광하며, 인권은 확실히 이 인간애의 일부다. 반면, 1752년에 나온 모페르튀이의 글은 완전히 다른 관점을 보여준다. 인류 전체의 진보에 기여하는 유용한 지식을 얻을 수 있다면 사형수 대상의 실험을 부끄러워할 필요가 없다고 모페르튀이는 주장한다. 모페르튀이의 말을 그대로 옮겨보자.

"경우에 따라 피하지 못하는 끔찍한 일 때문에 겁을 먹고 움츠러들어선 안 된다. 더욱이 개별 인간은 전체 인류와 비교 대상이 되지 않으며, 범죄자는 더더욱 아무것도 아니다."[16]

철학자 니콜라스 레셔는 첫째, 악명 높은 20세기 나치의 강제수용소에서 특별히 구현되었던 18세기 인간 경시 사상을 도덕적으로 정당화되는 지식 획득 금지 사례로 제시한다. 이 금지는 기대되는 지식을 얻는 데 이용되는 과정과 방법에 적용된다. 이와 관련하여 소위 터스키기 매독 연구Tuskegee Syphilis Study가 악명이 높다. 이 반인권적 실험은 1932년부터 1972년까지 미국 앨라배마 주에 있는 터스키기 지역에서 미국 보건복지부 소속 기관의 지시로 시행되었다.[17] 피실험자 대부분은 흑인이자, 가난한 문맹자였다. 이들을 대상으로 성병인 매독이 치료하지 않고 방치하여 만성질환이 되었을 때 미치는 영향을 시험했다고 한다. 1946년에서 1948년 사이에도 이런 종류의 실험이 하나 있었다. 이 실험은 과테말라에서 시행되었고, 죄수, 군인, 지적장애인들이 실험 대상이었다. 이 실험에서는 항생제 페니실린이 피실험자에게 주는 유용성을 연구하려고 했다.

2010년 미국의 (흑인) 대통령 버락 오바마Barack Obama가 이 실험들에 대해 용서를 구했다고 말할 수는 있지만, 필요한 '인간 재료'를 선택할 때 분명히 인종주의가 작동한다는 점을 간과해서는 안 된다. 모페르튀에 대한 레셔의 두 번째 주석이 이 문제를 지적한다. 레셔에 따르면, 20세기 말에 사는 사람들은 보편 인권 같은 것이 존재한다고 생각한다. 이 인권은 죄수나 장애인들에게도 적용되며, 헌법 1조의 표현대로 인간의 존엄은 훼손될 수 없다고 생각한다. 그러나 이런 인간관이 보편적으로 적용된 지는 결코 오래되지 않았고, 그 실현을 위해 엄청난 노력이 필요했었다는 점도 알고 있다. 실제로 인권의 역사는 사회과학 연구의 까다로운 최신 분야를 대표한다. 2011년에 종교철학자 한스 요아스Hans Joas는 아래의 제안으로 이 분야를 풍부하게 만드는 데 기여했다. "인권과 보편적 인간 존엄에 대한 믿음을 특별한 성화과정 Sakralisierungsprozesses의 결과로 이해하자. 이 과정에서 모든 개별 인간 존재를 점점 더 강력하고 민감하게 거룩한 존재로 여기고, 이 이해는 법으로 제도화된다."[18]

인권의 역사를 개인의 거룩함과 신성함이 증가하는 역사로 설명하려는 사람은 인간의 성장을 단순히 계몽에서 나온 생각으로 환원할 수는 없다. 실제 칸트와 볼테르 같은 사람들조차도 과학자들이 특정 시대에 획득한 지식이 과학자들이 무시하는 일반 국민에게 전달된 것이 그 이유라고 여기지 않았다. 과학자들의 관심은 일반 대중의 계몽보다는 자신들도 속한다고 생각했던 엘리트들에게 있었다. 엘리트들이 과학을 책임 있게 다룰 수 있다는 믿음을 과학자들은 갖고 있었던 것이다. 18세기 인권의 구체적 상황에 대해서 밀라노의 소심한 지식인 체사레 베카리아Cesare Beccaria는 1764년에 『범죄와 처벌 Dei delitti e delle pene』이라는 제목의 짧은 논문을 썼다. 이 책에서 베카리아는 형법에 나와 있는 유효한 규정들을 "가장 야만적인 시대의 쓰레기들"이라고 비난했다. 그리고 "가장 많은 사람에게 가장 많은 행복을 분배하기"에 충분한 기본법 적용을 시도하기 위해 이런 쓰레기를 폐기할 필요가 있다고 했다.[19] 베카리아의 작품은 즉시 금서 목록에 올라갔지만, 그 영향력을 막을 수는 없었다. 베카리아의 한 친구는 그 영향력을 다음과 같이 요약했다.

"학대와 고문, 그리고 모든 끔찍한 것들이 실제 폐지되거나 모든 국가의 처벌과정에서 최소한 부드러워졌다." 이 야만적 행위들의 철폐에 대해 베카리아는 인간들의 모든 감사를 받을 자격이 있다. "그는 자신의 숨겨진 연구실에서 나와 유용한 진리라는 열매도 맺지 못하는 씨를 오랫동안 대중들 사이에 용기 있게 뿌렸다."

인격의 신성화를 인권 생성의 결정적 요인으로 볼 수 있다면, 여기서부터 형법의 개혁 요구를 이해할 수 있을 것이다. 인간이 성스러운 객체가 되었다는 생각을 처음 했던 학자는 사회학자 에밀 뒤르켐Émile Durkheim이라고 할 수 있다. 요아스의 설명에 따르면, 뒤르켐은 인간의 보편적 존엄성에 대한 믿음을 "근대의 종교"로 이해할 수 있다는 관점을 발전시켰다.[20] 성스러운 물건들이 갖고 있는 아우라가 인격에게도 부여된다고 뒤르켐은 말한다. 한편 이런 느낌이나 생각이 삶의 다른 영역에도 전이될 수 있는지 물어볼 수 있다. 예컨대, 살아 있는 유기체의 세포핵이나 줄기세포를 연구하는 생물학자들이 넘어가면 안 되는 어떤 경계를 알고 싶을 때 이 질문은 유효할 것이다.

종교재판소와 장작더미

여기서 다시 한 번 근대 과학의 초기 시대로 역사적 시선을 돌리면, 인권에 대해 당시 교회는 눈곱만큼의 관심도 없었다는 게 금방 눈에 띈다. 반대로 교회의 대리자들이야말로 이단에 대항하는 종교재판소에서는 자비를 베풀지 않을 뿐 아니라 언제나 새로운 잔혹함에 쉽게 빠져들었다. 부재하는 하느님의 이름으로 현존하는 인간에게 고통을 주는 데 충실했던 것이다. 또한 교회는 수백 년 동안 진보 과학자와 지식인들에게 법적 조치를 취했는데, 여기서 종교재판의 가장 유명한 희생자 두 명을 들 수 있다. 바로 조르다노 브루노Giordano Bruno와 갈릴레오 갈릴레이다. 브루노는 1600년에 장작더미 위에서 고통스럽게 화형당했지만, 수십 년 후 갈릴레이는 단지 체포되어 가택연금을 선고받으며 두려움을 느끼는 정도로 마무리되었다. 집요하게 떠도는 소문에 따르면, 갈릴레이에게 무시무시한 고문 기구들을 보여주었고, 그가 그 기구들을 이해하리라 생각했었다고 한다.

이 두 사람에게 금지된 지식이나 이들이 부인하려고 했던 내용을 정확히 알려고 할 때, 몇 가지 놀라움을 경험할 수 있다. 조르다노 브로노의 운명은 끔찍하다. 장작더미 위에서 사형당하기 전에 그는 이미 종교재판소의 지하 감옥에서 8년을 보냈다. 당시 교회가 개별 인간을 얼마나 하찮게 여겼고, 많은 경우 얼마나 비인간적인 행동을 했는지 여기서 드러난다. 교황 클레멘스 13세의 치하에 있던 가톨릭교회는 '성년' 1600년에 고문받던 브르노를 장작더미 위에 세웠다. 이단의 화형식으로 축제의 절정에 도달하기 위해서였다. 그 자리에서 브루노는 바닥에 질질 끌리는 의복으로 치장한 비인간적 고위 성직자들의 위선과 거짓을 꾸짖었다. "판결을 받는 나보다 판결을 내리는 당신들의 두려움이 아마 더 클 것이다."[21]

당시 사람들에게 브루노는 만만한 인물이 아니었고, 오늘날까지도 어떤 이들이 그를 이단으로 여기는 것은 충분히 상상할 수 있는 일이다. 브루노는 비어 있거나 죽어 있는 우주가 아닌, 정반대로 어디서나 살아 있고 철저히 의식이 있는 우주라는 관점을 제시했다. 이런 그의 우주론이 언제나 철학적 분란을 일으킬 수 있었던 것이다. 오히려 오늘날에는 이런 우주론 덕분에 그는 교회 관련 토론회와 텔레비전 토크 쇼의 단골이 된 것 같다. 16세기 교회를 특히 자극했던 것은 원칙적으로 우주 어디에나 지적 생명체가 가능하다는 브루노의 관점이었다. 이 생각을 통해 브루노는 십자가에 달리신 분의 유일성을 제거했으며, 무수히 많은 항성계에 각각의 인류는 각자의 예수님을 발견할 수 있을 거라는 엄청난 착상을 할 수 있었다.

구체적으로 로마 가톨릭교회는 우주가 실제로 무한하고 무한히 존재한다는 브루노의 주장을 불경하다고 생각했다. 그리고 16세기 철학자 브루노가 예수를 "비루하고 평범하며 배우지 못한 사람"이라고 불렀을 때, 당시 사람들은 그를 당연히 용서할 수 없었다. 브루노 때문에 "모든 것의 품위가 떨어졌고, 모든 것이 노예가 되었으며, 혼란에 빠졌다……. 그리고 무지가 과학의 자리를 차지"하게 되었다고 한다.

독일의 작가이자 자연철학자인 요헨 키르히호프Jochen Kirchhoff는 확신에 찬 어조로 분명하게 밝혔다. "브루노는 생기 넘치고 대화에 매우 개방적이며, 감동할 만큼 지적이면서도 대단히 의식적인 우주를 생각했다. 자신의 이런 우주관을 용암처럼 정열적이고 에로틱한 언어로 표현했다. 400년 전에 이 비전은 하나의 도발이었고, 오늘날에도 여전히 그러하다."

그러므로, '기억의 정화'를 위해 교황이 선포한 2000년 '성년'에도 교황청 신앙교리성이 조르다노 브루노에 대한 적대 관계를 취소하거나 완화하지 않은 것은 전혀 놀라운 일이 아니다. 이미 1992년에 최종적으로 갈릴레오 갈릴레이의 복권을 완성하고 유감을 표현한 것과는 대조를 이룬다. 우주까지 생각을 펼치고 있는 대범하고 관대한 르네상스 시대의 사상가를 단죄한 종교재판소의 판결은 400년 전처럼 지금도 확고하다. 가톨릭교회 권력자들은 브루노의 관점을 여전히 금지하고 억압하려고 한다. 여기서 금지된 브루노의 생각은 갈릴레이가 고백했던 태양 중심의 코페르니쿠스 체계와는 아무 상관이 없었다.

갈릴레이의 부족한 지식

여기서 분명하게 해 두는 게 중요하다. 갈릴레이는 당시 교황 우르바노 8세 앞에서 단지 태양 중심 세계관을 선호한다고 공개 증언을 했기 때문에 의심을 받게 된 것이 아니다. 앞에서 이미 언급했듯이 갈릴레이는 특히 교황청 종교재판소와의 갈등을 자초했다. 모든 경고에도 불구하고 갈릴레이는 지구 주위를 태양이 도는 게 아니라 바로 지구가 태양 주위를 돈다는 사실과(여기에 덧붙여 지구는 자전도 한다는 사실도) 함께 코페르니쿠스가 옳았음을 자신이 증명할 수 있다고 주장했기 때문이다. 14세기 위대한 스승이었던 알베르투스 마그누스는 이렇게 썼다. "철학자는 자신이 하는 말을 증명해야 한다." 교황은 갈릴레오에게 주장을 계속 견지하려면 코페르니쿠스가 하늘의 천체 운동을 더 낫게 서술할 수 있음을 증명하라고 요구했다.

생각하는 일과 아는 일은 서로 다른 일이며, 과학에는 증거가 있어야 한다. 그러나 갈릴레이는 증거를 제시하지 못했다. 심지어 갈릴레이는 지구의 운동과 태양의 고정을 증명하기 위해 해야 하는 일을 알고 있었다. 지구의 공전 증명을 위해 필요한 이 측정이 천문학자들 사이에는 '연주 시차'라는 이름으로 알려져 있다. 그러나 연주 시차 측정은 고도로 발전한 광학 도구들과 크게 개선된 망원경의 도움으로 19세기에 와서야 가능해졌다. 이 사실이 갈릴레이의 기술적 부담을 덜어주었지만, 갈릴레이 시대에 물리적 하늘에 대한 실제 지식은 존재할수 없음이 분명해졌다. 흥분과 자극을 불러오는 가정, 예컨대 코페르니쿠스의 가정과 이 가정에 대한 지지만 있을 뿐이었다. 가톨릭교회와 종교재판소는 갈릴레이에게 자백을 원했다. 자신의 관점은 증명된 사실이 아니므로 확고한 지식으로 볼 수 없고, 공포될 수도 없음을 인정하라고 갈릴레이에게 단호하게 요구했다.

갈릴레이는 시차Parallax의 오류에서 우주가 상상할 수 없을 만큼 크다는 추측을 얻게 되었지만, 그는 이 추측을 감추었다. 이 추측은 그를 조르다노 브루노 근처로 밀어낼 수 있기 때문이었다. 갈릴레이는 자신이 갖고 있는 도구로는 시차를 발견하고 측정할 수 없다고 생각했다. 갈릴레이의 교회 측 반대자들은 부재하는 증거 덕분에 상식과 일상의 감각 경험에 더 잘 어울리는 결론에 도달했다. 즉, 우주에서 지구는 고정된 위치가 있다는 결론을 내렸다. 그 고정된 위치를 기꺼이 우주의 중심으로 규정하였고 그곳에서 행복을 느끼는 것처럼 보였다.

코페르니쿠스의 학설을 견고하고 증거에 부합되는 지식으로 변환하기 위해 갈릴레이는 계속해서 노력했지만, 교황과 교황의 추종자들을 밀물과 썰물 같은 생각으로는 납득시킬 수 없었다. 또 다른 이유도 있었을 것이다. 태양 중심 체계를 받아들이면, 자전하고 공전하는 지구 위에서 인간은 위아래를 구분하지 못한 채 대부분의 시간을 땅에 머리를 둔 채 우주에 매달려 있어야 한다고 생각했다. 이런 생각이 교회 관계자들을 어지럽게 만들었을 것이다. 그렇게 종교재판소는 갈릴레이가 자신의 확신을 부정해야 한다는 입장을 고집했다. 1633년 6월 22일, 피고 갈릴레이는 산타 마리아 소프라 미네르바Santa Maria Sopra Minerva 도미니코 수도회 성당에서 무릎을 꿇었고, 이렇게 말해야 했다.

"저는 이단으로 강한 의심이 들도록 행동했기 때문에, 즉 태양이 세계의 중심이고 움직이지 않으며 대신 지구는 중심이 아니라 움직인다는 것을 진실로 여기고 믿었기 때문에, 추기경님들과 모든 그리스도인들이 나를 향해 정당하게 가졌던 의심을 거두어 줄 것을 저는 소망합니다. 저는 저의 생각을 철회합니다. 저는 진실된 마음과 거짓 없는 믿음으로 저의 언급된 실수와 이단 행위를 저주하고 후회합니다."[22]

죄와 진실

갈릴레이는 철회 문서를 읽고 서명한 후 일어선 다음에 교회 바닥을 발로 구르면서 그 유명한 말을 했다고 한다. "그러나, 그것은 움직인다Eppur si muove." 여기서 그것은 교회가 아니라 지구를 뜻한다. 이 행동에서 갈릴레이의 실제 입장이 드러난다. 이런 입장은 당시에 퍼지기 시작했었는데, 과학적 진실은 억압될 수 없고 언젠가는 드러난다는 뜻이다. 그러나 이 진실을 누가 말할 수 있느냐는 질문은 여전히 남는다. 또 어떤 지식이 맞고 무엇이 진정 지식이라는 이름에 합당했는지를 누가 알 수 있겠는가? 이 주제는 지구 중심 세계관에서 태양 중심 세계관으로의 변화를 넘어 21세기 물리학에까지 뻗어 있다. 이에 대해서는 다음 장에서 다룰 예정이다.

코페르니쿠스와 갈릴레이라는 이름은 그 이후 수백 년 동안 끊임없이 등장한다. 갈릴레이가 지동설을 철회한 지 약 300년이 지난 후 베르톨트 브레히트Bertolt Brecht는 「갈릴레이의 생애Leben des Galilei」라는 제목의 극본을 헌정했다. 이 작품의 초판은 1938년에서 1939년 사이에 나왔는데, 물리학자들과 화학자들이 첫 번째 핵분열을 관찰하면서 원자폭탄으로 가는 길을 열었던, 그렇게 과학이 죄를 알게 되던 바로 그때였다. 비록 의미는 다르지만, 작가 브레히트도 죄라는 종교적 개념을 사용했다. 브레히트는 종교재판관 앞에서 진행된 갈릴레이의 철회를 "범죄"이자 "근대 자연과학의 원죄"라고 규정했다.[23] 이 말은 1957년 출판된 브레히트의 작품집에 나오는데, 이 작품집에서 브레히트는 원자폭탄에 대해서도 언급했다. 언급의 목적은 원자폭탄을 "기술 현상이자 동시에 사회 현상으로" 적절하게 이해하기 위해서였는데, 인간은 원자폭탄의 과학적 성과에 감탄할 수 있고 사회적 실패를 안타까워 해야 한다. 브레히트는 마지막 부분의 독백에서 갈릴레이에게 이렇게 말하게 한다. "과학의 유일한 목적은 인간 실존의 어려움을 덜어주는 데 있다고 나는 생각한다." 브레히트는 갈릴레이에게 다음 말도 덧붙인다.

"시간이 지나면서 그대들은 발견될 수 있는 모든 것을 발견할 수 있을 것이다. 그러나 그대들의 진보는 인류와는 멀리 떨어져 있는 진보일 뿐이다. 그대들과 인류 사이의 간격이 어느 날 너무 커져서, 어떤 새로운 업적에 대해 그대들이 내지르는 기쁨의 환호성이 우주가 내는 공포의 울부짖음에 대한 대답이 될 수도 있을 것이다."[24]

여기서 언급된 내용을 자연과학의 어두운 면이라고 부를 수도 있겠고, 이 어두운 면에 대해 인류의 금지된 지식이라는 관점에서 생각해볼 수도 있을 것이다. 이에 대해서는 나중에 짧게 다룰 예정이고, 그보다 먼저 갈릴레이가 실패했던 그런 문제가 오늘날에도 일어나고 있음을 살펴보자. 핵심은 어떤 관점이나 견해를 주장할 뿐 아니라 증명할 능력이 있느냐의 문제다. 여기서 증명하기 위해 얼마나 많은 용기를 갖고 있는지는 중요하지 않다. 오늘날에는 당연히 누구도 주류에서 벗어난 생각, 1960년대 이후의 언어로 표현하면 패러다임에서 벗어난 생각을 한다고 목숨이 위험하지는 않다. 그러나 생계를 꾸려가는 데 어려움을 겪을 수는 있다. 현재 과학의 교의에서 벗어난 (이단적) 생각 때문에 자리가 제공되지 않기 때문이다. 20세기 물리학에서조차 숨기고 널리 알리기를 원하지 않았던 지식이 있었다. 단순한 망각이 아닌 기이하고도 분명한 의도로 교과서에서 언급하지 않고 연구에서 무시함으로써 은폐는 성공했다.

세계의 가장 깊은 곳에서

수백 년 전 코페르니쿠스와 갈릴레이에게는 하느님이 살고 있는 하늘의 움직임이 중요했다. 그러나 현대 물리학에서는 다음 문장에 담긴 문제를 점점 구체적으로 다루는 일이 중요하다. 이 문장은 괴테의 『파우스트』에 나오는 유명한 문장이며, 파우스트가 마음속에 품고 있는 열망을 표현한 것이다. "가장 깊은 곳에서 세상을 지탱하는 것을 나는 인식한다.". 지식인 파우스트가 이런 지식을 획득하기 위해 금지된 어떤 일을 수행해야 한다는 것은 모순이 아니다. 고백대로 파우스트는 악마의 손을 잡았다. "영의 힘과 말을 통해 특별한 비밀이 내게 계시될까 하여 마법에 몸을 맡겨보았다." (「파우스트: 비극 제1부」 375행)

고대 이후 철학자와 물리학자들은 세계가 가장 깊숙한 곳에 준비해둔 것을 원자라고 불렀다. 반면, 플랑크, 아인슈타인, 보어, 하이젠베르크와 같은 20세기 이론가들은 전통 물리학으로는 원자 구조가 이해되지 않고, 원자에서 생기는 일과 원자 안에 숨어 있는 것을 계산하고 예측하기 위해서는 새로운 종류의 과학을 만들고 세워야 한다는 것을 인정해야 했다. 20세기 초반 이후 역사가들은 양자역학에 경탄한다. 양자역학의 수학적 형태는 원자의 특성을 완전히 정확히 이해하도록 해준다. 그러나 동시에 양자역학은 가장 깊은 곳에서 세계를 묶어주고 있는 것의 비밀을 드러내기보다는 더 깊이 감춘다. 물리학자는 양자역학 실험에서 수학 언어를 도구로 사용하여 원자와 함께 마지막에 무엇이 생겨날지 놀라울 만큼 정확하게 예측할 수 있다. 그러나 특이하게도 세계의 가장 작고 깊은 영역의 현실로 들어가면 실제로 무엇을 만나게 될지는 여전히 분명하지 않다. 자기장에서 전자들의 상호작용처럼, 만약 이 영역에서 무언가 해명해야 할 것이 목격된다면, 무슨 일이 생길까? 물리학은 원자를 가능성의 저수지로 소개하고, 여기서 사람들은 원자의 현실에 대해 알고 싶어 한다. 실제로 근대 과학의 가장 긴장된 질문 하나는 다음과 같다. "무엇이 사실_real 인가?", 혹은 "무엇이 원자의 현실_Wirklichkeit인가?"[25] 독일어에서는 사실_Realität과 현실_Wirklichkeit 사이의 부드러운 순환이 가능하다. 즉, 독일어에서는 사실_Realität과 현실_Wirklichkeit의 차이를 구별할 수 있다. 사물을 뜻하는 라틴어 단어 레스_res에서 볼 수 있듯이 사물은 사실에 속한다. 반면 현실은 사물 같은 것이 필요 없고 그 효과를 통해 인식될 수 있다. 가장 짧은 공식으로 정리한다면, 원자는 사실이 아닌 현실을 보여준다. 이 공식을 실마리로 양자역학이 우선 인간 지식의 일부임을 이해할 수 있다. 인간은 양자역학의 수학적 형식을 제시할 수 있다. 뿐만 아니라 그 원소들의 (존재적) 특징이 어떻게 이해될 수 있는지, 그리고 사물의 존재 양식에 대해 양자역학이 무엇을 알려주는지와 같은 질문에 대답할 수 있다. 양자역학의 방정식뿐만 아니라 여기에서 나오는 실존 및 존재 양식에 대한 철학적 사색도 원자에 대한 지식에 속한다. 바로 이 존재 양식에 대한 사색에서 오늘날 많은 역사학자들이 생각하는 특이한 은폐가 일어났다. 심지어 노벨물리학상 수상자인 머리 겔만_Murray Gell-Mann은 원자 이론의 아버지 중 한 명인 위대한 닐스 보어를 비난했었다. 원자의 현실에 대한 철학적 사유의 시작을 방해하고, 자신의 제안들이 부적절하고 불충분한 것으로 드러나는 것을 막기 위해 보어가 연구자 한 세대 전체를 세뇌했다고 겔만은 비난했다.[26]

비록 알베르트 아인슈타인은 양자역학의 창시자에 속했지만, 양자역학에서 유도된 원자의 사실 설명에는 만족하지 못했다. 아인슈타인도 평소 존중하던 보어에게 이 세계에 신경안정제 같은 철학을 제시했다며 힐난했다. 관련 서적들을 보면, 보어의 원자 해석과 그 실제는 양자역학에 대한 코펜하겐 해석으로 일컬어진다. 보어의 고향 이름을 따서 붙여진 이름이다. 1920년대 중반 보어 주변에서 그의 지원을 받던 물리학자들은 오늘날 기술 문명의 진화를 위해 반드시 필요하고 환영받는 양자역학을 공식으로 표현할 수 있었다. 또한 옛날 전통 과학과는 달리 새로운 물리학은 측정 가능한 크기와 실제 숫자를 더는 다루지 않으며, 대신 양자역학을 설명하는 등식에는 상상의 차원과 소위 연산자Operator라는 측정 규정이 필요하다는 것을 그들은 인정해야 했다. 이렇게 코펜하겐 해석은 완성되었다. 이제 19세기 작은 구슬 모양 원자에서 나온 세계상은 사라졌다. 그리고 양자역학은 사물 자체에 대해서는 아무 말도 하지 않으며, 인간이 말하거나 알 수 있는 것에 대해서만 이야기한다는 주장이 코펜하겐에서 생겨났다. 이 주장에 따르면, 물리학은 자연 자체를 서술하지 않으며, 자연에 대해 인간이 획득할 수 있는 지식을 서술한다. 계산에서 얻은 결과들이 실험에서 나오는 결과들과 일치하면서(일치하는 한) 이후 수십 년 동안 이런 자기 억제 또는 자기 금지는 잘 유지되었다.

당연히 코펜하겐 해석을 다룬 두꺼운 철학 작품들이 나왔지만, 여기서 그 내용을 조망할 수는 없다. 그러나 그 해석의 핵심 내용은 수학 이외에 알아야 할 다른 분야는 없음을 의미한다. 어떤 물리학자들은 이를 한 마디로 압축한다. "입 닥치고 계산이나 해Shut up and calculate." 좀 더 상세히 적어보면, "생각하기를 멈추고 더 많은 지식을 원하지도 마라. 대신 원자가 어떻게 행동하는지 계산해라."[27] 이런 태도는 거기서 찾을 수 있는 지식만을 얻기 위해 철학적 오류로 빠지게 하는 일이며, 이 또한 일종의 금지로 해석할 수 있다.

당연히 아인슈타인 같은 사람은 그의 해석에서 아무 감흥을 얻지 못했다. 코펜하겐 해석은 명백히 아인슈타인을 화나게 했다. 더욱이 코펜하겐 해석에 따르면, 원자 차원에서 일어나는 일에 대해 새로운 물리학은 확률적인 정보만을 제공할 수 있는 데 만족해야 한다. 그러나 아인슈타인이 물리학에서 더 많은 지식의 가능성을 높이려고 시도할 때 그에 공감하는 사람은 소수였다. 좀더 말하자면 당시 아인슈타인은 어떤 변수의 존재 여부를 깊이 고민했다. 아직 연구자들에게는 숨겨져 있지만, 그 변수의 도움을 받으면 확률을 확실성으로 바꿀 수 있을 거라고 아인슈타인은 생각했다. 동료들은 아인슈타인의 이런 생각을 전혀 중요하게 여기지 않았다. 특히 1932년 천재 수학자 요한 폰 노이만Johann von Neumann이 『양자역학의 수학적 기초Mathematische Grundlagen der Quantenmechanik』라는 책을 쓴 이후에는 더욱 그랬다. 이 책에서 폰 노이만이 아인슈타인의 숨은 변수는 존재하지 않음을 증명했기 때문이다.[28] 이 책은 고차원의 수학으로 채워진데다가 독일어로 집필되었기 때문에 당시 영향력 있는 물리학자 가운데 이 책을 읽은 사람은 거의 없었다. 그러나 소문과 귀동냥으로 알게 된 책의 내용은 보편적(코펜하겐) 개념과 잘 맞았고, 개별적 생각들을 진정시켜 주었다. 그렇게 물리학자들은 자신들의 고유한 금지된 지식 영역을 설정했으며, 원자의 현실 및 사실 주변에 울타리를 세우고 그것을 숨겼다.

처음 몇 년 동안은 코펜하겐 해석에 회의적인 아인슈타인 혼자 철학의 광야에 있는 이 울타리 앞에서 외롭게 외쳤지만, 서서히 다른 물리학자들도 그를 돕기 위해 나왔다. 그들은 노이만의 증명에서 오류를 찾아낼 수 있었거나, 혹은 인간이 물리적 크기가 있는 무존재를 놀라운 수학적 방식으로 확인하고 이에 대한 정보를 알 수 있다는 것을 처음부터 믿으려 하지 않았던 물리학자들이었다. 그들 중 한 명이 데이비드 봄David Bohm이었다. 필라델피아 출신인 봄은 오펜하이머 교수 밑에서 연구할 기회를 얻었다. 이때 봄은 코펜하겐 해석을 알게 되었다. 아인슈타인의 여정을 따라 지금까지 감추인 지식, 즉 원자 극장에서 일어나는 모든 행동을 확률의 개입 없이도 추적하고 이해할 수 있는 지식을 찾으려고 나서기 전이었다. 빛의 입자(광자) 또는 전자는 관찰받게 되면 다르게 행동한다는 사실에 봄은 열광했다. 이를 이해하기 위해 봄은 관습적이지 않은 제안을 다듬었다. 이 제안에 따르면, 관습적인 코펜하겐 해석의 기획과는 달리 원자 크기의 입자는 파동에 의해 (즉 수학적으로) 홀로 묘사될 수 없고, 대신 끌어가는 파동, 즉 '파일럿 파동pilot waves'에 의해 *이끌릴 뿐만 아니라*, 입자가 방금 도달하여 점유한 장소에 의해 특징이 *생겨날 수도 있다.*

스스로 움직이는 전자와 반응하는 원자라는 봄의 생각은 더 상세히 다룰 수도 있겠지만, 여기서 중요한 건 봄의 지식과 그의 이론적 착상을 금지하려고 했던 실제 저명한 물리학자가 있었다는 사실이다. 그리고 그는 하필 그의 스승 오펜하이머였다. 원자 세계의 현실에 대한 봄의 생각은 1950년대 초에 아인슈타인도 관여하고 있었던, 그 유명한 프린스턴 고등연구소의 한 세미나에서 발표되었다. 발표가 끝난 후 오펜하이머가 발언을 요청했다. 그는 강의실에 참석한 자신의 동료들에게 봄의 관점을 반박하거나, 더 좋은 건 그냥 무시하는 거라는 지시를 내렸다. 그들은 어떤 경우에도 그 이론을 알아서도, 터득해서도 안 되었다.[29] 그리고, 실제로 1980년대까지 봄의 생각은 물리학 교과서에 등장하지 않았으며, 1980년에 처음 출판된 함축된 질서에 대한 그의 생각조차도 봄의 자연과학 동료들은 재빨리 함구해야 할 것으로 취급했다.[30] 봄은 양자의 세계를 실제 입자들은 드러나지 않는 하나의 전체로 보았는데, 다른 동료들에게는 이 관점이 특별히 우습게 들렸음이 틀림없다. 이미 언급했던 광자와 전자라는 소립자들이 분명히 존재하고, 그 밖에 물리학자들은 중성자도 알고 있었기 때문이다. 심지어 입자물리학이 성공적으로 발전하기도 했다. 아인슈타인이 이미 1930년대에 양자역학은 개별 입자들 사이에 일어나는 '유령 같은 원격 작용'을 가능하게 하는 것이라고 격렬히 비판하며 주목을 끌었었다. 이를 설명해주는 양자 얽힘은 1980년대에 와서야 실험으로 증명될 수 있었다. 원자 세계는 실제로 접힌 질서implicate order가 있는 전체를 만든다는 것은 오늘날 거의 표준 이론에 속한다. 이 전체에는 단지 언급된 입자들만 존재하는데, 그렇지 않으면 인간은 그 현실을 자신들의 단어로 묘사하지 못하기 때문이다.[31] 그러나, 오늘날 크게 관심도 없는 강의에서 발표된 (물리적) 물질에 대한 이 (철학적) 지식은 먼저 강력한 반대를 뚫고 나가야 했는데, 봄의 생각이 거부된 배경에는 정치적 동기도 작동하고 있었다.

갈릴레이와 마찬가지로 봄의 과학에서도 중요한 질문은 결국 두 가지다. 첫째, 과학적 세계관에서 인간은 어디서 자기 자리를 찾을까? 17세기에는 하늘에서 찾았고, 20세기에는 원자 안에서 찾았다. 둘째, 지구 위에 있는 인간은 이에 대해 무엇을 알기를 *원할까*? 갈릴레이를 반대하던 교회 사람들은 눈에 보이는 것과 반대되고 하느님의 세계에서 인간이 확고한 자리를 할당받지 못하게 되는 가정을 금지했다. 봄과 같은 물리학자의 반대편에 편향된 과학자들은 가능성의 바다 어딘가에 숨은 변수가 존재하여 원자에서 일어나는 사건에 기여함과 동시에 원자의 특징까지 제공한다는 주장을 금기시한다. 다만 양자역학이 사실의 세계보다는 가능성의 세계를 묘사했으며, 실험들은 가능성 가운데 측정값으로 정해진 것 하나를 선택했다는 것만은 분명하다. 그러나 어떻게 관찰이 목표가 된 대상을 그렇게 규정할 수 있는지, 그리고 인간은 그것을 어떻게 알게 되는지 여전히 명료하지 않다.

1950년대 초반 플레이보이처럼 등장한 젊은 물리학자 휴 에버렛 3세Hugh Everett III는 심지어 다음과 같은 제안을 했다. 인간들이 측정할 때마다, 즉 인간이 개입할 때마다 원자의 내부 세계에 존재하는 무한히 많은 가능성 중에서 하나의 현실이 새롭게 생성된다는 것이다. 처음에는 이 '다세계 모델' 때문에 휴 에버렛 3세는 비웃음을 샀다. 구체적인 실험에서 인간은 원자 안에서 일어나는 하나의 사실을 전혀 감지하지 못할 것이라고 생각했기 때문이다. 그러나 경쾌하고 발랄한 에버렛은 수백 년 전 코페르니쿠스의 생각에 익숙해져야 했던 사람들의 반대를 동료들에게 상기시켰다. 에버렛은 다음과 같이 썼다.

"'실제 물리적 현상으로서 지구가 움직인다는 것은 인간의 타고난 인지 기능이 제공하는 해석과 일치하지 않는다.' 이 논지는 코페르니쿠스의 생각에 반대하는 근본 비판 가운데 하나다. 다른 말로 표현하면, 어떤 바보도 지구가 실제 움직이지 않는 것을 알 수 있는데 우리는 결코 움직임을 못 느끼기 때문이다. 그 사이에 지구의 운동을 포함한 모든 이론은 이론이 충분히 포괄적이면 어렵지 않게 이해될 수 있게 되었으며, 그렇게 (뉴턴의 물리학에서 가능하듯이) 지구의 거주자들은 운동을 느끼지 않는다는 결론을 내릴 수 있다. 말하자면, 어떤 이론이 우리 경험과 모순되는지를 결정하기 위해서, 그 이론이 우리 경험에 대해 무엇을 예측하는지를 살펴보는 게 필요하다. 측정할 때 우리가 분열되고 (그리고 새로운 세계를 만든다는 것을) 사람들은 인지하지 못한다고 누군가 나에게 말한다. 그 사람에게 나는 물어볼 뿐이다. 지구의 자전을 느끼는가?"[32]

정치적 차원

데이비드 봄은 1940년대에 소련에 공감을 표했었고, 심지어 캘리포니아 버클리에서 잠시 동안 공산당에 가입하기도 했었다. 특이하게도 정치적으로 들리는 지도파동이라는 개념으로 봄이 자신의 이단적 이론을 제시하던 때, 스탈린이 통치하던 소련은 안드레이 알렉산드로비치 즈다노프Andrei Alexandrowitsch Schdanow의 지도 아래 억압적 문화 정책을 시행하고 있었다. 당시 소련에서 시인과 작곡가는 '서방 세계의 추종자'로 비난받았고, 소련의 이념과 갈등하는 것처럼 보이는 창작자의 모든 생각은 위험을 초래할 수 있었다. 신기하게 코펜하겐 해석도 소련의 이념에 반하는 생각으로 여겨졌다. 이런 상황에서 1950년에 공산주의자 사냥을 하고 있던 '반미 활동 조사위원회House Un-American Activites Committee'에서 봄이 스탈린주의자 혐의로 심문을 받았다는 사실은 얼토당토않은 일이었다.

당시 몇몇 미국 과학 연구 기금들은 (군대의 재정 지원을 받는) 원자 연구에서 정통이 아닌 관점과 공산주의 가치관 사이에 연관이 있다고 보았다. 그 밖에도 어쨌든 실용적 측면에서 아무 문제도 없이 작동하였던 이론의 기초 때문에 젊은 과학자들이 고생하고 고뇌하는 이유를 사람들은 이해할 수가 없었다. 예컨대, 문제없이 군대에 핵무기를 제공해주었으며, 이를 오랫동안 자랑스럽게 보고 있었던 것이다. 오늘날 양자 물리학과 큐비트qubit를 다루는 양자컴퓨터 개발의 부흥은 사회 지배 계급 덕분이 아니라 반문화 덕분이다. 반문화 진영은 당국의 금지에 신경을 쓰지 않고 권력을 얻기보다는 기쁨 속에서 자신들의 지식을 얻으려고 노력했었다. 여기서 과학이 원래 그래야 한다고 했던 것처럼 살고 느꼈던 히피들이 생각난다. 과학은 인간에게 자유롭고 얽매이지 않아야 한다는 것을 약속했고, 히피들은 그런 과학의 이상처럼 자유롭고 얽매이지 않으며 살려고 했던 것이다.[33]

독일연방공화국 기본법 제5조에 분명하게 나와 있듯이 "예술과 학문, 연구와 강의는 자유다." 여기서 당연히 학문과 연구는 돈이 많이 든다고 특별히 언급할 필요는 없다. 연구에 필요한 돈은 신청할 수 있어야 하고 제공되어야 한다. 특히, 사회적 책임과 납세자들에 대해 의무를 지고 있는 기관들의 지원을 받을 수 있어야 한다. 이 체제 안에서 연구를 위한 도구를 얻지 못하는 이들은, 예를 들어 가속기나 X선 망원경처럼 비싸고 몇 대 없는 거대한 기기를 이용할 시간을 얻지 못하는 사람은 지식 또한 조금만 넓힐 수 있다.[34]

이런 자유로운 학문에 대한 신념은 19세기에 나왔다. 19세기는 엄청난 낙관주의가 퍼져 있던 시기였고, 점점 더 사람들이 학문의 자유를 지지하던 때였다. 이 생각을 간단하게 한 문장으로 표현할 수 있다. 더 많은 과학이 더 나은 사회를 가져온다. 당시 많은 사람이 1864년 교황 비오 9세가 발표한 회칙에 분노했다. 이 회칙에서 교황은 움트고 있는 계몽주의의 어떤 싹도 멀리하라고 신앙인들에게 경고했다. 그 싹은 하느님이 심은 것도 아니고, 예수 그리스도가 돌보는 것도 아니기 때문이다. 또한 추악하고 금지된 세속의 지식을 철저하게 뿌리까지 싸매고 잘라내기 위해 사제들에게 '영혼의 칼'을 움켜쥐라고 권고했다. 한편 호기심 많은 사람들에게는 모든 학문에서 초자연적 계시를 존중하라고 요구했다.

그러나 교황은 이때 점점 지위를 잃어가고 있었다. 19세기에 루돌프 피르호Rudolf Virchow 같은 연구자들은 진보를 위한 정당들을 설립했고, 허위와 미신에 저항하고 과학을 위한 투쟁을 호소했다. 호전적인 동물학자 에른스트 헤켈Ernst Haeckel이 기록했듯이, 그것은 "영적 전투였다. 한편에는 과학, 사상의 자유, 진리의 빛나는 깃발이 서 있고, 반대편에는 교회 권력의 검은 깃발이 서 있었다."[35] 이 전투에서 교수와 학생들은 국가와 동맹을 맺었다. 국가는 과학이 시민들과 국가 자신에게 해주고 있는 일을 이해하고 있었기 때문이다. 그렇게 독일 제국 헌법Verfassung des Deutschen Reichs(비스마르크 제국 헌법이라고도 불리며, 1871년에 발효된 통일 독일 제국의 새 헌법이다 – 옮긴이)은 프로이센 헌법(1848년에 발효되었고, 1850년에 개정된 프로이센 왕국의 헌법. 통일 독일 제국 헌법의 근간이 되었다 – 옮긴이)에 있던 유명한 조항 "학문과 가르침은 자유롭다"를 이어받았다. 이 유명한 조항 덕분에 대규모 활동에 국가 재정이 따라왔다. 그 재정의 도움으로 자연과학과 의학 관련 학과들이 줄이어 신설되었으며, 독일 생리학자 헤르만 폰 헬름홀츠Hermann von Helmholtz의 표현처럼,[36] '근대 인류의 전체 삶'을 서서히 개조해 나가려고 했다. 심리학자 에밀 두 보이스 레이몬트Emil Du Bois Reymond를 비롯한 헬름홀츠의 다른 동료들은 과학을 '우리 시대 세계의 승자'라고 불렀으며, 식물학자 카를 빌헬름 폰 네겔리Carl Wilhelm von Nägeli는 환호성을 질렀다. "우리는 안다. 그리고 우리는 알게 될 것이다." 동물학자 에른스트 헤켈은 "세계의 수수께끼"가 해결되었거나 풀렸다고 설명한다.[37] 그리고, 자연연구자 대부분은 인간의 문제를 해결하는 데 신앙과 종교의 역할을 허용하지 않으려고 했다. 사람들은 지식의 힘과 과학의 질을 믿었다.

이런 생각들이 곧 저항을 불러일으키리라는 사실에 누구도 놀라지 않을 것이다. 오늘날에는 주로 열광적 반유대주의자로 알려져 있는 궁정 목사 아돌프 슈테커Adolf Stoecker는 1883년에 프로이센 의회에서 재정 관련 연설을 했다. 이 연설에서 슈테커는 국가가 보장하는 연구와 가르침의 자유가 남용되고 있다고 말하며, 위에서 언급한 과학자들을 같은 이유로 비난했다. 특히 슈테커는 교수들이 소위 자신들의 반종교적 생각을 공적인 행사에서 국민들에게 강요하려 한다고 강하게 비판했다. 독일처럼 지식인을 존중하는 곳은 없기 때문에, 대학 강단에서 선포되는 모든 것을 사람들이 믿는다고 슈테커는 말했다. 덧붙여, 진화론과 인간이 원숭이에서 기원한다는 생각을 엄청난 진리인 양 선포하는 일을 강력히 경고했다.[38]

여기서 지식을 공개하지 않고 사적으로 간직했던 뉴턴의 걱정과 생각이 떠오를 수 있다. 이런 지식에서 생기는 결과가 장기간 어떻게 드러나는지 아무도 모르게 하는 게 뉴턴에게는 편해 보였던 것이다. 그냥 단순히 '강자의 권리'를 선포하는 사람은 대다수 사람들이 언젠가는 삶을 전투와 전쟁이라는 관점에서 바라보며, 주장하고 관철하는 승자를 우러러보기 시작한다는 사실에 놀라서는 안 될 것이다.

금지된 지식에 대한 니체의 철학

자연과학의 엄청난 역할과 자연과학이 낳을 수 있는 공공 생활의 위협에 대해 위에서 서술한 논쟁이 19세기에 일어나고 있을 때, 지식은 언제나 어두운 면이 있다고 여기던 철학자 프리드리히 니체는 어떤 생각을 깊이 하고 있었다. 그 생각은 헤르만 폰 헬름홀츠나 찰스 다윈 같은 동시대인들을 깜짝 놀라게 했다. 비록 『권력에의 의지Willens zur Macht』 저자는 이에 따른 자신의 계획을 더는 상세하게 진행하지 못했지만, 『유고집Nachgelassenen Fragmenten』에 실린 1886년 작품 『거울: 금지된 지식의 철학Der Spiegel. Philosophie des verbotenen Wissens』[39]에서 그 윤곽을 발견한다. 잘 알려져 있듯이 니체는 망치로 깨부수듯이 논쟁을 즐겼고, 생전에 나온 문헌들을 보면 자신이 금지하고자 하는 것을 위협적 어투로 선포하였다. 예를 들어 니체의 마지막 작품 중 하나인 『적그리스도Antichrist』에서 사람들은 다음 구절을 황당함 속에 읽을 수 있다. "과학은 그 자체로 금지된 것이다. 과학만이 금지된다." 니체는 이것이 도덕이라고 여겼다. 여기서 여전히 누가 무엇을 금지하는지는 분명하지 않다.

니체는 태초의 창조 설화까지 돌아간다. "과학은 첫 번째 죄다. 모든 죄의 싹이며, 원죄다." 성서의 금지 명령 "너는 알아서는 안 된다"에서 "나머지" 도덕이 따라 나온다. 격분한 니체는 어떤 근거도 제시하지 않은 채 망치로 두드리듯 독자들에게 이 내용을 주입하려고 한다. 더 불경스럽게 생각하면, 여기서 그 유명한 "모든 가치의 전도"를 볼 수도 있을 것이다.[40] 또다시 니체는 아무 설명 없이 이 "나머지"가 무엇인지 독자들에게 긴급하게 알린다. "생존하고 성공하기 위해서는 모든 사회가 자신의 뿌리와 실제 동기와 활동의 근거를 부정해야 한다."

여기서 나는 고백하고 싶다. 평생 동안 나는 니체의 텍스트와 친해지는 데 어려움을 겪었다. 나의 전문 분야인 자연과학의 관점에서 볼 때, 이 망치를 가진 철학자는 근거가 너무 빈약하고 증명한 것이 거의 없다. 니체의 텍스트는 논거가 있는 주장이 거의 없다. 그의 텍스트는 격언 같은 다양한 규정, 풍부하고 대담한 주장과 거창한 선언들, 그리고 선을 넘는 환상과 용감한 경구들로 구성되며, 자연과학자들이 최선을 다해 얻으려는 섬세한 증거, 무수히 많은 검증, 그리고 사실에 대한 통제된 범위 설정은 니체의 글에 존재하지 않는다. "왜라는 질문에 대한 대답이 빠져 있다"라는 니체의 한탄이야말로 바로 니체 자신의 텍스트에 들어 있는 특징이자 이에 대한 비판이 된다.

다음에 나오는 예들은 그가 도덕적 이유로(여전히 왜?) 금지하기를 원하는 지식과 학문에 대한 니체의 모험적 대처를 묘사한다. 『즐거운 지식Die fröhliche Wissenschaft』(II, 33)에서 니체는 다음과 같이 말한다.[41]

"좋은 관점 혹은 나쁜 관점으로 보느냐에 상관없이, 나는 인간들이 하나의 과제 중에 있다고 늘 생각한다. 그 과제는 전체 인간과 개별 인간 모두 인간종의 보존에 도움이 되는 일을 하는 것이다. 그것도 사실은 그 종에 대한 사랑의 감정 때문이 아니라 인간의 내면에 이 본능보다 더 오래되고, 더 강하고, 고집스럽고 극복되지 않는 것이 없기 때문이다. 이 본능이야말로 우리 종과 무리의 본질이기 때문이다."

이미 이 지점에서 나는 더는 읽고 싶지 않다. 증명되지 않은 이렇게 많은 주장들을 자연과학에 익숙한 내 위장이 견디지 못하는데, 모든 것이 뒤죽박죽일 때 더욱더 그렇다. 구체적으로 말하자면 위의 인용문에는 종족, 종, 그리고 본능과 같이 잘 정의되어 있지만 결코 이해가 쉽지 않은 생물학 개념들이 본질이나 인간 같은 더 복잡한 개념들과 명백히 아무 생각 없이 혼합되어 있다. 같은 쪽에 등장하는 다음 문장에서는 무엇을 시작해야 할까? "증오, 타인의 불행에 기뻐하는 고약한 마음, 약탈욕과 지배욕, 그리고 악하다고 명명된 모든 것들은 종족 보존이라는 놀라운 경제의 일부다. 비용이 너무 많이 들고 낭비가 심하며 전체적으로 매우 어리석은 경제지만, 증명되었듯이 지금까지 우리 종을 부양했다."

자연과학자라면 여기서 머리털이 곤두선다. 기껏해야 명백한 사실일 수 있더라도, 니체는 어디서 확실한 증거에 대해 말할까? 그리고 그가 주장하는 것들은 누구도 결코 증명하지 않았다. 누가 그걸 어떻게 할 수 있었겠는가? 절대 못 한다. 타인의 불행을 보고 기뻐하는 고약한 마음이 인류 발전에서 수행하는 역할을 니체는 어떻게 알게 되었을까? 어떻게, 그리고 무엇을 근거로 니체는 자신의 관점을 제시하나? 또, 자연을 어리석은 경제라고 폄하하고 비난하는 대범함은 어디서 온 것일까?

『즐거운 지식』을 100쪽 정도 계속 읽다가 니체 자신에 대해 어떤 것을 알게 되면, 그에게 점점 더 공감하지 못하게 된다. (II. 215) 즉 니체는 여기서 '지식인의 출신'에 대해 발언한다. 그리고 니체는 지식인을 '실제 삶의 기본 충동'과 연결하려고 한다. 그는 이를 위해 "소위 자기 보존충동 안에서 중요한 것"을 보았던 '폐결핵에 걸린 스피노자'를 소개한 후, 다음과 같은 결론을 내린다.

"현대 자연과학이 스피노자의 가르침에 연루된 것은 (가장 최근에 나온 최악은 사례는 '삶을 위한 투쟁'이라는 이해할 수 없고 편파적인 가르침을 담고 있는 다윈주의다.) 틀림없이 대부분 자연과학자들의 출신 때문일 것이다. 출신을 보면 그들은 '민중'에 속한다. 그들의 조상은 가난한 일반 대중이었고, 생계를 꾸리는 어려움을 아주 가까이에서 알고 있던 사람들이었다. 전체 영국 다윈주의의 주변에는 인구과잉에서 비롯된 질식한 것 같은 공기, 궁핍과 곤궁을 겪는 일반 대중의 냄새가 맴돈다. 그러나 자연과학자는 자신의 인간적 구석 자리에서 빠져나와야 한다. 그리고 자연을 *지배*하는 것은 곤경이 아니라 과잉과 낭비. 그것도 터무니없는 수준까지 다다르는 과잉과 낭비다."

터무니없음은 자연이 아닌 위의 인용문 안에 들어 있다. 다윈이 오늘날 우리가 진화라고 알고 있는 자연선택을 통한 종의 적응을 제안했을 때, 자연과학자가 보기에 니체는 기껏해야 이 다윈의 생각을 거칠고 표피적으로만 이해했음(또는 이해하려고 했음)이 분명하다. 너무도 명백히 니체는 다윈의 출신 배경 정보를 얻으려는 아무 노력을 하지 않았다.

또한 니체는 철학자로서 자신의 과제, 즉 원전을 살펴보고 확인하는 일도 잊어버린 것 같다. 영어 원문에는 가차 없는 'fight for life(삶을 위한 투쟁)'이란 말은 결코 없고, 그보다는 훨씬 친숙한 'struggle for life(삶을 위한 노력)'이라는 표현이 나온다. 즉, 이 단어는 우리 모두가 일상에서 알고 있는 활동이자 기껏해야 '노력하다'로 번역될 수 있는 활동을 뜻한다. "삶을 위한 투쟁Kampf ums Dasein"은 영어 원문과는 잘 맞지 않는 지나친 독일어 표현인 것이다. 심지어 다윈은 무해한 개념 '고생'에 대해 양해를 구하면서, 이 개념을 생명의 상호의존성을 표현하기 위한 은유로만 사용하겠다고 약속했다. 우리 모두는 서로에게 의존하는 존재 아닌가? 니체는 특별히 타인에게 의존하지 않았을까? 니체는 자신의 삶에 대해 다윈이 생각했던 것처럼 쓰지 않았나? 여기서 누가 실제로 편파적인가? 다윈인가? 다윈을 해석하는 니체인가?

달의 뒷면

비록 '과학 연구의 도덕적 한계'를 매우 잘 드러낸 점을 누구도 무시하지는 않겠지만, 프리드리히 니체의 금지된 지식을 다룬 철학을 나는 진지하게 받아들일 수가 없다. 니콜라스 레셔는 이미 앞에서 인용했던 책 『금지된 지식』에서 과학 연구의 도덕적 경계 짓기를 시도했다. 그 책에서 단지 암시된 것, 즉 도덕 차원에서 본 지식의 획득에 대해 여기서 말해보려고 한다. 먼저 레셔의 조언에 주목할 필요가 있다. 전쟁은 너무 중요하기 때문에 장군에게만 맡길 수 없듯이, 과학은 너무 중요하기 때문에 전문가에게만 맡길 수 없다고 레쉬는 말했다. 전쟁의 경우에는 정치가가 필요하며, 과학의 경우에는 심리학자가 필요하다. 마크 트웨인에 따르면, 인간은 달처럼 어두운 면을 갖고 있다. 그곳에 악의 집이 있으며, 그곳에서부터 악이 작동하기 시작한다. 심리학자의 도움으로 이곳을 탐색하려고 한다. 양자화학자 한스 프리마Hans Primas는 『자연과학의 어두운 측면에 대하여』[42] 구체적이고 명확하게 말했다. 그의 책은 물리학자 볼프강 파울리Wolfgang Pauli의 글에서 영감을 받았는데, 파울리는 수십 년 동안 심리학자 카를 구스타프 융Carl Gustav Jung과 교류하면서 인간 이성 덕분에 실현된 과학 및 다른 발전이 초래한 위협에 대해 깊이 사유했었다.[43]

1945년 이후 '원자폭탄과 인류의 미래'에 대해 상세한 논의가 일어났고, 특히 철학자 칼 야스퍼스Karl Jaspers가 같은 제목의 책을 집필했을 때[44], 많은 사람은 지금 독이 든 것처럼 보이는 지혜의 열매를 인간이 계속해서 즐길 수 있을까라는 질문을 던졌다. 이 질문에 대해 단순한 해답을 제공할 수 있다고 야스퍼스는 생각했다. 즉, 인간은 지금까지 *지성* Verstand에 붙잡혀 있었고, 그 도움으로 핵무기 개발에 성공했다. 그러나 이제는 *이성* Vernunft을 생각해야 하며, 이성의 도움으로 지구 위에서 인류의 공동생활을 가능하게 해야 한다.

철학자 야스퍼스와 비교하면 덜 알려진 물리학자 파울리는 야스퍼스와 같은 시대에 이 주제에 대한 더 깊고 넓은 생각을 했다. 파울리가 보기에 인류 역사는 특이하게도 하필 사랑의 종교라는 그리스도교 때문에 피와 불의 연기를 피웠다. 파울리는 이 역사 현상을 C. G. 융에게 보내는 편지에서 심리적 방식으로 설명했는데, 융은 의사로서 파울리와 상담하기도 했었다. 파울리는 그리스도교 설립자를 "모든 대립하는 쌍들을 선과 악, 정신과 물질, 아폴로와 디오니소스로 너무 멀리 떨어뜨려 놓는, 무의식적인 시대 조류의 대표자"라고 불렀다. 그 결과, "그리스도교를 위한 새롭고 특별한 악의 형식들, 즉 종파 전쟁과 종교 탄압이 서구 세계에 생겨났다."[45] 파울리는 자신이 속한 물리학의 기술적 효과가 위협으로 변하는 것을 직접 경험해야 했다. 파울리가 보기에 그 원인은 수학을 바탕으로 하는 자연과학의 전통적 윤리 기초들이 "신뢰를 잃었기 때문이다. 그 기초 뒤에는 권력을 향한 의지가 '그림자'로 서 있고, 그 의지는 점점 더 독립해 나간다." 저 높이 계신 하느님보다 땅 위에 있는 자연에서 더 많은 것을 배우려고 하는 어떤 '본능적 지혜'만이 인류를 구원할 수 있다고 파울리는 결론을 내린다. 즉, 파울리는 인간의 밝은 면보다는 어두운 면에 속하는 '크토닉chthonic의' 지혜에 대해 말한다.(크토닉, 그리스어로는 크토니우스라고 부르며, 그리스 신화에서 지하세계의 신들을 뜻한다. 카를 융의 심층심리학에서는 자연의 영, 자아에 대한 지구적 무의식의 자극을 표현할 때 사용한다 – 옮긴이)

종합하면 베이컨적 의미에서 기술적 실행 능력이라는 생각과 만나는 문제다. 이 지점에서 야스퍼스가 선호하는 이성은 지배 가능성이라는 매력이 이성에서 직접 나올 때만 도울 수 있을 것이다. 그러나 이건 그런 경우가 아니다. 연구자의 창조성과 연구자의 주체할 수 없는 지식 욕구, 그리고 지식 욕구에 속하는 영감을 위한 고투, 착상과 실행을 이해하고 싶은 사람은 인식하는 영혼 안에 있는 태초의 바닥으로 내려가라고 조언하고 싶다. 인간이 무언가를 알 수 있게 해주는 것을 그곳

206

에서 발견할 수도 있을 것이다.

지식이란 인간이 관찰 감각을 통해 모으고 시각적 인지를 통해 인식한 경험적 재료를 개념이나 생각과 연결한 다음, 이 연결을 자신의 관점으로 표현하여 외부에 전달하는 일을 뜻한다. 이 정돈하는 어떤 것을 다리에 비유할 수 있다. 외부와 내부를 연결하는 다리인데, 그 다리 위로 지식으로 가는 길이 뻗어 있다. 이 다리를 파울리는 원형Archetyp에서 인지하며, 카를 융의 심리학에서는 이를 집단 무의식과 이에 따른 모든 인간에게 들어 있는 본보기Muster라고 부른다. 파울리가 생각한 원형은 인간의 지성 안에 내면의 그림을 만들고, 이 그림과 함께 채색하는 관찰과 같은 인간의 생각이 시작되는 것이었다.

여기서 완성된 상징 그림들은 언제나 강렬한 감정적인 내용과 연결되며, 그림들을 응시하게 해주는 그 내용들 안에서 자연과학자들을 매혹하는 매력이 생겨난다. 처음부터, 그리고 낭만주의 시대를 지나오면서 이 내면의 형성은 영감을 주는 영혼의 기능을 충족한다. 근대 과학은 언제나 지식의 확장이라는 실용적 과제를 충족하지만, 깊은 의미에서 인간 자체를 이미 오래전부터 '충족'하지 못한다. 또한, 대중들에게 만족할 만한 통일성을 제공하는 과학적 세계관에 대해서는 거의 말하지 못한다. 과학이 100여 년 동안 내면의 기쁨과 함께 만들어내고 보장해주었던 기술적 안전성 그 자체도 그 사이에 많이 약화되었다. 그리고 인간들이 옛날부터 천둥과 번개 같은 자연 현상 앞에서 느꼈던 두려움이 특히 최근 들어 자연과학을 향하여 발달하고 있는 것처럼 보이며, 그로 인해 인간의 이해에서 자연과학이 너무 손쉽게 배제되고 있는 듯하다.

과학의 기원인 이 미지의 심연이 중요하다. 이 밤의 어두운 면을 관찰하고 "창조의 근원을 통해 나온 이 매혹이 철저하게 의도치 않은 것으로, 즉 근원적 악으로 전환할 수 있음을" 생각하는 게 중요하다. 한스 프리마의 지적이다. 이어서 그는 다음과 같이 주장한다. "어떤 지식이 윤리적으로 *허락되는지* 정해야 한다. 그리고 우리는 **연구할 수 있는 것의 연구를 포기하는 자유를 마련해 두어야 한다.** 살아 있는 세계의 존엄과 미래에 대한 걱정이 연구의 자유보다 위에 있기 때문에, 우리가 과학자들에게 기꺼이 떠맡겨버리는 것과는 달리 과학의 정당성은 결코 당연하지 않다. 책임 있는 과학은 자연 연구의 청산을 강요하지 않는다. 그러나 창조와 악마의 힘이 동시에 움트는 곳인 무의식의 비밀스러운 현실을 다루는 지식이 필요하다."[46]

그렇다면 또 지식의 금지인가? 아니다. 과학의 어두운 면은 이 인간 모험의 본질에 속하며, 무의식으로 들어가는 입구를 폐쇄하면 이 전체 프로젝트를 죽여버리게 될 것임은 너무 분명하기 때문이다. 이 일은 필수적인 과제다. 그늘에 자신을 세우고 그곳에서 생길 수 있는 자극을 긍정적으로 이용하는 일이며, 쉽지 않고 위험하지만 해볼 만한 가치가 있는 작업이다. 기술 진보에 대한 현대의 불편함(환경파괴, 생물종의 멸종, 핵에너지의 잔존 위험, 기후변화)과 대중의 분노 대부분은, 의식의 빛으로 인식하기도 전에 능동적이고 효과적으로 자신의 진면목을 드러내는 과학과 관련이 있는 건 아닐까?

그러나, 여전히 지적해야 할 점이 있다. 과학자들 가운데 자신들의 집단적 활동에 있는 이런 실제로 존재하고 작동하는 비이성적 그림자 측면을 이야기하는 사람은 드물다. 틀림없이 과학자들은 자신들의 작업에 존재하는 이런 어두운 측면을 기꺼이 완전히 무시할 것이다. 칭찬할 만한 예외를 프랑스 생물학자 프랑수아 자코브François Jacob가 보여주었는데, 자코브는 유전자 조절에 대한 새로운 발견으로 노벨의학상을 받았다. 자서전에서 자코브는 유감스럽게 많은 이들이 당연하게 받아들이는 사실을 한탄한다. 과학이 "한번 인정받고 교육의 재료가 되고 나면" 또한 어떤 상실을 겪게 되는데, "과학에서 출현한 너무도 차가운 기술처럼 되기 때문이다." 그래서 과학은 사람도 차갑게 하는데, 특히 과학에서 무언가를 가진 사람들뿐만 아니라 과학의 무언가를 경험하려는 사람들, 예를 들어 과학이 자신의 목적에 도달하는 방법을 경험하려는 사람들도 차갑게 만든다. 과학이 어떻게 "밤의 학문"에서 나와 발전하게 되었는지를 많은 관찰자들은 기꺼이 알게 될 것이다. "밤의 학문"은 자코브가 붙인 명칭이다. 새로운 지식으로 가는 길에서 필요한 정착지를 갑자기 찾을 때까지 어떤 눈먼 실수로 길을 헤매게 되고, 끊임없이 놀라움 속에 땀을 흘리며 고생할 수 있는지를 그는 자신의 작업을 통해 알게 되었다.[47]

연구자들은 자신들의 결과를 발표할 때 바로 이 용감한 암중모색과 무력한 희망을 부인한다. 그저 능숙한 미사여구로 진리로 가는 자신들의 길을 묘사할 뿐이다. 과학자들이 이 밤의 측면을 감출 때, 심지어 그들은 그 유명한 문장을 호출할 수도 있다. 이 문장은 루드비히 비트겐슈타인Ludwig Wittgenstein의 책 『논리철학논고Tractatus logico-philosophicus』 결론에 나오며, 발표 이후 엄청난 영향을 미쳤다. "말할 수 없는 것에 대해서는 침묵해야 한다." 이 문장이야말로 특히 과학의 정신에 상당한 영향을 미친 통찰이었다. 그 영향은 오늘날 다양한 형식으로 감지되며, 이성으로부터의 도피를 이끈다. 이 도피는 이해할 만하지만, 지나치게 진부하다.

이를 바꾸기 위해 철학의 금지목록에도 불구하고 과학의 비합리성에 대해 말하기 시작해야 한다. 왜냐하면, 이 작업은 이성이라는 차가운 빛에서 완성되고 관찰될 수 있는 것만으로는 지속되지 못하기 때문이다. 바로 과학의 어두운 원천에 대해 알릴 필요가 있다. 이 어두운 원천은 합리성의 원천 옆에 존재하며, 합리성보다 먼저 인간 안에서 샘솟고 드러나려고 한다.

그리고, 또 하나 더 있다. 원자폭탄이 떨어지고 자연환경이 파괴된 이후에 합리성을 선한 것으로, 불합리성을 악한 것으로 보는 관점은 더 이상 불가능하다. 악을 선호하는 것은 오히려 합리성이다. 선을 위한 비합리성을, 즉 정신의 밤 측면과 전체에 대한 느낌을 인간 안에서 혹은 인간으로부터 활성화하는 일은 금지된 지식이 없는 온전한 자연과학을 실현하는 데 도움을 줄 것이다.

특이한 결론: 스위스의 번호계좌

스위스 번호계좌라는 이름은 예금주의 이름을 번호나 가명으로 대신하고, 금융 거래를 할 때도 그 번호나 가명을 사용하는 데서 나왔다. 이 번호계좌 제도는 2004년부터 새로운 법의 적용을 받고 있는데, 이제 번호 혹은 가명 예금주는 은행에 자신의 실명을 밝혀야 한다. 물론

이 정보는 은행만 알고 있으며, 계좌에 입금된 돈의 출처가 불법적이거나 어딘가에서 범죄를 통해 획득되었다는 혐의가 없는 한 은행은 이 개인 정보를 공개하지 않고 비밀로 유지할 수 있다. 전 세계에서 스위스 은행은 비밀의 보증인으로 여겨진다.

반면 이 계좌를 비판하는 사람들은 꾸준히 증명된 역사적 사실을 제시한다. 유감스럽게도 주로 아프리카와 아시아의 국가지도자들이 자행한 거대한 약탈의 흔적이 최근에도 꾸준히 스위스 거대 은행의 번호계좌와 취리히에 있는 요란스러운 은행 지점들로 흘러간다는 것이다. 투자자가 익명 원천징수anonyme Quellensteuer를(독일인이 유럽 안에 있는 다른 나라에 은행 계좌를 개설하고 이자 소득이 생기면, 그 나라는 그 소득에 대한 세금을 원천징수하고 독일에 예금주와 세금액을 통보한다. 다만 스위스를 비롯한 몇몇 나라는 원천징수 사실을 독일에 통보할 때 예금주를 익명으로 한다 – 옮긴이) 결정할 때 번호계좌의 장점이 있다. 은행계좌 뒤에 회사가 있으면 세금이 감면되기도 한다.

은행 안내서에 따르면, 번호계좌 개설은 굉장히 쉽다. 아름다운 추가 문장도 안내서에서 읽을 수 있다. "신용도가 전제됨." 다음 문장도 안내서에 들어 있다. "스위스 익명 계좌는 몇몇 범죄소설가의 상상에만 존재합니다." 몇몇 은행에서는 계좌를 개설하기 위한 최저 예금 조건이 있는데, 필요한 최소한의 예치금이 10만 스위스 프랑을 훨씬 웃도는 것으로 추정된다.

한 가지 더 지적할 게 있다. 번호계좌는 감시받고 있다. 그리고 스위스와 독일이 맺은 협정에 따라 예금주는 독일에서 세무당국에 신고할 때 자신의 계좌 수익을 더는 누락해서는 안 된다.

[5장]

인간에 대해
알지 못하게 하라

VERBOTENES WISSEN VOM MENSCHEN?

오스트리아 출신의 생화학자 에르빈 샤르가프Erwin Chargaff가 1980년
한 인터뷰에서 분명하게 밝혔듯이, 과학 발전의 "속도는 19세기 후반
에 가속되었다." 그러나 샤르가프는 이 발전을 환영하지 않고 안타까
위했다. 현대 과학의 경멸자로서 당시에 미디어 곳곳에 출연하던 샤르
가프는 특히 자연과학자들이 성찰 없이 자연으로 점점 더 깊이 진입하
는 그 속도를 비판하려고 했다. 그러나 그 속도 덕분에 19세기 후반 이
후 처음으로 국가가 요구하고 크게 장려했던 인간에 관한 지식이 늘어
났다.[1] 19세기 말의 엄청난 속도의 증가에도 과학의 역동적 성장은 샤
르가프의 생각대로 "인간적 비율"을 오랫동안 유지하였다. 양차 세계
대전을 겪는 동안 과학은 정치 논쟁에 격렬하게 개입했으며, 연구자들
은 군사적 투쟁에 크게 기여했다. 그럼에도 인류는 "새롭게 발견되거

나 발명한 것들에 서서히 적응할 수 있는" 충분한 시간을 여전히 찾아냈다. 그러나 샤르가프가 강조했듯이 20세기 후반에 들어 모든 것이 갑자기 바뀌었다. 바로 "핵분열과 유전자 화학"때문이었다. 샤르가프는 이 변화를 이렇게 표현했다. "이렇게 말할 수 있을 것이다. 두 가지 사례는 핵의 조작 및 남용과 관계가 있다. 즉 원자핵과 세포핵 때문이다." 이 표현은 당시 빈번하게 인용되었다. 그리고 핵에너지의 유출과 생명의 유전 요소들과 인간 유전자에 영향을 주고 장악하는 일 가운데 인류 문명에게 무엇이 더 나쁜 결과를 가져올지 샤르가프는 규정하지 않았다. 샤르가프는 자신이 살고 있는 동안 과학은 결백을 잃어버렸다고 한다. 그리고 접근해서는 안 되고 금지 명령을 붙여 놓아야만 했던, 숨겨져 있는 게 더 좋았을 지식이 획득되었다고 한다. 특히 샤르가프는 자기 동료들인 분자생물학자들이 유전 지식을 이용하지 않기를 바랐다. 샤르가프는 그들의 실험 과정을 자격증도 없이 화학을 실행하는 일이라고 불렀고, 이를 막고 싶어 했다.

책임의 원칙

샤르가프가 위에 인용된 인터뷰를 하던 때에, 생명과학자들은 극적인 발전으로 흥분했던 1970년대를 보내고 있었다. 1970년대 초에 생물학자들은 처음으로 세포핵에 있는 유전물질에 직접 개입하였다. 1970년대 말에 의사들은 '체외 수정'이라고 부르는 기술, 즉 '시험관 아기'를 낳는 과정에 성공했다. 의심의 여지 없이 1970년대에 생명과학은 거대한 변환점에 있었고, 이전에 물리학과 원자 위에 드리워졌던 그늘이 이제 생명과학과 유전자 위에서도 볼 수 있게 되었다. '조작Manipulation'이라는 용어에서 바로 알아차릴 수 있듯이 생물학의 새로운 지식과 능력을 표현하는 단어조차 그 그늘을 연상시킨다. 샤르가프가 이 조작이란 개념을 즐겨 사용하였다. 원래 인간의 용기를 표현하고, 뭔가를 자기 손에 들고 있다는 뜻의 라틴어 **마니부스**manibus에서 온 이 단어는 칭송할 만한 어떤 것을 표현하는 단어였지만, 갑자기 금지된 개입을 뜻하는 '조작'을 의미하게 되었으며, 어떤 임의적이고 독단적인 것과 연관된 개념이 되었다. 이전에는 자랑스럽게 제시했던 것을 이제는 두려워하게 되었다. 실제로 1970년에 많은 사람은 유전자 기술과 함께 과학은 너무 멀리 갔고, 어떤 성스러운 것의 보호를 받고 그렇게 계속 유지되어야 하는 생명의 내면에까지 과학이 돌진했다고 생각했다. 1903년 독일에서 태어난 미국 철학자 한스 요나스Hans Jonas는 1986년 한 심포지엄 때문에 독일을 방문했다. 프랑크푸르트에 있던 회흐스트Hoechst 주식회사가 요나스를 초대했다. 이 자리에 모인 많은 청중들에게 요나스는 1979년에 처음 『책임의 원칙Das Prinzip Verantwortung』이라는 제목으로 출판했던 『기술문명을 위한 윤리 시도 Versuch einer Ethik für die technologische Zivilisation』를 소개했다. 대다수 청중에게는 계몽의 그림자 안에서만 이해될 수 있는 한 문장이 기억에 남았다. "우리는 신 없이, 그리고 성스러움에 대한 두려움 없이 다시 공포와 떨림을 배워야 한다."² 계몽이라는 용기는 더 이상 중요하지 않으며, 이제 경외와 움츠림을 '다시 배워야' 하는 것으로 인정받았다. "과

거의 인간 및 현재의 인간에 대한 경외감, 그리고 미래의 인간과 기획된 미래의 가능성으로 우리를 보는 일로부터 두려워하며 물러서는 일"이 중요하다고 요나스는 생각했다. 요나스에 따르면, 성스러움은 인간이 "현재를 위해 미래에 손상을 입히려고" 유전자 정보 조작에 개입하는 일을 막아야 한다. 여기서 성스러움이란 "어떤 경우에도 손상된 것으로 드러나지 않는 어떤 것"을 말한다. 윤리학자 요나스는 모든 지식과 행위의 실제 목적이 "인간성의 위축 없는 인류의 번영"임을 상기시켰다. 비슷한 걱정으로 가득한 생각을 니콜라스 레셔에서도 찾을 수 있다. 레셔는 같은 해에 요나스와 같은 확신을 보여주었다. 즉, 인간이 다루어서는 안 되는 정보와 지식이 있다는 것이다. 심지어 "불확실의 안개", 즉 무지의 장막은 삶의 일부이며, 그 장막의 사라짐은 인간에게 다른 실존 양식을 야기할 것이라고 레셔는 강조한다. "우리에게 아마도 천사와 같은, 혹은 아마도 기계와 같은, 그러나 결코 인간과는 닮지 않은 삶을 허락할 것이다."[3]

그러나, 사실 위에서 언급된 인간 실존 양식에 대해 그렇게 걱정할 필요는 없다. 이 세상에 존재하는 비밀, 그리고 그 비밀과 함께 하는 불확실의 안개는 세상에 여전히 머물기 때문이다. 당연히 근대 유전진단법 등을 이용하여 이 무지의 장막을 가능한 한 빨리 걷어내려는 많은 시도가 있다. 특별히 바이에른 주는 그리스도교적이라고 위장된 감시체계를 갖추기 위해 노력한다. 과학 학술지 《사이언스Science》의 2018년 5월 25일자 841쪽 보도에 따르면, 바이에른 주의 정치가들은 최근에 인간 유전자에서 무엇을 볼 수 있는지를 알고 싶어 한다. 바이에른 주 경찰에게 과학 수사를 목적으로 수집된 DNA에 대해 어떤 테스트가 허락되었다. 공동선에 위험한 인물로 보이는 사람이 있을 때는 언제나 이 테스트를 통해 그 사람의 출신 지역, 머리색, 피부색, 눈동자색, 그리고 심지어 나이에 대한 정보를 유전자 분석을 통해 얻으려고 한다. 전문가들은 이를 유전자 표현형 분석DNA Phenotyping이라고 부르는데, 이 분석은 '유전자 지문'을 훨씬 넘어서고 경찰에게 훨씬 많은 교육을 요구한다. 이 분석 과정이 얼마나 정확하고 믿을 만한 목적에 도달할 수 있는지, 그리고 여기서 나온 증거가 목격자 같은 다른 정보들에 비해 어떤 무게를 지닐 수 있는지 아직까지 분명하지 않음을 새삼 강조할 필요는 없다. 어찌 되었든 무지의 아름다운 장막을 들어 올리는 미풍이 바이에른에서 불어오면서, 소위 벌거벗은 개인들이라는 유혹적 전망이 관계당국에게 열릴 것처럼 보인다.

이 지점에서 다시 한 번 유전공학의 초기로 돌아가 보자. 초기부터 많은 윤리학 교수들이 생물학자들에게 놀랍도록 장황한 의무를 요구했는데, 대중의 관점에서도 무시하기 힘든 이런 소동이 어떤 지식과 어떤 개입 가능성 때문에 생겨났는지 여기서 묻는 건 가치가 있다. 그들은 적대적인 태도를 취했으며, 오늘날까지도 많은 영역에서 그런 적대적 태도를 분명하게 느낄 수 있다. 특히 유전공학을 식품에 이용하는 문제가 중요했다. 유전자 변형 식품이 슈퍼마켓에서 제공되어도 되는지, 또는 유전자 변형 옥수수나 토마토 같은 식품들이 소비자들에게 위험을 주지는 않는지, 이런 농산물 판매는 금지해야 하는 건 아닌지 같은 질문들이 제기되었다.

보덴 호수 근교 린다우에서 열리는 노벨상 수상자 회의가 2018년 여름에도 개최되었다. 2018년 회의 강연자 절대다수는 강조하였다. 지난 20년간 콩을 비롯한 많은 종류의 유전공학 변형 식물들이 재배되고 소비되었지만, 그동안 유전기술 때문에 생긴 어떤 선천적 혹은 후천적 위험도 알려진 바가 없으며, 단 한 사람도 피해를 경험하지 않았다는 것이다. 그린피스 같은 녹색 유전기술의 반대자들은 새로운 식품을 생산할 때 과학의 도움을 받는 일을 대체로 거부한다. 그러나 이들은 이 거부의 과학적 근거를 오래전부터 더는 제시하지 못하고 있다.

그럼에도 그들은 유전공학이 낳은 한 생산물에 계속해서 반대하는데, 이 작물은 오래전부터 존재했고 마침내 치료 효과의 발휘를 기대할 수 있는 작물이다. 이 작물은 바로 '황금쌀'이다. 이 식물은 세포 안에서 초기에 비타민 A를 생산하도록 변형되었는데, 비타민 A는 인간의 눈이 빛을 제대로 수용하여 세계를 보기 위해서 특별히 필요한 분자다. 세계 보건 기구WHO에 따르면, 전 세계에서 2억5천만 명이 시력을 상실할 수 있는 비타민 A 결핍에 시달리며, 해마다 저개발국가에서 어린이 50만 명이 시력 상실 때문에 목숨을 잃는다. 사망자 대부분은 태어난 지 1년이 안 된 아기다. 황금쌀로 지은 밥 한 그릇이면 하루 필요한 비타민 A를 공급할 수 있으므로 그들의 시력도 구할 수 있을 것이다. 그린피스는 근본적인 이유로 황금쌀 재배를 원하지 않는다. 유전기술을 결코 원하지 않기 때문이다. 원하면 그냥 거기서 죽으라는 식이다. 그린피스와 유전공학 반대자들은 실제로 오래전부터 이 구원의 쌀 재배를 막는 데 성공하고 있다. 린다우에 모인 많은 노벨상 수상자들이 공동명의로 환경운동가들에게 편지를 보냈고, 그 편지에서 물었다. "우리가 이 일을 인류에 대한 범죄로 인식하기 전에 얼마나 많은 가난한 사람들이 지구에서 죽어야 하는가?"[4] 건강과 세계 식량 지원을 중요하게 여기는 연구자들이 얻어낸 지식을 배우는 일은 그린피스에게 금기가 아니다. 그러나 생명에 대한 책임을 회피하고 아이들의 죽음에 대한 짐을 덜기 위해 자신의 모습을 결코 보여주지 않는 악마를 호출하는 일은 그린피스에게 금지되어야 한다.

생물학의 원자

기억하기 위해 정리해보자. 오늘날 유전공학으로 표현되는 활동은 1973년에 처음 묘사되었다. 현대 유전학 역사의 소위 유일한 정점에 도달한 지 20년이 지난 시점이었다. 이 정점이란 1953년 유전자를 구성하는 물질 구조를 해명했던 DNA의 이중 나선 구조 발견을 뜻한다.[5] 미국인 제임스 왓슨James Watson과 영국인 프랜시스 크릭Francis Crick이 이 발견을 발표했다. 이 발표로 두 사람은 세계적 명성과 명예, 그리고 돈을 얻었지만, 앞에서 인용되었던 샤르가프는 어둠 속에서 원통해 했다. 약간의 과학적 환상이 있었다면 샤르가프가 이 아름답고 우아하게 뻗어 있는 이중 나선 구조에 처음 도달할 수 있었을 것이다. 왜냐하면 샤르가프는 자신의 (화학) 지식 덕분에 1952년에는 두 사람보다 훨씬 더 앞서 있었기 때문이다. 그러나 아인슈타인이 말했다고 전해지는 격언처럼 대부분 제한된 상태에 머무는 지식보다 경계를 넘어서는 환상이 더 중요하다. 그렇게 샤르가프는 이중 나선 구조에 수여된 노벨상을 놓쳤으며, 영예와 큰 존경, 그리고 곧이어 따라오는 부를 이 두 사람에게 (토막 이야기 '실험실에서의 금지된 지식' 참고) 넘겨주어야 했다. 처음에는 샤르가프로부터 공개적으로 무시를 당했으며, 여러 연구소를 전전하는 떠돌이 신세였던 두 사람의 처지가 이렇게 달라졌다.

이중 나선을 찾아가는 과정에 있었던 두 사람의 특이함이 하나 있다. 크릭이 말하고 왓슨이 특별히 주의를 기울였던 사항인데, 그들은 어떤 특정한 지점에 이르러 새로운 데이터, 새로운 지식을 더는 모으지 않고, 대신 적절한 아이디어를 위해 충분한 시간을 가지려고 했다. 이는 정보의 내용뿐만 아니라 정보가 가리키는 방향도 숙고했음을 의미한다. 더 분명하게 표현하면, 인류에게 축복의 이중 나선을 선물한 위대한 창조 행위는 (특정한 기준을 넘어서는) 더 많은 지식을 스스로 어느 정도 금지했기 때문에 가능했다.

실험실에서의 금지된 지식

우아하고 전설과 같은 이중 나선 구조는 여러 과정과 역사를 거쳐 마침내 1953년 2월에 발표되었다. 그 과정에 대해서는 많이 알려져 있다. 그러나 그 연구 작업을 그렇게 빛나게 했던 게 무엇인지 금지된 지식이라는 기준으로 새롭게 조명해 보는 것도 가치 있는 일이다. 당연히 과학자들은 진실을 추구하지만, 그들 또한 자신의 이름을 널리 알리고 하나의 발견에 자신의 이름을 붙이는 데 흥미를 갖는다. 그래서 과학자들은 새롭게 얻은 연구 결과가 다른 사람들, 특히 경쟁자의 손에 넘어가는 일이 없도록 주의를 기울인다.

　1950년대 초, 거대 분자의 구조 연구는 영국 연구소들의 중심 주제였다. 분자 연구 방법과 주체는 연구소장들이 분배했는데, 여기서 특히 미국의 경쟁자보다 먼저 목표에 도달하는 게 연구 작업 책임자들의 책무였다. 그럴 때 많은 연구 비용을 영국 정부에 납득시킬 수 있었기 때문이다. 이를 위해 두 가지 규칙이 적용되었다. 첫째 어떤 정보도 미국에 가게 해서는 안 되고, 둘째, 내부 금지 규정을 통해 비밀 유지를 더욱 강화했다. 즉, 특정 분자들은 오직 이 분자 연구를 위해 선택된 사람과 허락된 도구를 통해서만 진행되어야 했다. 1953년에 나선 구조로 엄청난 바람을 일으켰고 나중에 DNA라는 이름으로 유명하게 된 물질은 원래 로잘린드 프랭클린Rosalind Franklin의 책임 영역에 속했는데, 연구에 큰 진전이 있었던 프랭클린은 실험을 통해 얻은 지식을 조심스럽게 보존하고 숨겼다. 구체적으로 그 지식은 DNA 결정체를 찍은 뢴트겐선 사진을 뜻한다. 로잘린드 프랭클린은 이 사진을 51번이라고 불렀는데, 어느덧 이 사진이 유명해져 안나 지글러 Anna Ziegler가 쓴 희곡 『사진 51Photograph 51』도 있다. 이 사진은 십자가 모양을 보여주는데, 이 십자가 모양에서 상상력이 풍부한 한 전문가가 복사된 물질 구조에 대한 중요한 추론을 할 수 있었고, 그 추론에서 결국 이중 나선으로 가는 길이 열렸다. 그리고 노벨상으로 가는 길도 개방되었다. 프랭클린 여사는 이 사진을 혼자 간직하고 나중에 작업하려고 했다. 이 사진에 나오는 지식을 통해 무엇이 상세하게 증명될 수 있고 어떤 추가 연구가 가능한지를 이후에 알아보려고 했던 것이다.[6] 그러나 당시 25세였던 제임스 왓슨은 그녀의 연구소를 방문했을 때 서랍에 보관된 채 비밀로 유지되고 있던 사진에 금지된 시선을 던졌다. 자신에게는 사실 금지되어 있었던 지식을 갑자기 얻게 된 후 왓슨은 이를 크릭에게 알렸다. 그 후 두 사람은 그 사진에 기초하여 풍부한 상상력으로 이중 나선을 구상했으며, 20년이 지난 후 유전공학자들이 자신들의 손에 그것을 올려놓고 자세히 관찰할 수 있게 되었다. 이렇게 DNA 분자 안에 들어 있던 지식이 그들에게 서서히 모습을 드러냈다. 나중에 샤르가프는 그 지식을 기꺼이 금지하고 싶어 했다.

왓슨과 크릭의 기여를 너무 과소평가하며 자신들이 생산하지도 않은 타인의 정보를 부지런히 수집한 그들을 경멸하기 전에, 그들의 비범함을 보여주는 사건을 또 하나 보자. 왓슨이 사진 51번을 본 후, 두 사람은 갈망하는 목표에 도달하기 위해 여전히 놀라운 어떤 일을 수행해야 했다. 그들은 화학 교과서에 실려 있는 지식 하나를 오류라고 폭로하고 수정해야 했다. 이 일을 위해 두 사람에게 엄청난 용기가 필요했다는 걸 새삼 강조할 필요는 없다. 두 사람 모두 당시에 정규 일자리가 없었기 때문이다. 두 사람 모두 자신들이 비참하게 실패할 수도 있다는 것을 잘 알고 있었다. 그럼에도 과감한 결단을 금지하지 않았다.

크릭은 원래 물리학을 공부했고 2차 대전 때 기술자로 복무했었다. 초기 듬성듬성하게 출발하다가 1940년대에 급격하게 성장하는 분

자생물학 전체 역사를 살펴본 사람은 이 새로운 생명과학은 생물학이 아닌 물리학의 작품이라고 말할 수 있다. 여기에는 두 가지 이유가 있다. 첫째, 원자폭탄의 제조와 투하 이후 많은 물리학자들이 물리학을 떠나 서서히 발전하고 있던 유전 연구로 전환했다. 둘째, 유전 연구 분야는 연구가 가능한 생명의 원자 같은 것을 이들에게 제공해주었다. 생명의 원자 같은 것은 유전인자를 가리키는데, 20세기 이후에는 이 유전인자를 유전자라고 부르게 되었으며, 1935년 이후에는 이 유전자가 원자들의 결합체라고 이해하게 되었다. 노벨물리학상 수상자인 에르빈 슈뢰딩거Erwin Schrödinger는 1940년대 초에 『생명이란 무엇인가?Was ist Leben?』라는 책을 펴냈는데, 이 책에서 슈뢰딩거는 동료들에게 생명의 이 핵심 요소를 열심히 연구하자고 제안했다. 2차 세계대전이 끝난 후 그렇게 원자가 지금까지 수행했던 그 역할을 유전자가 넘겨받았으며, 1950년대와 60년대에 생물학의 이 원자가 완전히 새로운 관점에서 생명을 보여주었을 때 사람들은 유전 과정의 완전한 이해를 꿈꾸기 시작했다. 그러나 그때 언제나 존재하고 등장할 수밖에 없는 '달의 어두운 면'이 출현했다. 즉, 유전 형질에 개입하고 바꿀 수 있다는 유전 지식의 어두운 면이 등장했던 것이다.

유전자에 개입하기

처음에 연구실에서 유전공학을 연구하는 사람은 없었다. 그러나

1970년에 처음으로 유전기술로 생각되는 과정을 만났고, 세포 안에 있는 유전물질에서 유전자를 잘라내고 다른 세포에 이식하거나 새로운 환경에서 작동시키는 일을 생물학자들이 서서히 배우게 되었다. 이런 과정을 거치면서 책임감 있는 생물학자들은 스스로 자신들의 지식과 능력에 두려움을 갖게 되었다. 그래서 그들은 학계와 일반 대중들을 유전자 지식의 결과에 관한 토론에 참여시켰다. 유전학자들이 걱정속에 최소한 규제하거나 심지어 금지하고 싶었던 것은 예컨대 한 바이러스 유전 정보의 전달이었다. 인간의 장에 편안하게 거주하고 있는 한 세균 안에서 이 바이러스는 종양과 암을 유발할 수 있다. 당시 분자생물학은 지식이 많이 부족했고, 암유전자의 발견까지는 몇 년이 더 걸렸다. 그러나 생명을 위험하게 만드는 정보를 무해한 세포에 침투시키는 일은 금지해야 한다고 연구자들은 너무도 확신했다. 특정한 실험들은 금기시해야 했으며, 금지의 대상이 공적인 토론에서 설명되기를 이 바이러스를 걱정하던 유전학자들은 희망했다.

언급한 내용들이 준비되고 일반 대중이 필요한 지식을 획득하는 데는 어느 정도 시간이 걸렸지만, 그 이후 인간 유전자에 대한 많은 관심과 다양한 관점이 생겨났다. 1970년대 중반에 연구자들은 위에서 언급했던 위험, 즉 친절한 장의 동거자가 종양유전자를 전달하는 죽음의 매개체로 변하는 위험 이외에도 박테리아에서 나온 유전물질이 쥐나 인간 세포에 전이될 가능성에 불안해했다. 이런 전이 과정은 자연의 경계를 넘어서는 일이라고 그들은 생각했다. 이 자연의 경계란 세포핵이 없는 원핵생물과 조심스럽게 보호받는 세포핵이 있는 진핵생물, 즉 유기체 사이의 경계를 말한다. 이 경계는 진화 과정에서 생겨났고 생명에 매우 중요한 요소다. 진핵생물의 세포핵 안에 바로 유전자가 들어 있다. 유명한 분자생물학자이자 캘리포니아 산타크루즈대학교 총장으로 일하고 있던 로버트 신샤이머Robert Sinsheimer는 1978년에 미국 예술 과학 아카데미American Academy of Arts and Sciences에서 발행하는 학술지《다이달로스Daedalus》에 '과학적 탐구의 경계'를 다루는 논문을 실었다. 신샤이머는 이 논문에서 다음 질문을 던졌다. "'금지된', 또는 내가 선호하는 표현인 '불편한' 지식은 존재할 수 있을까?"[7] 이 논문에서 그는 이 질문에 명쾌하게 대답하지 않았다. 오히려 그는 긍정과 부정 사이를 배회하였다. 그리고 신샤이머는 이 질문에 자신이 어떤 자격으로 대답해야 하는지 결정할 수 없다는 것을 잘 알고 있었다. 개인과 연구자 사이에서 결정하지 못했던 것이다. 몇 년이 지난 후, 신샤이머는 자신의 대학에서 어떤 계획의 실현 가능성을 다루는 워크숍을 처음으로 조직했다. 향후 엄청난 논란을 가져오게 될 계획, 바로 인간 게놈 프로젝트에 대한 워크숍이었다.

인간 제조

신샤이머는 자신의 연구에서 유기체 제국의 국경과 월경 금지를 규정하거나 최소한 제한하고 싶어 했다. 경계와 관련된 이런 시도를 평가하기 위해 과학사에 눈을 돌려보는 건 가치 있는 일이다. 예컨대 1810년대를 참고할 수 있다. 이 시기에 화학자 프리드리히 뵐러Friedrich Wöhler

는 동료들이 무기체로, 즉 생명에 속하지 않는 것으로 규정한 물질인 시안산안모늄을 시험관에서 유기 물질인 요소로 변환하는 데 성공했다. 당시 사람들은 요소를 만드는 데 신장이 필요하다는 게 확고한 지식이라고 믿고 있었다. 당시 연구자들은 유기물과 무기물 사이의 경계를 본질적이고 바꿀 수 없는 것으로 여겼다. 그래서 괴테를 포함한 뵐러의 동시대인들은 이 결과를 보고 엄청나게 놀랐다. 그들은 이로써 인간 제조의 길이 열렸고, 가능할 것으로 생각했으며, 그 길의 끝에 화학자가 있을 거라고 생각했다. "인간이 제조된다." 『파우스트Faust』 2부 2막의 연구소 장면에 나오는 한 구절이다. 여기서 괴테와 당시 주변 환경은 이 책 앞부분에서 언급했던 인간 창조라는 연금술 같은 꿈에 여전히 묶여 있으려고 한다. 오늘날 관점에서 보면 이런 생각은 웃음을 자아낸다. 분자 하나를 겨우 만들어놓고 인간을 갖게 되었다고 생각한다. "인간을 만들기 위해서는 시간이 필요하다." 괴테는 『파우스트』 2부에서 이렇게 말하지만 누구도 이를 귀담아듣거나 알려고 하지 않았다. 사람들이 얼마나 아는 게 적은지 당시 사람들은 그저 몰랐었다. 그리고 오늘날 캘리포니아에 있는 사람들도 얼마나 아는 게 적은지 여전히 모르고 있는 게 틀림없다. (토막 이야기 '프랑켄슈타인' 참고)

『프랑켄슈타인』 1817/18년 초판

인조인간 혹은 인조인간 제작자에 대해 이야기할 때 프랑켄슈타인이라는 이름을 떠올리는 데 많은 시간이 걸리지 않는다. 금지된 지식의 문화사를 다룬 자신의 책 『금기Tabu』에서 로저 샤턱Roger Shattuck은 메리 셸리Mary Shelley의 소설을 괴테의 『파우스트』에 대한 대답으로 이해할 수 있다고 생각한다. 이 책의 제목은 『프랑켄슈타인: 또는 현대의 프로메테우스Frankenstein - Or The Modern Prometheus』이며, 흔히 프랑켄슈타인이라는 이름으로 세상에 알려져 있다. 파우스트와 프랑켄슈타인 두 사람 모두 살인을 저질렀으며, 두 사람 모두 지식을 얻는 일은 위험할 수 있다고 생각한다. 프랑켄슈타인에 대해 말할 때 유의할 점이 하나 있다. 많은 사람은 프랑켄슈타인을 할리우드 영화 속 등장인물처럼 끔찍한 괴물이라고 생각한다. 그러나 소설 속에서는 완전히 다른 모습으로 나온다. (빅터) 프랑켄슈타인은 인조인간이 아니라 육체와 피에서 인간을 만든 바로 창조자다. 소설 속에서 창조자 프랑켄슈타인은 자신의 창조물에게 이름을 부여하지 않으며, 그 외형에 대해서도 신경 쓰지 않는다. 그렇지만, 어떤 경우에도 그는 창조물을 일부러 혐오스럽게 만들지 않는다. 잘못 이름이 붙여진 프랑켄슈타인은 무시무시한 괴물로 보이기 위해 거대했던 게 아니다. 단지 제작자 빅터 프랑켄슈타인이 19세기 초 기술을 이용할 때 거대한(투박한) 조각들로 작업하기가 쉬웠기 때문이다. 그 밖에 빅터 프랑켄슈타인의 창조물은 결코 부도덕하지 않았고, 오히려 자신이 한 행동 때문에 고통받는다. 그는 자신의 미숙함에 직접 용서를 청한다. (그러나 그 미숙함이 자신의 창조자에게 도움을 줄 수 있다.) 인간 제조자 빅터 프랑켄슈타인은 미친 사람이 아니며, 자신의 운명을 원망하는 한 인간이다. 왜냐하면, 그가 생각하기에 마땅히 받아야 할 공공의 존경이 부족했기 때문이다. 프랑켄슈타인은 자신에게 감사함을 표할 줄 아는 인조인간을 창조했으며, 소설에서 다뤄지고 있는 이 동기는 할리우드를 위해서라도 알아야 한다.

1818년에 매우 어렸던 이 소설의 작가 메리 셸리는 생물리학에 빠져 있었는데, 당시 생물리학은 동물의 몸 안에서 전기 신호를 증명할 수 있었다. 이 증명으로 또 다른 경계의 넘어서는 시도를 할 수 있었는데, 즉 전기를 실험실의 전기 장치에서 살아 있는 육체의 신경 작용으로 전이하려고 했던 것이다. 그 밖에 메리 셸리는 생명과 관련된 물리적 전기의 기능에도 대단히 큰 흥미를 보였다. 즉, 물리적 전기로 죽은 물질에서 새로운 생명을 만들 수 있는지, 심지어 의식도 불러올 수 있는지라는 질문에 큰 관심을 보였다. 셸리는 연구자들에게 이 지식을 획득하라고 격려했다. 동시에 연구의 결과를 생각하라고, 그리고 동료 인간들에게 등을 돌리지 말고 그들에게 관심을 가지라고 훈계했다. 1831년에 메리 셸리는 초판이 나온 지 채 20년이 되지 않았던 『프랑켄슈타인』의 세 번째 개정판을 출판했으며, 이 세 번째 판에서 셸리는 인간 육체가 단순한 도구로 전락할 수 있는지를 알고 싶어 했다. 당시에는 물질적 발견이 생명의 설명 가능성에 대한 토론을 불러오곤 했는데, 이 토론은 여전히 흥미와 가치가 있는 토론이다. 셸리는 이런 생기 넘치는 토론에 기여하기를 원했다. 지식에 대한 요구가 금지당했더라면, 셸리는 놀랐을 것이다. 그녀는 자신의 창조물 프랑켄슈타인처럼 오직 계속 전해지는 지식의 불꽃만을 상상할 수 있었기 때문이다.[8]

인간의 상황은 언젠가 아이작 뉴턴이 묘사했던 것처럼 드러난다고 나는 확신한다. 바닷가에서 운동 법칙으로 조개를 발견할 수 있었고, 이를 기뻐했지만, 뉴턴은 줄곧 연구되지 않은 대양에 눈을 두고 있었다. 측정되지 않은 대양의 깊이와 대양이 갖고 있는 무수히 많은 또 다른 법칙을 염두에 두고 있었던 것이다. 신샤이머는 만약 쥐의 유전자가 미생물계에 들어가거나 박테리아의 유전자가 식물에 삽입된다면 생명 진화에서 회복될 수 없는 손상이 생길 수 있다고 걱정했다. 이 걱정도 뉴턴의 일화처럼 상대화해야 한다. 당연히 금지되어야 하는 개입은 언제나 있을 수 있다. 암 유발 유전자를 장세균계에 옮기거나 독성 물질의 합성을 위해 식물에 정보를 삽입하는 일 등이 그 예다. 그렇지만, 한편으로 누구도 암의 원인을 연구하는 일을 금지할 수 없다. 또 다른 한 편으로 생의학자들이 연구의 끝에 인류를 위한 거대한 축복을 기대하면서 위험에도 불구하고 유전공학의 길을 간다면, 그들을 막을 방법도 여전히 분명하지가 않다. 19세기에 콩팥이 아닌 시험관에서 요소가 만들어졌지만, 아무 일도 일어나지 않았다. 이런 생명과학에서의 경험이 우리에게 용기를 준다. 21세기에도 끔찍한 재앙은 없을 거라는 용감한 믿음을 준다.

시 한 편과 제안 하나

로버트 신샤이머가 과학의 오만함을 걱정하며, 한스 요나스가 유전학자들을 울타리 안에 가두기 위해 성스러움과 불가침성을 호소하던 때, 1969년 노벨의학상 수상자이자 분자생물학의 선구자였던 막스 델브뤽Max Delbrück은 한 친구에게서 편지를 받았다. 델브뤽이 연구하는 과학의 결과를 사람들이 걱정해야 하는지 그 친구는 알고 싶어 했다.⁹ 델브뤽은 이 질문에 영어로 된 시로 답했는데, 나는 이 시를 델브뤽 전기에 독일어로 번역해서 실었다. 이 장문의 시는 먼저 품종 개량의 역사를 다룬 후 유전의 화학으로 넘어간다. 마지막에 유전학에 대한 인간의 걱정과 걱정을 차단하고 지식을 금지하려는 관료적 시도를 다룬다. 아래 내용은 그 걱정과 관료적 시도에 대한 내용이다.

그래서 이제는 큰 걱정,
큰 공포, 내일에 대한 두려움인가?
수많은 논의, 위원회,
수천 개의 공포 예측들인가?
이 모든 관리를 통해
단지 연구를 한 번 막기 위해?
관료제가 과학을 방해할 수 있다고
그대들은 생각하는가? 전혀 아니다.
그러나 나의 대답은 더욱 불투명할 것이다.
나는 그대들의 숙고를 제안한다.
지력이 왕성한 인간들을
점점 더 괴상하게 만드는 건 무엇인가?

해답은 유전자와 함께 오지 않고,

해답은 그대들만을 통해 오지 않는다.

과학은 눈물을 흘리지 않고

다시 한 번 잔혹해질 수도 있다.

결국, 과학이 우리를 넘어뜨리는 일이

생길 수 있다고 나는 고백한다.

이런 흐름이 바뀌지 않으면,

인간은 돼지 독감과 결합할 것이다.

한편, 삶의 말년에 이르러 델브뤽은 한 인터뷰에서 도발적인 제안을 하나 했다. 그는 사람들에게 자신의 삶을 끝낼 수 있는 지식을 전해주어야 한다고 주장했다. 1974년에 나온 '자살을 위한 교육'이라는 제목의 인터뷰 기사에 분노에 찬 비난이 줄을 이었다. 델브뤽은 단지 불균형에 관심을 주려고 했을 뿐이었다. 인간은 이미 오래전부터 생명의 시작을 조절하는 충분한 지식을 갖고 있고 이를 이용하기도 한다. 이런 인간들에게 종말을 결정하는 법을 금지시킬 수 있을까? 이를 위한 지식은 이미 오래전부터 존재한다. 원하는 이들에게 이 지식의 사용을 허락해야 한다고 델브뤽은 생각했던 것이다. 그런 한편 1981년 죽음을 앞둔 델브뤽은 이런 죽음의 기술들을 거부하고 존재의 모든 순간을 끝까지 향유했다.

인간 게놈

이미 언급했듯이, 원자폭탄이 떨어진 지 20년도 지나지 않아서 뒤렌마트의 『물리학자들』이 나왔고, 키파르트의 작품 『J. 로버트 오펜하이머의 일』이 무대에 올려졌다. 그리고 이렇게 물을 수 있다. 왜 인류는 유전공학과 '체외수정'이 시작된 지 40여 년이 지난 오늘날까지 여전히 그 주제를 다룬 드라마를 기다리고 있을까? '유전학자들'이나 '제임스 왓슨의 일'과 같은 제목의 연극은 왜 아직 없을까? 특별히 왓슨은 이중 나선 구조의 공동발견자로 살면서 평범하지 않은 많은 자료들을 논란이 많은 결정과 함께 전해주었다. 그의 결정과 자료는 과학과 책임을 다루는 공적 논쟁에서 중요한 질문들을 제기한다.[10] 예를 들면 누가 얼마나 자세히 나의 유전자를 알아도 될까? 나의 배우자의 어머니? 나의 생명보험 담당자? 나의 고용주? 나의 아이들? 국가와 정부? 사람들은 한 사람의 유전자로 그 사람의 질을 어떻게 판단할 수 있을까? 그리고 어떤 질문들이 작가와 극작가들에게 더 많은 영감을 주고 그들의 흥미를 깨울 수 있을까?

1928년에 태어난 왓슨은 *라틴 러버즈*Latin Lovers 유전자 같은 독특한 관점을 여러 차례 드러냈으며,(왓슨은 인종이나 민족별로 기본 유전자가 다르다는 발언을 공개적으로 여러 차례 했다. 2000년 한 강연에서는 몸무게, 성적 충동도 인종과 관련 있다고 주장하면서 라틴 러버즈라는 말은 있어도 영국 러버즈라는 말은 없고 대신 영국 환자라는 말은 있다고 말했다 - 옮긴이) 지식은 어떤 경우든 무지보다는 낫고 특히 암연구자들에게는 대부분의 지식이 부족하다고 고집스럽게 주장했다. 그러나 그가 유명한 건 이런 이유만은 아니다. 왓슨은 자기 자신의 게놈을 연구하고 그 염기서열을 분석한 첫 번째 인물이다. 이 때문에 그는 특별히 흥미롭고 놀라운 인물이다. 그의 게놈지도에서도 특이한 게 하나 눈에 띈다. 모든 이들이 읽을 수 있게 왓슨의 전체 유전 정보가 공개될 때, 왓슨은 게놈 중 일부를 검게 칠하여 그 부분 정보를 비밀로 남아 있게 했다. 왓슨은 자신에 대한 어떤 지식이 공개되는 것을 한사코 금지시켰을까?

게놈 분석의 역사를 순서대로 따라가 보자. 1970년대 이후 유전공학이 낳은 기술 가운데 하나가 중요한데, 인간 세포를 비롯한 어떤 세포의 유전물질에서 특정 DNA 조각을 떼어내 박테리아에 삽입하는 기술을 말한다. 그 후 박테리아의 성장과 분열을 통해 이 조각 수를 증가시켜 화학적 연구를 위한 충분한 양을 확보하게 된다. 다른 말로 표현하면, 1970년대를 지나면서 이중 나선 구조 형태로 세포에 들어 있는 유전 정보는 실험실에서 선택되어 생화학자들에 의해 해독될 수 있었다. 처음에는 한 조각씩 분석에 성공했지만, 곧 거대한 양의 정보를 다루게 되었다. 더욱이 끊임없이 돌아가는 분석 기계 덕분에 점점 더 빨라지고 점점 더 자동화되었다. 그렇게 곧 유전학자들은 점점 더 많은 세포에서 나온 점점 더 많은 유전자 정보를 수집하기 시작했다. 이 정보 수집의 가속화에는 두 가지 사실이 중요하다. 첫째, 수집된 정보들은 DNA에서 찾을 수 있었던 기본 물질들의 염기서열로 구성되어 있었다. 둘째, 역사적인 행운의 만남이 있었다. 같은 시기에 마이크로소프트와 애플 같은 회사들이 역사상 처음으로 거대한 정보를 저장, 관리, 평가할 수 있는 프로그램화 기계를 만들었던 것이다. 유전자는 이미 오래전부터 생명의 언어를 전달해왔다. 이제 누구나 유전자 안에 기록된 텍스트를 읽을 수 있게 되었다. 1980년대 중반 이후 유전 정보의 철자 하나하나의 모양까지 더 잘 알 수 있게 되었다. 인간과 유기체의 유전자 제작 설명서가 관찰자들의 호기심 많은 눈앞에 책처럼 그냥 펼쳐졌다. 그리고 여기서 이 정보로부터 인간과 유기체에 대한 어떤 지식을 읽어낼 수 있을까라는 거대한 질문이 제기된다.

이때 1920년에 나온 개념 게놈Genome이 중심 주제로 떠올랐는데, 원래 게놈은 세포 하나의 전체 DNA를 의미했다. 1980년대 이전 분자생물학자들은 개별 유전자에만 관심이 있었다. 예를 들어 혈색소인 헤모글로빈 유전자 혹은 인슐린 호르몬을 위한 유전자 같은 것만 생각했었다. 갑자기 그들이 유전물질 전체를 관찰하려고 하는 게놈 연구자로 변신했다. 인간 게놈에 대해 말하는 사람은 인간의 각 세포에서 유전 형질을 만들어 내는 30억(!) 개의 구성 물질 혹은 철자를 생각했다. 그렇게 과학자 집단은 처음에는 무모해 보였던 인간 게놈의 염기서열을 해독하는 작업에 착수했다. 그 배경에는 점점 더 발전하는 디지털화가 있었고, 하드디스크와 시디롬 저장 용량의 확장도 함께 했다. 이 해독으로 유전학자들이 개인에 대해 어떤 지식을 얻게 되는지 궁금해하는 사람들의 기대와는 달리, 유전 물질의 해독에도 불구하고 그 숨은 의미를 완전히 파악하지는 못했다.

잊지 말아야 할 사실이 하나 있다. 1990년대에 인간 게놈에 접근하는 거대한 작업이 시작되었을 때, 여기에 참여한 많은 저명한 유전학자들은 대단히 실용적이고 구체적인 생각을 했었다. 특히 암과 같은 심각한 질병을 더 잘 이해할 가능성을 염두에 두고 있었다. 당시에 암도 유전적 원인에 의해 생겨난다는 게 밝혀지면서 인간 게놈 전체를 세세하게 알게 되면 더 나은 치료도 가능하겠다는 합리적인 생각을 했었다. 예컨대 건강한 사람과 암환자의 염기서열을 비교할 수 있게 된다면, 세포 조직의 이 사악한 변종을 더 잘 이해하고 그렇게 더 나은 치료도 희망할 수 있겠다고 생각했던 것이다. 비록 회의주의자들의 반복된 걱정대로 이 악마는 분자 및 다른 세세한 부분에 가득히 붙어 있고, 더욱 불행하게도 의사들의 지식에서 멀리 떨어진 곳을 여전히 계속 점유하지만, 이런 희망적인 전망은 여전히 유효하다.

 의학적 유전 연구 이외에 다른 방향의 유전 연구도 있었다. 인간 게놈 프로젝트에서 아주 오래된 인류 과제의 해결책을 찾으려고 했던 것이다. 이런 방향 연구의 대표자이자 노벨상 수상자인 월터 길버트Walter Gilbert 하버드대학교 교수는 이런 예언을 했다. 인간이 자신의 유전 정보를 디스켓 한 장에 저장하여 청중들 앞에서 높이 들어 보일 수 있다면, 이때 이렇게 외칠 수 있다. "이 디스켓이 곧 나다." 그러나 호루라기 사진이 호루라기가 아니듯이 기계에 저장된 한 인간에 대한 정보가 그 인간은 아니다. 무언가를 금지해야 한다면, 이런 경박한 마케팅 선전을 금지해야 할 것이다. 증가하는 유전 지식에서 나온 진지한 결과와 관련된 문제라면 더욱더 그렇다. 지적해야 할 점이 하나 더 있다. 길버트가 손에 들고 있는 한 장의 디스켓만으로는 부족하다. 한 사람에 대한 유전 지식을 담기 위해서는 디스켓 두 장이 필요하다. 바로 이어서 나오는 토막 이야기 '인간 게놈'에서 그 이유를 알 수 있을 것이다.

인간 게놈

언급했듯이, 인간 게놈에는 30억 개의 구성 요소가 있다. 각각의 구성 요소는 알파벳 철자의 나열로 표기된다. 여기서 하나의 텍스트, 즉 유전자 언어로 만들어진 생명의 텍스트가 나온다. 인간은 이 텍스트를 직접 읽을 수 없는데, 각각의 구성 요소는 4개의 철자로만 구성되기 때문이다. A, T, G, C 라는 4개의 글자가 DNA의 30억 개 사슬에서 서로 번갈아 나오며, 이 4개의 철자는 각각의 화학적 명칭, 즉 아데닌Adenin, 티민Thymin, 구아닌Guanin, 사이토신Cytosin의 첫 글자들이다. 그렇게 사람들은 ABC 가 아니라, 끝없이 연결되는 것처럼 보이는 생명의 ATGC를 각각의 구성 요소에서 발견한다. TAGGTCCATATTCCATA…… 이런 식으로 계속 구성된다. 이제 인간이 이 글자들을 직접 읽지 못하는 건 문제가 아니다. 대신 게놈의 전체 크기가 새로운 중심 주제가 되었다. 매우 빽빽하게 인쇄된 책의 경우 한쪽에 글자 3,000개가 들어간다. 그러므로 1,000쪽짜리 책에는 글자가 3백만 개 들어 있으며, 이런 책 1,000권으로 구성된 도서관을 보유한 사람은 이제 인간 신체의 한 세포 안에 들어 있는 게놈 구성 요소 30억 개를 모은 셈이 된다. 이 지식을 사람이 이용하는 건 불가능하며, 자기 자신의 게놈에 대한 지식이 정작 본인에게는 여전히 닫혀 있다는 재미있는 결론에 이른다. 여기에 속한 정보는 기계에게만 맡길 수 있으며, 이 기계를 통해서 게놈에 대한 어떤 것을 알고 경험할 수 있다. 한편 유전 분자 위에 있는 글자 하나의 데이터 크기는 2비트다. 글자 약 30억 개 (DNA의 구성요소)로 구성된 인간 게놈의 데이터 크기는 약 1,400메가바이트에 달한다고 계산할 수 있다. 점점 사용이 줄어들고 있지만 시디의 용량이 700메가바이트이므로, 어떤 사람은 이런 시디 두 장에 자신의 게놈을 담아 가방에 넣을 수 있다. 이렇게 누군가 자신의 게놈을 세포와 가방에 갖고 돌아다니다가 누군가와 마주친대도 세포와 시디 둘 중 어느 곳에서도 게놈은 보이지 않는다.

20세기 말에 게놈 프로젝트는 활발하게 진행되었다. 복잡한 진행 과정을 종합하면, 국가가 지원하는 연구와 개인 혹은 기업의 재정 지원을 받은 과학 사이의 긴장된 경쟁을 보여주었다.[11] 양 진영의 대표주자들은 많은 어려움에도 게놈 해독에 성공했으며, 빌 클린턴Bill Clinton 미국 대통령이 임기 마지막에 이들과 함께 결과를 발표했다. 양 진영의 대표자들이 인간 게놈을 발표하기 위해 워싱턴 백악관으로 초대되었을 때, 클린턴 대통령은 한 걸음 더 나가서 이렇게 말했다. "우리는 이제 신이 생명을 창조할 때 사용했던 언어를 읽고 있습니다." 클린턴 대통령 옆에는 프랜시스 콜린스Francis Collins가 서 있었는데, 콜린스는 오랫동안 게놈 프로젝트 책임자로 일했고 언제나 스스로를 독실한 그리스도인으로 소개했다. 콜린스는 클린턴 발언의 의미를 살짝 축소했다. "지금까지는 하느님만이 알고 있던 인간의 설계도를 우리는 오늘 얼핏 보았습니다."

공개된 게놈을 통해 지금까지 오직 신만이 알고 있었던 것을 마침 계시처럼 분명히 알게 될 거라고 사람들은 생각했다. 이때 백악관에서 하느님의 계획이 실제로는 기아에 허덕이는 사람들에게 금지된 지식의 일부가 아닌지라고 아무도 묻지 않았다. 그러나 비록 거기에 있던 누군가가 이런 방향의 생각을 하고 논쟁을 했더라도, 대통령, 프로젝트에 대한 대통령의 정치적 시성식, 그리고 그에 따른 구원의 약속이 함께 했던 유전자 게놈의 축제가 끝난 후, DNA 염기서열의 완성에 대한 생의학자들의 열망은 상상할 수 없이 커졌다.

역사적 사실 하나를 여기서 지적할 필요가 있다. 1930년대 분자생물학의 초창기 때 미국에서 특별히 이 학문이 장려되었는데, 높은 이혼율, 폭력, 마약 소비, 알코올 중독과 같은 사회 문제를 분자생물학 차원에서 국가가 해결하기를 미국 사회는 기대했었기 때문이다. 어떤 집단들이 모든 것을 유전자 책임으로 만드는 모습을 보면 21세기에도 이런 생각이 변하지 않았음이 드러난다. 심지어 법정에서도 폭력범들은 DNA가 자신들의 공격성에 책임을 질 수 있다고 생각했다. 그들은 확신을 갖고 말했다. "내 유전자가 이 일을 하도록 내게 시켰습니다." 어찌 되었든 공개된 DNA와 거기에 포함된 유전 정보들은 많은 지식을 전달하는 것처럼 보였다. 이 유전 정보를 통해 많은 부모들이, 의사들이, 그리고 보험 회사들이 각각 아이와 환자, 그리고 고객들에 대한 지식을 알고 싶어 한다. 처음에는 게놈 서열 해독 비용이 백만 단위였지만 지금은 수천 달러에 지나지 않는다. 그렇게 점점 더 많은 사람의 게놈이 해독되고 있으며, 어떤 이들은 이를 새로운 의학 시대의 시작으로 축하할 일이라고 말한다. 사람들이 즐겨 말하는 개인화된 의료를 말하는데, 모든 환자가 각자 자신에게 맞추어진 특별한 진료를 기대할 수 있게 되었다는 것이다. 인간이 기대하는 것이 게놈 지식과 분자 지식 안에 들어 있을까? 금지시켜야 하는 것들은 없을까?

스티브 잡스Steve Jobs의 애플이 아이폰을 시장에 처음 내놓았던 2007년에 사기업들이 처음으로 개인의 DNA 염기서열과 게놈을 공개했다. 그중 한 사례는 위에서 이미 언급했던 DNA 선구자 제임스 왓슨의 유전물질을 볼 수 있게 해준 것이었고, 두 번째 사례는 과학계에 경탄과 두려움을 불러일으킨 '이단아' 크레이그 벤터Craig Venter의가 공개한 것인데, 그는 유전자 연구 분야에서 모험적인 독불장군으로 유명하다. 벤터는 전체 생명과학계를 사기업 설립과 투자금 모금으로 흔들어 놓았다. 공개된 이 두 가지 유전자 서열은 한번 살펴볼 가치가 있으며, 특히 왓슨의 DNA 사례가 배울 게 많다. 왜냐하면, 앞에서 언급했듯이 이 유명한 인물은 자신의 염기서열 일부를 감추면서 금지된 지식에 대해 설명하게 만들었기 때문이다.

왓슨의 이야기를 이해하기 위해서는 두 가지 사실을 알아야 한다. 첫째, 왓슨은 사랑하는 할머니가 알츠하이머병에 걸리는 과정, 그에 따른 치매가 파괴하는 그녀의 삶, 그리고 그 상황에서 겪어야 하는 가족의 고통을 인생에서 고스란히 경험했다. 둘째, 유전학의 발전 덕분에 아포리포 단백질apolipoprotein이라고 불리는 분자가 특정될 수 있었는데, 알파벳 E로 명명된 아포리포 단백질의 몇몇 변종들이 알츠하이머 치매의 초기 발병률을 더 높인다고 밝혀졌다. 알려진 대로 아포E 단백질에 관련된 아포E 유전자가 존재했다. 이 발견에 따라 개인의 염기서열이 치매에 대한 개인의 위험성을 알려주며, 왓슨이 여기에 해당될 수 있었기 때문에 이와 관련된 정보 제공을 거부했던 것이다.

왓슨의 거부가 자신의 정당한 권리 행사였다고는 해도, 이 행동은 어쨌든 매우 독특했다. 자신의 게놈을 공개했을 때 왓슨은 거의 80세였으며, 여전히 뚜렷하고 맑은 정신을 유지했었다. 90번째 생일을 축하할 때도 거의 그대로였다. 아포E 유전자는 단지 65세 이하 치매 발병률에만 영향을 줄 뿐이다. 그런데 유전 연구의 많은 관찰자들은 맑은 정신의 왓슨에게서 문제 하나를 발견한다. 이 훌륭한 남성이 반복해서 거칠고 대단히 부적절한 언사를 하기 때문이다.

자신의 DNA 염기서열을 공개한 지 몇 달이 지난 후 왓슨은 영국 순회 강연을 했다. 한 강연장에서 왜 인류가 탄생했던 아프리카 국가들은 유럽의 사회정책이나 미국의 잘 갖추어진 사회체계를 만들지 못했는가라는 질문을 받았다. 왓슨은 사회정책이나 사회 건설은 오직 똑똑한 사람들과 함께 할 때 제대로 기능한다고 말했다. 반대로 아프리카인들은 모든 IQ 테스트에서 예외 없이 나쁜 점수를 보여주며, 이처럼 흑인들에게는 이를 위한 유전자가 결여되어 있다고 왓슨은 추정했다.

당연히 이런 인종주의적 불합리에 공개적인 항의 목소리가 있었고, 왓슨은 자신이 수십 년에 걸쳐 만들고 이끌었던 뉴욕주 롱 아일랜드에 있는 콜드 스프링 하버 연구소를 떠났다. 아직 유쾌한 막후극이 하나 남아 있었다. 연구자들은 왓슨의 게놈을 면밀하게 관찰했다. 당연히 사람은 할 수 없고, 컴퓨터로 긴 서열들을 비교했더니…… 주목하라! 왓슨의 DNA에는 특이하게도 흑인피험자들에게 발견될 수 있는 유전자 서열들이 많이 들어 있었다. 왓슨 게놈의 10퍼센트 이상에서 아프리카의 '손글씨'를 발견할 수 있었던 것이다. 그러나 이 발견은 흥미 이상의 지식은 될 수 없었는데, 왜 이런 경우가 생기고 무엇을 의미하는지를 설명할 수 있는 지식이 없었기 때문이다. 그 사이에 유전학자들은 한 가지 사실을 추가로 알게 되었다. 유럽, 아시아, 아프리카 등 사는 대륙과 관계 없이 모든 현대인은 1퍼센트도 안 되는 유전물질을 네안데르탈인으로부터 물려받았다. 단지, 이 사실에서 알게 된 것이 무엇인지 구체적으로 알 수도 말할 수도 없을 뿐이다.

자신의 게놈을 사람들이 해독할 때까지 왓슨은 기다리기만 하면 되었다. 반면 크레이그 벤터는 왓슨을 모방하여 자신의 DNA를 세상에 알리기 위해 모든 것을 걸어야 했다. 심지어 그는 공개에 이어 그 결과에 대한 자신의 생각을 공표했는데, 예컨대 다른 많은 사람들처럼 깊은 우울증에 빠지지 않는 자신의 행운이 혹시 자신의 유전자 때문은 아닐까라는 구체적인 질문을 던졌다.[12] 그는 답을 찾기 위해 DNA 염기서열에 집중했다. 이 염기서열은 세포에게 특정 분자의 제조를 가능하게 해주며, 이 제조된 분자는 어떤 신경 전달 물질(세로토닌)을 전달하는데, 이 신경 전달 물질은 기분을 조절하는 데 핵심 역할을 하는 것처럼 보인다. 이 긴 문장만 봐도 유전자 활동에서 인간 경험까지 가는 과정이 얼마나 굽어졌고 먼 길인지를 알 수 있다. 여기에 더하여, 서로 다를 수 있는 유전자 표본 두 개가 있으면, 모든 사유는 즉시 단순한 결정론에 도달하게 된다.

벤터는 이 사실을 알고 있었고, 500쪽이 넘는 게놈 연구 입문서의 결론을 이렇게 내린다. "인간 게놈에서 우리가 찾게 될 분명한 대답은 몇 개 되지 않을 것이다. 게놈에서 우리가 읽을 수 있는 것은 기껏해야 확률의 형태로 표현된다. 앞으로 수십 년은 걸리겠지만, 먼저 우리가 큰 그림을 그리고 이 그림에 대해 무언가를 말할 수 있게 된다면, 그때 우리는 이 확률들이 유방암, 대장암 혹은 다른 어떤 것이 일어날 확률과 연결될 수 있는지도 알게 될 것이다."

"거대했던 노력이, 부끄럽게도 헛되었다!" 괴테의 파우스트가 극의 마지막에 한탄한 것처럼 산이 울었는데 고작 쥐 한 마리가 튀어나온 상황이랄까? 또는 신의 뜻을 엿보는 일이 비록 인간에게는 허락되지 않았더라도 게놈 안에는 여전히 가치 있는 지식이 들어 있을까? 덴마크의 신경생물학자이자 과학기자인 로네 프랑크Lone Frank는 개인 유전자 연구의 시대에 자신의 유전물질들이 어떻게 되어 있는지를 알기 위해 자가 실험을 했다. 그 실험 내용은 사랑스러운 이름의 책『나의 아름다운 게놈Mein wundervolles Genom』에 나와 있다.[13] 프랑크의 호기심은 유전학자 친구의 짧은 이야기에서 출발했다. 그 이야기는 커피를 너무 많이 마시는 여성의 가슴을 작아지게 만드는 유전자가 있다는 것이었다. 처음에 로네 프랑크는 잘못 들었다고 생각했다. 그러나 이건 농담이 아니었고, 우습게 들리지만, 실제 부인할 수 없는 사실이었다.

프랑크의 책에는 한 과학적 연구 결과가 실려 있다. "가임기 건강한 여성에 관한 한 연구에 따르면, 매일 차나 여러 잔의 커피를 마셨던 여성은 눈에 띄게 가슴 크기가 더 작았다." 구체적으로 말하면, 특정 위치에 있는 CYP1A2라는 특정 유전자에 아주 특정한 화학 요소가 자리 잡을 때만 이 일은 일어난다.

이처럼 현대 유전학은 자신의 기술을 이용하여 분자의 상세한 내용을, 그것도 그 정보를 요청한 개인의 세포 안에 있는 분자를 분석할 수 있다. 이것은 대단히 놀라운 일이다. 지난 세기는 유전학의 세기라고 불릴 충분한 근거가 있었고, 오래전에 이미 유전학은 늘 가고 싶어 했던 곳에 도달했다. 위에서 서술했듯이 추상적 인간이 아닌 구체적 개별 인간에게 유전학은 도착해 있다. 과학기자로서, 그리고 우울증을 비롯한 다양한 어려움과 싸워야 하는 부모님의 딸로서 로네 프랑크는 자신의 게놈이 어떻게 되어 있는지 알고 싶었다. 나중에 생길 수 있는 아이와 그 아이의 건강을 생각하는 여성으로서도 그랬다.

많은 회의주의자들에 맞서 로네 프랑크는 자신의 '아름다운 게놈'을 알고 싶었다. 특히 덴마크의 회의주의자들은 비생산적인 강연회에서 종종 '무지할 권리'를 선전하고 자신의 상태를 모르는 게 특별한 가치가 있다고 소개하곤 했다. 마치 무지했던 사회가 언제가 지식이 있는 사회보다 훨씬 더 발전했던 것처럼 말했다! 진정 중요한 건, 지식을 금지하기 전에 지식을 책임감 있게 대하는 일이다. 로네 프랑크는 과학적 자가 연구에서 스스로에 대해 대단히 놀라운 경험을 한다. 자신의 게놈에 대한 "구체적이고 이해할 수 있는 지식"을 갖게 된 이후로, 프랑크는 스스로 협소하다는 느낌 대신 "생물체로서의 현존감을 더 강하게" 느꼈다. 프랑크는 살면서 처음으로 "*유기체*를 넘어서는" 것을 느꼈다. 그리고 다음과 같은 생각도 갖게 되었다. "생명체가 된다는 일은 놀라운 정도 편안하고, 거의 행복감을 얻는 일이다. 나의 유전 정보는 생명체로서의 나의 장점과 약점을 내가 볼 수 있게 해주었고, 동시에 내가 돌릴 수 있는 조절 단추도 보여주었다."

프랑크는 몇 년 전 보스턴에서 열렸던 제1회 '소비자 유전학 전시회 Consumer Genetics Show'를 방문했는데, 그곳에서 그녀는 독특한 것을 관찰할 수 있었다. 바로 좋은 유전자는 지루하다는 것이다. 비록 좋은 유전자는 진화의 선물이며 인간을 건강하고 강하게 만들지만 말이다. 마치 좋은 유전자를 아는 일은 금지된 것처럼, 박람회의 안내자들은 결점이 있는 유전자만 배열했다.

자신의 게놈을 탐구한 사람은 수백 년 동안 철학자들이 수행했던 것과는 다른 방식으로 '나는 어디서 왔나?', '나는 누구인가?'와 같은 오래된 질문들에 대답할 수 있을 것이다. 프랑크는 자기 탐구의 모험이 끝난 후 원했던 지식을 얻게 되었다. "이 놀랍도록 아름다운 정보들로 내가 하는 일이 곧 나다. 이 정보들은 수백만 년 동안 유기체 수백억 개를 거쳐 마침내 나에게 맡겨졌다." 그녀만 그런 게 아니라 우리 모두 각자가 그렇지 않은 사람이 없다.

유리 인간은 없다

오늘날 '유리 인간'이란 단어는 정보 보호 운동의 비유로 사용되는데, 소셜 미디어와 인터넷쇼핑에서 소비자의 행동 패턴이 완전히 드러나는 것에 대한 불안감을 표현하는 단어다. 원래 이 단어는 1980년대에 다른 맥락에서 처음 사용되었다. 당시 유전학은 인간과 인간의 유전자에 들어 있는 모든 지식과 금지된 것들을 알아내는 작업을 시작했었고, 회의주의자들은 유전학에 대한 불안을 조장하는 데 이 단어를 사용했던 것이다. 유전자 연구 반대자들은 점점 늘어났다. 그들은 '유리 인간'은 아무것도 숨길 수가 없으며, 그렇기 때문에 동료 인간들을 보호해야 하고 그들이 검열당하는 일을 막아야 한다고 생각했다. 철학자 한스 블루멘베르크Hans Blumenberg가 한탄하듯이 사회 분위기가 그랬다. "내가 위험에 처해 있는지 알 수 없다면, 나를 지키려는 끊임없는 고투를 나는 원하지 않는다."[16] 블루멘베르크는 이렇게 생각했다. "새로운 역사를 이야기할 수 있다. 그렇게 많은 사람이 아무런 위임도 없이 타인들을 위해 일하게 되었기 때문이다." 그는 이런 상황이 끝나기를 바랐다.

다시 유전 관련 지식으로 돌아가자. 실제로 당시 사람들은 유전자가 완전히 드러나게 되는 상황에서 아무도 보호받지 못할 것이라는 느낌을 가질 수 있었다. 대표 사례로 '헌팅턴 무도병Chorea Huntington'이라고 불리는 질병이 제시되었다.

독일에서 일반인들에게는 비투스Vitus의 춤으로도(중세 시대에는 치유의 성인인 비투스의 축일 때 성인의 동상 앞에서 춤을 추며 축제를 지냈다고 한다. 그리고 간질병이나 신경 장애가 있는 환자는 비투스 성인에게 치유를 청하면서 춤을 추면 낫는다고 생각했다. 독일에서 헌팅턴 무도병 환자를 (큰) 비투스 춤이라고 부르는 건 이 전통과 관련이 있다 – 옮긴이) 알려져 있었는데, 이 병에 걸리면 본인의 의사와 상관없이 조절할 수 없는 움직임이 일어나기 때문이다.

19세기에 이미 뉴욕의 의사 조지 헌팅턴George Huntington이 기록한 이 두뇌 이상은 치료가 불가능하고 유전된다. 이 병은 대부분 35세에서 45세 사이에 발병하는데, 첫 번째 증상이 나타난 후 환자는 보통 15년 정도만 생존할 수 있다. 인간 게놈 사냥이 본격적으로 일어나기 전인 1983년에 인간 세포 속에서 유전물질을 만드는 염색체 안에서 이 병을 일으키는 유전자를 찾아내는 데 성공했다. HTT라는 이름을 얻은 헌팅턴 유전자는 4번 염색체에 있는데, 유전자 염기서열 연구가 시작되면서 헌팅턴 무도병이 생긴 사람의 DNA 문제가 무엇인지 드러나게 되었다. 질병을 일으키는 (고장 난) 유전자는 정상 유전자보다 길었다. 구체적으로 그 유전자 끝에 DNA 염기가 세 개씩 짝을 이룬 트리플렛 형태로 여러 개 달려 있었는데, 왜 달려 있고 무슨 일을 하는지 아무도 말하지 못했다. 지금은 가족 중에 무도병 환자가 있었던 사람은 발병 위험에 대한 진단을 받을 수 있다. 그러나 여전히 치료를 위해 할 수 있는 일은 없다. 당연히 이런 상황에서 질문이 제기된다. 누가 이 지식을 이용하려고 할까? 자신의 기회와 위험이 동시에 드러나면 어떤 반응을 보일까?

이 병을 일으키는 유전자를 자신이 갖고 있음을 알게 되었을 때, 슬픔을 보일 수 있다. 당연히 이해할 수 있는 반응이다. 또는 감사할 수도 있다. 알게 된 지식 덕분에 적절한 삶의 계획을 짤 수 있기 때문이다. 갑자기 진짜 기한이 정해진 시간을 지금부터 가장 알차게 가족들과 함께 보내기 위한 계획을 짤 수 있기 때문이다. 고대 그리스의 의사 히포크라테스Hippokrates는 환자들에게 지혜의 문장을 남겼다. "인생은 짧고, 기술은 길다." 최소한 이론상으로는 이런 정보를 알게 된 당사자는 분명한 목적 아래 자신의 운명을 손에 쥘 수 있다. 그 목적이란 깨어 있는 의식 속에 존재하고 자신이 올바르다고 느끼는 일을 하는 것이다.

누구도 여기서 쉽게 삶의 계획에 대해 말하지 않을 것이며, 마찬가지로 누구도 유리 인간에 대해 다시 가볍게 언급해서는 안 된다.

말하자면, 헌팅턴 무도병의 유전적 기초는 수십 년 전에 알려졌다. 그러나 인간 세포 안에서 무슨 일이 어떻게 일어나고 진행되는지는 지금까지 밝히지 못했다. 신경조직이 파괴되기 전에 근육의 긴장을 파괴하여 나타나는 이 특이한 행동이 어떻게 약간 긴 DNA 사슬 하나의 활동에서 유도되는지, 즉 이 사슬이 어떻게 뉴런에 있는 가능한 모든 분자와 세포의 중간 단계를 거쳐 이런 활동을 낳게 되는지 해명하지 못했다는 말이다. 비판가들이 걱정 속에 두려워하는 것보다 인산 내년을 보는 시야는 유감스럽게도 여전히 대단히 제한되고 흐릿하다.

'헌팅턴 무도병'과 같은 유전 질병에서 그 질병이 자신의 아이에게도 전해지는지 묻는 일은 매우 어렵다. 자신이 HTT 유전자 보유자라는 사실을 알고 있는 사람에게 오늘날 착상전 유전진단이 도움을 줄 수 있는데, 이 진단은 1978년에 처음 시행될 때처럼 체외수정과 연결되어 진행된다. 착상전 유전진단은 수정이 가능한 난자 중에 무시무시한 HTT 변종이 없는 것을 고를 수 있게 해준다. 한편, 이 얼마나 기분 좋은 언어의 변화인가? 불과 40여 년 전에는 '시험관 아기'라는 불편한 표현으로 불리던 일이 오늘날에는 사람들이 원하는 아이라고 부른다. 이 원하는 아이들은 사람들이 오랫동안 보류하기를 원했던 그 지식 덕분이다. 최소한 여기서는 지식이 무지보다 낫다. 그리고 아이를 원하는 자연스러운 마음이 대단히 큰 곳에서 금지는 어울리지 않는다.

한편, 헌팅턴 무도병의 유전자 변이들이 알려지고 DNA 분석을 통해 진단이 가능해졌을 때, 환자들은 자신들의 운명을 그냥 참아내지 않고 자조 모임을 만들었다. 이 모임에는 무도병 환자의 가족, 환자, 그리고 의사들이 함께 참여했고, 처음에는 금지된 것처럼 보였던 지식으로부터 언제나 삶에 가장 좋은 것을 가져오기 위해 노력했다. 지식은 불투명한 상황에서도 언제나 사람을 돕는 것 같다. 비록 그들의 실존이 쉽지는 않겠지만, 더 존엄할 수는 있을 것이다.

완전한 인간

이미 언급했던 태아검사법은 일찍이 유리 인간뿐 아니라 완전한 인간에 대한 생각에서도 나왔다. 말하자면 1980년 이후 유전공학에 이어서 교과서에서는 종종 '새로운 유전학'이라고 불리는 분야가 생겨났고 이 분야가 인간 게놈에서 '유전자 지도' 완성을 가능하게 했다.[15] 미국의 과학 기자 제리 비숍Jerry Bishop과 마이클 월드홀츠Michael Waldholz는 1990년대 초에 함께 쓴 책『유전자 지도Landkarte der Gene』에 다음과 같은 생각을 기록했다.

"젊고 좋은 교육을 받은 중간계급의 부부는 믿을 만한 피임법과 태아검사법 덕분에 후손과 관련된 선택 가능성이 열려 있는 첫 번째 세대다. 이 선택 가능성은 또한 그만큼 제한적일 수 있기 때문에 아이에 대한 미묘하면서도 중요한 관점의 변화를 가져오는 것처럼 보인다. 과거의 부모들은 건강하고 재능있는 아이가 나오기를 원했었다. 반면 오늘날 부부들은 자신들의 아이가 '완전한 아기'이기를 공개적으로 원한다. 아기가 손상되거나 혹은 단지 '잘못된' 성을 가지는 것을 피하기 위해 그들은 몇 가지 과제를 기꺼이 수행하고, 심지어 낙태까지도 한다.

유전병과 유전자 배치에 대한 검사의 도입은 성공한 중산층 사이에 생겨난 '완전한 아기'를 원하는 이런 경향을 틀림없이 강화시킬 것이다. 이와 반대로 가난하고 경제적 차별을 받는 계층에게 가족 계획, 태아 검사, 낙태는 낯설다. 적대적 환경 속에서 생존을 위해 싸우는 사람들은 '완전한 아기'의 출산 같은 사치를 누릴 사전 지식도 여력도 없다."

아마도 사회과학자들은 이 지점에서 인간은 장애를 더 관대하게 대하고 완전한 아이에 대한 중간계급의 운동이 실현되지는 못함을 지적할 것이다. 그러나 그 사이에 분자유전학은 엄청나게 발전했고, 유전자 진단의 결과에 대한 선택이 더는 수용과 거부로만 국한되지 않는다. 그 사이에 과학자들은 발음하기도 힘든 크리스퍼 카스9(CRISPR-Cas9)라는 이름의 기술 과정을 알게 되었다. 이 기술 덕분에 빨간 펜을 게놈에 정확하고 계획적으로 투입할 수 있다. 편집자는 빨간 펜으로 익숙한 철자로 구성된 텍스트를 다룬다. 적절하지 않은 단어를 삭제하고 더 나아 보이는 다른 단어를 대신 삽입한다. 유전자 텍스트의 빨간 펜도 같은 일을 한다.[16] 이 선택의 과정을 이제 '유전자 편집 Genome Editing'이라고 부르는데[17], 크리스퍼 기술 덕분에 이런 작업이 가능해졌다. 과학 잡지를 구독하는 사람은 이 기술 방법이 오래전부터 부록으로 딸려 오는 걸 알고 있다. 아마추어도 자신의 부엌에서 유전자나 게놈을 수정하고 개입하는 일을 시작할 수 있게 된 것이다.[18] 왓슨은 당연히 이 모든 노력을 도덕적으로 지지하며, 한 인터뷰에서 반어적 질문으로 자신의 생각을 밝힌다. "우리가 알고 있는 유전자 삽입법을 통해 더 나은 인간을 만들 수 있다면, 왜 그걸 하면 안 되는가?" 크리스퍼 캐스9 치료법을 개발하며 인간을 건강하게 만들려는 기업에디타스 메디슨Editas Medicine은 이미 수십억 달러를 투자받았는데, 대부분의 돈은 빌 케이츠와 구글에서 나왔다. 빌 게이츠는 박애주의자처럼 행동하고, 구글은 '악마가 아니길' 원한다. 그러므로 외부인은 안심해도 되거나, 혹은 안심할 수밖에 없을 것이다. 그러나 무엇이 생기고 무엇을 원하는지를 누가 실제로 알겠는가?

여기서 사람들은 자신이 무엇을 원하는지 알고 있을까? 사람들은 무엇이 옳고 그른지, 무엇이 선하고 악한지 알고 있을까? 만약 유전학자가 사람들에게 유전자 혹은 게놈의 수정, 그것도 모든 것을 보장하는 구매 가능한 형태로 제안한다면, 사람들은 무엇을 떠올리고 어떤 주문을 하게 될까? 예를 들어, 나는 무엇을 기대할까? 나를 위해 혹은 전체 인류를 위해? 1997년 여름 영국의 과학 잡지 《뉴 사이언티스트 New Scientist》는 독자들에게 물었다. 연금술사들의 표현대로 자연에 의해 불완전하게 방치되었던 것이 완성되었다고 상상한다면, 어떤 구체적인 사례를 완성된 형태로 상상할 수 있겠는가? 많은 이들이 이 질문에 대답했고, 먼저 단순한 생명 형태에서 시작했다.

몇몇 독자들은 잔디 깎는 개미를 원했다. 몇몇 독자들은 물이 필요할 때 소리치는 꽃을 원했으며, 고기를 생산하는 식물에 누구도 반대하지 않았다. 동물의 경우를 보면 자동차 왁스를 잘라주는 달팽이를 요구하는 응답자도 있었고, 냄새를 풍기지 않는 여우, 혹은 이웃집 정원에서만 야생으로 살아가는 고양이 등이 있었다. 사람의 경우를 보면 특히 응답자들이 닫을 수 있는 귀를 중요하게 여겼다. 바닷속에서도 살 수 있게 방수 피부를 원하는 사람, (신문을 읽고 먹을 수 있게) 종이를 소화할 수 있는 위장을 원하는 사람들도 있었으며, 순식간에 모든 것을 알게 되는 정신 성장 유전자를 원하는 사람도 있었다. 특히 남성들은 머리에 노트북과 연결할 수 있는 전기 플러그를 원했고, 여성들은 아이를 쉽게 낳을 수 있는 지퍼를 원했다. 여기에 더해 아기는 박스에 담겨 세상에 나와 스스로 신발 끈을 묶을 수 있게 되면 박스에서 처음으로 나올 수 있다고 한다. 일본 화가 테츠야 이시다Tetsuya Ishida는 21세기의 시작을 주제로 그림을 그린 적이 있다. 이 그림에는 아이가 박스에 담겨 배달되며, 주문자의 마음에 들지 않으면 반품될 수 있다. 1998년에 나온 그의 그림 제목은 「리콜Recalled」이며,[19] 어쨌거나 한 번 볼 만한 가치가 있는 작품이다.

이런 희망목록을 보면, 각자 개인은 자신과 자신이 사는 환경에서 개선하고 싶은 것을 매우 신속하게 잘 파악한다. 그러나 인간 종이나 전체 인류의 변화에 대한 질문, 즉 모든 것들의 개선에 대한 질문은 완전히 다른 잣대가 필요하다. 정말로 진지하게 말해서, 철학자 이사야 벌린이 잘 정리해서 표현한 다음 문장을 이해하지 못하는 사람은 이 질문에 결코 대답해서는 안 된다. "인간이 어떻게 살아야 하는가라는 질문에 올바르고 객관적인 대답을 기본적으로 찾을 수 있다는 관점은 기본적으로 틀렸다." 벌린은 이 오래된 관점에 자신의 개인적 경고도 하나 덧붙였다. "완전한 삶을 믿는 환상보다 인간의 삶에서 더 파괴적인 것은 없다고 나는 믿는다."[20]

벌린이 여기서 말한 내용은 인간 역사의 교훈이라고 부를 수 있으며, 이 교훈은 늦어도 르네상스 철학에서 찾을 수 있다. 벌린은 위의 인용문에 드러난 관점을 이미 니콜로 마키아벨리Niccolò Machiavelli의 『군주론』에서도 찾아볼 수 있는 관점과 연결한다. 즉 우리가 유전자 개입을 통해 생산하길 원하는 완전한 인간이란 기획은 실패한다. 그 실패는 기술의 문제 때문이 아니라 이미 존재하는 더 기초적인 원인 때문이다. 그 원인은 인간은 혼자 살지 못하고 타인과 함께 공동체 안에서 존재할 수 있다는 단순한 문장으로 표현될 수 있다. 이런 상황에서 두 가지 통일될 수 없는, 그 성취를 두고 다투게 되는 목표가 불가피하게 만난다. 인간 공동체와 인간 공동체에 대한 생각이 존재한 이후로 그 다툼은 계속되고 있다. 공동체 안에는 한편으로 개인에게 허락된 자유와 정의가 있고, 그 반대편에는 전체를 통해 가능해지는 거주 이전의 자유나 행복 추구가 있다. 개인의 관심과 조직의 관심이 얼마나 다를 수 있는지, 그럼에도 이 두 개가 존재하고 유지되는 것을 누구나 살면서 여러 번 경험하지 않았나?

서로 합의될 수 없는 목표를 추구한다는 설명이 사람들의 마음에 들지 않는다는 건 쉽게 이해할 수 있다. 그러므로 완전한 이상 사회를 꿈꾸고, 이런 사회가 뼈와 살에서 나온 진짜 인간들과 함께 이 지상에서 실현될 수 있다고 믿는 사람들이 모두 마키아벨리를 멸시하는 건 그리 놀라운 일이 아니다. 이들은 마키아벨리라는 이름을 비방한다. '마키아벨리주의'는 양심 없는 권력 정치를 가리키는 이름이 되었다. 마키아벨리는 정치를 그렇게 묘사한 적이 없지만 말이다.

심장 이식과 달나라 여행을 배우던 시기는 미래학의 위대한 시대이기도 했다. 1960년대에는 새롭고 더 나은 세계를 약속하는 유토피아가 끊임없이 제시되었다. 그 이전에도 철학자를 비롯한 많은 이들이 유토피아를 계속 추구했었고, 플라톤에서 시작하여 토머스 모어를 거쳐 마르틴 루터, 칼 마르크스를 지나 68세대까지 그 흐름이 이어졌다.

68세대는 지치지 않고 새로운 인간을 선포했는데, 시위가 끝날 때 다음 모퉁이에서 바로 이런 인간이 나올 거라고 가정했다. 이들의 설계와 다른 설계들을 자세히 보면, 혁명의 몽상가도 전문 미래학자도 실제로는 피와 살이 있는 진짜 인간을 자신들이 그리는 미래 사회의 거주민으로 상상하지 않았음을 곧 알게 된다. 그들의 전망 안에서는 단지 완성된 본질만이, 완전히 순수하거나 완전히 무균한 존재만이 존재했고 존재한다. 이 순수 완전체는 인간의 모든 좋은 특성을 자기 안에 통합한다. 이런 존재는 분명 나쁜 특징이 없으며, 악한 일을 기획하지 않거나 모욕감이나 질투도 느끼지 않는다. 그러나 이런 환상적인 존재들에게 큰 약점이 하나 있다. 서로 구별되지 않는다는 것이다. 유토피아에서는 명백히 단일한 것에 의해 작동되는 완벽한 사회만 이야기한다. 그 사회 안에서 개인주의자로 인지되고 행동하는 사람은 누구나 즉시 사회의 방해요인으로 취급될 것이다(그리고 재빨리 제거될 것이다).

다양성은 자연의 진화가 생산하고, 추구할 만한 가치가 있는 목적으로 존중받는다. 내가 알고 있는 한, 이상주의자들은 인간의 다양성을 신봉하지 않는다. 그 반대다! 꿈꾸는 미래의 전망이 완벽할수록 그곳에 살아가는 존재들의 아름다움과 영리함도 서로서로 더욱 닮아갔다. 과학에서는 이와 반대로 개인적 인간들만 주목받을 수 있다. 세포 분자생물학은 존재하지만, 사회 분자생물학은 존재하지 않는다. 그러므로 유전공학자들이 인간의 유전물질 개선책을 알고 싶을 때 마르크스주의나 다른 이상주의자로부터 배울 수는 없다. 연금술에서는 배울 수 있다. 가치 없는 것을 가치 있는 어떤 것으로 바꾼다는 연금술의 기본 생각에 유전학자들이 더 가까워진다면 말이다. 바로 이 일이 결론적으로 유전학자들이 수행해야 하는 일이기 때문이다.

오늘날에는 당연히 생각 있는 엘리트 누구도 1960년대에 유행했던 것과 같은 이상 사회를 더는 꿈꾸지 않는다. 이런 이상을 추구하기 위해 중간계급 부부들은 앞에서 언급한 것처럼 맞춤 아기를 고를 가능성을 활용한다. 그러나 이미 언급했듯이, 여기서 결국 그들이 고유한 차별성과 정신을 잃어버리게 될까 봐 나는 두렵다. 자신의 아이에게 남겨주고 싶은 유전자를 선택하고 추가하는 자유는 두 가지 인간관의 모순을 벗어나지 못한다. 두 가지 모순이란 고대 아리스토텔레스로 대표되는 자연주의적 인간관 및 거기에 속하는 행복과 플라톤이 선호했던 개별 인간의 이상주의적 숙고와 거기에 속하는 도덕 사이의 모순을 말한다. 이미 말했듯이, 인간은 어떤 존재여야 하는가라는 질문에 올바르고 객관적인 대답을 기본적으로 찾을 수 있다는 관점은 기본적으로 분명히 틀렸다. 인간은 단지 공동체 안에서 타인들과 함께 살 수 있으며, 마지막에는 어떤 사람도 완전할 수 없다. 즉, 완벽한 사회의 완벽한 인간은 존재할 수 없다. 완전함을 추구하고 완전함에 대해 말하는 것을 중단할 때 비로소 우리는 자유로워져서, 완전한 아기의 모습을 유전자 변이들 사이에서 결정하려는 시도가 망상임을 알게 된다. 이 길로 가는 문은 아직 열려 있다. 완전함의 추구에 아니오라고만 하면 된다. 오직 인간만이 아니오라고 말할 수 있음을 이해하면 그 일은 그리 어렵지 않다. 확실히 자기 자신의 삶에 커다란 긍정이 존재한다. 내가 사는 공동체 다른 구성원의 삶에 개입하는 일을 강하게 부정하는 것도 자기 삶에 대한 강한 긍정에 속한다.

생명의 책들

『생명의 책Das Buch des Lebens』. 폴란드에서 태어나 미국에서 활동했던 (그리고 미국에서 별세한) 과학사학자 릴리 E. 케이Lily E. Kay는 유전자 코드와 역사를 다룬 자신의 책 제목을 이렇게 붙였고, 이 책의 앞부분에서 자신이 이 은유를 어떻게 이해하는지 상세하게 설명한다.

"성서처럼 들리는 '생명의 책'이라는 상징은 유전자 혹은 게놈을 다루는 과학 분야를 말한다. 이 연구는 1960년대에 등장하였으며 게놈 형태의 인간 유전물질에 관한 연구 프로젝트들을 활성화했다. 이 생의학 프로젝트들은 지구적 자본의 후원을 받으며 유전자로 된 텍스트를 '읽고' '편집'하는 작업으로 알려져 있지만, 여기서 축적되는 정보는 인간의 기본 상상력에 영향을 준다." 그리고 DNA 서열은 "생명의 말씀으로 종종 관찰된다."[21] 그러나 누가 이 텍스트를 적었고 모든 유전자 도서관들이 인간의 세포 안에서 어떻게 암호화되어 정돈되었는지는 호기심 많은 인간들에게 늘 감추어져 있다.

과학뿐만 아니라 히브리 문화도 '생명의 책'을 안다. 이 책은 유대교 안에서 만족스럽게 살았던 옛날 사람의 목록을 뜻한다. 이 책에는 선택된 사람들의 행동이 들어 있지 않다. 마찬가지로 생명을 다룬 생물학책도 수집된 유전자의 행동을 불러오거나 나열하지 않는다. 유전자들은 단지 생물학 교과서에 하느님 마음에 드는 사람 명단처럼 올라 있을 뿐이다. 이렇게 표현해도 무방하다면, 오늘날 존재하는 유기체들의 유전자들 또한 그들의 종족에서 선택된 개체라고 표현할 수 있는

데, 이 일이 바로 진화가 하는 일이기 때문이다. 예컨대 진화를 인간의 삶과 생존을 가능하게 해주는 유전자의 선택이라 표현할 수도 있다. 수 백만 년에 이르는 이 선택의 과정에서 뜻하지 않은 몇몇 오류, 좋은 작가라면 독자들을 위해 금지하고 피하야 했었던 그런 오류가 있었다. 그러나 그 오류가 과학자들에게는 필요한 정거장과 공격 지점을 제공했고, 그 지점에서 과학자들은 생명의 책에 나오는 탐사를 시작할 수 있었다.

2009년 찰스 다윈 탄생 200주년을 축하할 때, 종의 변화를 다룬 그의 작품도 생명의 책으로 소개할 수 있다고, 많은 평론가들은 생각했다. 여기서 끊임없이 제기되었던 질문은 하느님의 창조 대신 자연선택을 역사로 설명하는 책을 교회는 왜 16세기부터 작성하고 있었던 자신들의 금서 목록에 올리지 않았느냐는 것이다.

그런데, 자연선택이라는 과감한 생각을 한 최초의 사람은 다윈이 아니다. 프랑스의 장 밥티스트 라마르크Franzose Jean Baptiste Lamarck가 1800년에 처음으로 생명체들은 지속적으로 머물 수 없고, 변화하는 능력과 적응력을 보여주어야만 한다는 사유를 시작했던 것이다.

라마르크는 파리의 자연사 박물관 책임자였다. 그곳에서 그는 지질학자들이 찾은 화석 유물들을 분류했었는데, 많은 경우 순서대로 정리할 수 있었지만, 중간에 단절이 계속해서 일어났다. 거기에 있어야 할 생명체가 사라졌다, 즉 멸종했다는 생각이 당연히 떠오르지만, 라마르크는 바로 이 당연한 생각을 받아들일 수 없었다. 자신이 창조한 생명체를 다시 단순히 사라지게 하는 존재로 하느님을 인식하는 일이 라마르크에게는 금지된 일이었던 것이다. 그는 자신의 금지된 지식 대신 유기체들은 멸종한 것이 아니라 단지 바뀌었을 뿐이며 변화하는 지구에 적응했다고 상상했다. 영국의 성직자들도 다윈의 사례에서 이런 유연성을 보여주었다. 이들은 다윈의 지식을 변환하여 최대한 정제하여 설명한다. 하느님께서는 동물, 식물, 인간이 스스로 창조할 수 있게 만드셨다. 단지 다윈은 이 점을 자신의 진화론으로 보여주었을 뿐이다.

결코 모두가 그러지는 않았지만, 몇몇 교회의 대표자들이 이런 방식으로 다윈을 포용하고 품었다. 그러나 과학자들은 라마르크를 방치했다. 억압받고 금지된 다른 지식들과 마찬가지로, 라마르크의 통찰은 금지되지는 않았지만, 다시 조명받기 전까지 근거 없는 주장으로 매도되었다. 1809년 출판된 『동물학적 철학』 혹은 『철학적 동물학』에서 라마르크는 변화에 대한 새로운 구조를 제안했다. 그의 구조는 건강한 인간 지성이 보기에는 명쾌한 이론이었지만, 다윈 이후에는 라마르크의 구조와 공명하는 모든 것은 금기가 될 만큼 기피되었다. 라마르크는 유기체가 살아가면서 획득한 특성도 유전될 수 있다는 생각을 도입했다. 19세기에는 이 생각이 어느 정도 살아 있었지만, 20세기 중반을 압도하던 분자생물학이 이 생각에 철퇴를 가하면서 라마르크주의는 과학적 망언이 되었다. 이런 라마르크의 구조를 유전적 변화 생성에 수용하는 일은 그냥 단순히 금지되었으며, 주류와 다른 이야기를 하는 사람은 지원을 전혀 받지 못했다. 생명의 진화는 오직 우연한 변이를 통해서만 생겨났고, 그것으로 충분했다.

그러나 1990년대 질주하는 게놈 분석의 그늘 속에 유전자 연구의 횟수가 늘어나면서 삶에 속하고 인간에게 영향을 미치며 반응하는 외부 환경들이 눈에 띄었다. 이 외부 환경들은 세포의 가장 깊은 곳에 자리 잡을 수 있었고, 그것도 화학적 표시를 통해 구체적으로는 메틸기 형태로 DNA의 구성 요소인 염기에 달라붙어 있었다. 이 사실만으로도 이미 전통적 사고방식에게 소화하기 힘든 덩어리를 던져 주었지만, 이 덩어리를 삼키게 된 유전학자와 유전생물학에는 엄청나게 큰 곤란을 안겨주었다. 이미 밝혀졌듯이, 유전자 변형은 다음 세대로 전달될 때 그대로 유지된다. 후성적 안정성이 드러나면서, 나중에 생겨났지만, 게놈에 속하는 정보를 뜻하는 단어 '후성학Epigenesis'이 유행했다. 이런 관찰 가능한 사실들이 왜 처음에는 신뢰할 수 없고 근거가 빈약한 주장으로 자주 거침없이 폄하되었는지 그 이유도 이제는 알게 되었다. 그 이유는 생명과학의 오래된 과거에 있었다. 그 과거에 라마르크는 유기체의 적응과 여기서 나오는 종의 변이는 우연히 생겨나는 것이 아니라, 각각의 삶의 환경을 반영하고 유전적으로 이에 대해 반응하게 된다고 발표했다. 예를 들어 역사적인 스웨덴 연구에 따르면, 사춘기 시절에 기아를 경험하고 견뎌야 했던 남성들의 손자들은 언제나 먹을 것이 충분했던 남성들의 손자들보다 당뇨병이나 심장질환에 덜 걸렸다. 또한 유전학자들은 영국의 식물학자 엔리코 코엔Enrico Coen의 데이터를 기억해냈다. 1990년대에 코엔은 자신의 식물 실험에서 아래 3가지 사실을 보여주었다. 첫째, 꽃 구조 형성에 관여하는 유전자는 마비된다. 둘째, 이 비활성화는 메틸기가 DNA에 붙음으로 일어났다. 셋째, 여기서 나온 표시 유형은 종자식물의 다음 세대에도 전달된다.

이런 지식과 그 밖의 새로운 사실들이 나오면서 후성유전학의 존재를 인정해야 할 불가피성은 커졌고, 시간이 지나면서 새로운 분야로 확정되고 연구될 필요가 생겼다. 이 새로운 생각과 이름이 등장하고 과학 공동체 성원들이 여기에 익숙해졌을 때, 이 새로움이 이미 오래된 것임을 알게 되었다. 후성유전학은 이미 제2차 세계대전 시기에 시도되었던 것이다.

우리는 이 단어를 1942년 영국 학자 콘래드 워딩턴Conrad Waddington의 글에서 처음 만난다. 워딩턴은 동물 신체의 발전 과정을 연구하면서 이 과정을 후성설이라고 요약했다. 성숙한 유기체가 최종 형태로 생명의 무대에 출현하기 위해 필요하고 진행되어야 하는 모든 과정과 사건을 이 개념으로 표현하려고 했던 것이다. 워딩턴은 영국 출신이었지만 1930년에 미국으로 가서 유명한 유전학자 토머스 H. 모건Thomas H. Morgan의 초파리 연구실에서 초파리 배아 성장 과정을 관찰, 추적하려고 했다. 그 실험 중에 워딩턴은 머리에 더듬이 대신 다리가 자라나는 돌연변이를 만났는데, 이 돌연변이를 속어로 안테나페디아Antennapedia라고 부른다. 배아는 한 유전자의 부가 기능이 다른 유전자에 영향을 주면서 발달하는 게 아니라 유전자들이 역동적 체계 안에서 서로 영향을 주고받음으로써 발전한다는 가정을 통해 워딩턴은 이 돌연변이 생성을 해석했다. 당시에 알려지기 시작했듯이, 당연히 DNA 조각들은 단백질 생산을 안내하면서 이런 유전자 조직에 기여한다. 그러나 1940년대 초에 이미 워딩턴이 알고 있었듯이, 유전자가 언제가 자신의 직접 의무를(오늘날에는 정보 전달의 의무라고 말할 수도 있겠다) 수행한 다음 '후성유전'적인 어떤 것이 일어나야만 한다. 그래서 워딩턴 역시 한 세대에서 다른 세대로 유전될 수 있는 무언가를 후성유전에서 발견할 거라는 가정을 수용하기 어려워했다. 유전 정보와 유전 정보가 포함된 분자들만이 유전되어야 하고 될 수 있다고 사람들은 알고 있었다. 그러나 후성유전학이 점점 더 많이 이야기되는 시대에 바로 이 생각이 궁극적으로 포기되어야 할 것이다. 이 새롭게 피어나는 연구 분야의 적절한 정의에 관심이 있는 사람은 이렇게 말할 수 있을 것이다. 이 연구는 전통적인 유전연구로는 파악되지 않으며, 비록 유전자와 관계는 있지만, 유전자 안에 직접 자리 잡지 않은 채 후손에게 특성을 전달하는 문제를 다룬다. 즉, 게놈을 구성하는 DNA 염기서열의 규정을 받지 않는 (예컨대 게놈 프로젝트에 의해 파악되지 않는) 기능과 현상이 주제이다. 후성유전학자들은 유전 가능한 변이와 유전물질의 적응을 다룬다. 이 변이와 적응은 유전물질 이용을 조정하는 데 도움을 준다. 당연히 DNA의 이 화학적 장비가 스스로 마련되지 않았고, 유전자가 필요로 하는 단백질에 의해 준비되었음을 여기서 굳이 특별히 언급할 필요가 없다. 아무도 더는 놀라지 않듯이, 그렇게 신호 사슬은 계속 이어지며, 결국 사람들은 이 모든 것이 결합되어 있는 네트워크나 조직을 찾으려고 한다.

다른 말로 하면, 후성유전학에서 중요한 것은 유전자 염기서열을 넘어서는 정보다. 여기서 피해야 할 생각과 줄여야 할 희망이 하나 있다. 시간이 흐르면서 유전학에서 유전자가 발견되었던 것처럼 후성유전학에서도 같은 방식으로 '후성유전자'가 발견될 수 있다고 기대하면 안 된다. 과학은 아직 그렇게 멀리 가지 못했으며, 지금까지 후성유전학은 평범하게 유전 과정에서 활성화되는 중요 분자, 즉 DNA의 염기에 붙어 있는 화학적 구조물을 다룬다. 이 화학적 구조물은 앞에서 이야기했던 메틸기를 말한다. 메틸기가 DNA의 염기에 붙으면, 즉 메틸화가 일어나면 유전물질에 패턴이 생성되는데, 이 패턴이 안정을 유지하며 유전물질과 함께 유전될 수 있다. 대단히 놀라운 일이다. 이 화학 구조물을 유전자의 기억이라고 부를 수도 있는데, 여기에 속하는 패턴들은 해당 유전자 보유자에게 영향을 미치는 환경이 만들기 때문이다. 이런 방법으로 인간 및 다른 생물의 유전자는 자신들을 둘러싼 환경의 특징을 가져올 수 있고 또 그렇게 보유할 수 있다. BBC 기자가 언젠가 표현했듯이, 조부모님의 삶은 이런 방식으로 손자들에게 직접 영향을 미칠 수 있다. 즉, 손자들은 조부모가 살았던 생활환경과 그들이 사용했던 사물을 자신들의 감각으로 직접 경험하고 인지하지 못하더라도, 조부모가 마셨던 공기, 그들이 먹었던 음식, 그들이 누렸던 기쁨이 손자들에게 영향을 줄 수 있다는 것이다. 한편 유전공학에 대한 '독일인의 공포'를 후성유전학으로 설명할 수 있다는 사변적 추론이 있었다. 즉 "우리의 부모와 아이들은 60년이 지난 일 때문에 고통받았다"라는 트라우마의 결과로 독일인의 유전공학 공포가 생겼다는 것이다. 여기서 더는 논증할 수 없는 추론이다. 그럼에도 이 생각을 더욱 전개하다 보면 개인에게 고정되어야 하는 유전학과는 달리, 후성유전학에서 보는 민족적 이해 같은 것이 생길 수도 있을 것이다.

인류의 금서들

금지된 지식과 책에 대해 동시에 숙고하는 사람은 금서를 거의 자동으로 떠올린다. 그리고 여기서 그 유명한 인덱스, 즉 가톨릭교회 전설의 금지 텍스트 목록인 '금서 목록Index Librorum Prohibitorum'을 생각하지 않으면 안 된다. 줄여서 '인덱스'라고 부르는 이 금서 목록은 1559년에 처음 작성되었고, 그 후 수백 년에 걸쳐 6,000개의 제목이 수록되었다. 목록이 6,000개에 도달하던 1962년에 로마에서는 제2차 바티칸 공의회가 열리고 있었는데, 그 후 얼마 지나지 않은 1966년에 책 읽는 신앙인, 혹은 신앙심 깊은 독서가들에 대한 로마 교황청의 감독은 공식적으로 종료되었다(토막 이야기 '카셀 목록Die Kasseler Liste' 참고). 당연히 가톨릭교회는 이 금서 목록 때문에 큰 손해를 자초했고, 목록에 오른 책들은 큰 신뢰를 얻으면서 나중에는 세계 고전 문학으로 상승하였다. 블레즈 파스칼Blaise Pascal, 장자크 루소, 하인리히 하이네Heinrich Heine, 그레이엄 그린Graham Greene, 블라디미르 나보코프Vladimir Nabokov 등 목록에 오른 작가들의 이름을 보는 것만으로도 매우 흥미롭다. 그러나 라마르크 사례에서 소개되었듯이 글로 작성된 지식을 억압하려 했고 억압하려는 다른 기관들도 존재했고, 지금도 존재한다. 이런 경우 사람들은 이단자Häretiker에 대해 말한다. 이단자는 다른 의견을 뜻하는 그리스어에서 나왔으며, 다른 종교의 내용을 주장하거나 그 가르침을 펼치는 사람을 뜻한다. 베르너 풀트Werner Fuld의 『금서의 역사Das Buch der verbotenen Bücher』는[22] '고대부터 오늘날까지의 박해와 추방의 보편 역사'를 다루고 있다. 이 책은 가톨릭교회의 인덱스를 언급하지만, 흥미롭게도 사람들의 기대와는 달리 갈릴레이와 코페르니쿠스의 이름은 인덱스에 들어 있지 않다. 코페르니쿠스의 대작 『천구의 회전에 대하여De revolutionibus orbium coelestium』에 담긴 생각은 충분히 교황의 심기를 건드릴 수 있었다. 그러나 태양 중심의 우주를 설명하는 이 책에서 실제로 교회를 성가시게 한 것은 무엇보다도 엄청나게 많은 인쇄 오류와 오탈자였다. 이단적 가르침에 대해서 교회는 아무 언급도 하지 않았다. 코페르니쿠스의 지식을 금지하려고 했던 사람들은 가톨릭 신자가 아니라 바로 개신교 신자들이었다. 예를 들어 루터는 "이 멍청이가 전체 천문학을 뒤집어놓는다!"라고 소리쳤다. 루터는 고집스럽게 성서에 의지하면서 여호수아서의 한 장면(10:12-13)을 인용했다. 이 구절에는 이스라엘 민족이 태양 아래서 아모리인들을 학살할 수 있게 하느님이 태양을 멈추는 장면이 나온다. 루터는 심지어, 풀트가 상기시켰듯 예수회원들도 결코 혁명가들에 뒤처지지 않고 프랑스 혁명이 일어났던 1789년까지 봉건의 잔재가 남아 있는 책들을 진보와 이성의 승리를 위한 장작으로 삼았던 것처럼, 성서 구절을 근거로 제시하며 책을 불태우는 일을 정당화한다.

카셀 목록

2017년 카셀 도큐멘타(독일 카셀 지역에서 5년마다 열리는 현대미술 전시회)에서 사람들은 '책으로 만든 파르테논Parthenon of Books'에 경탄했다. 이 작품은 금지된 책으로 만든 신전이었는데, 도큐멘타 조직위원회가 문예학자 니콜라 로스바흐Nicola Roßbach에게 의뢰하여 제작하였다. 로스바흐 교수는 동료 교수 플로리안 가스너Florian Gassner와 수십 명의 학생들과 함께 금서 수집을 시작했고, 최종 7만 권의 목록을 얻었다. 책의 파르테논에는 나치 시대의 책들, 말라위 같은 먼 나라에서 온 책들도 있었다. 말라위에서는 동성애를 다룬 책들이 금서다. 최다 금서를 보유한 나라는 터키로 모두 1,000권의 책과 함께 목록의 최상단을 차지했다. 옛 동독의 집권당이었던 독일 사회주의통일당SED의 설명에 따르면, 옛 동독은 공식적으로는 검열이 없었고, 그래서 당연히 금서도 없었다. 어떤 작품이 출판되지 못했다면, 종이가 부족했기 때문이다. 이와는 별개로 이 작품은 카셀 리스트를 통해 소위 계몽된 체제들도 검열을 기꺼이 이용했다는 것을 보여주었다. 불편한 지식을 금기로 설명하는 법을 누군가 찾아냈을 것이다.

책에 실린 금지된 지식은 당연히 정치적 이유로도 삭제되었으며, 책임 있는 작가들은 탄압과 박해를 받았다. 예컨대 '제3제국'에서는 '유대 지성주의'와 '자유주의 타락'으로 가득 찬 모든 문서들이 그런 탄압을 받았다. 알베르트 아인슈타인의 작품들은 나치 시대 국가사회주의자들에게만 눈엣가시가 아니었다. 1958년 동독 지역 할레Halle 출신 한 철학과 학생은 큰 곤경에 처했었다. 이 학생은 서독을 방문하여 1934년 암스테르담에서 출판된 아인슈타인의 『나의 세계관Mein Weltbild』을 가져왔는데, 그 때문에 그는 국가반역죄로 7년 징역형을 선고받았다.[23]

동독에서는 금지된 주제들이 여러 개 있었는데 공화국 탈출, 포르노, 알코올 중독, 실업, 약물 남용, 도핑, 청소년 자살 등이 여기에 속했다. 그리고 동독 정부는 그들의 선전처럼 소련에 대해 충실하게 배웠다. "소련에 대해 배우는 일은 승리를 배우는 일이다!" 그러나 소련은 몇몇 책에 나오는 생각들에 패배했다. 예를 들어 예브게니 자먀틴 Yevgeny Zamyatin이 1920년에 쓴 소설 『우리들Wir』에서 어떤 정부가 아래와 같은 선언을 한다. "인간의 자유가 바로 0에 도달하면, 그 인간은 아무런 범죄도 일으키지 않는다. 인간을 범죄로부터 보호하는 유일한 도구는 자유로부터 그를 차단하는 것이다."[24] 시민들을 평준화하고 그들을 대중문화 속에서 멍청하게 만드는 아주 유명한 방법이 바로 그것이다. 이들에게는 더 이상 지식을 금지할 필요가 없다. 이제 더는 지식이 없기 때문이다.

분서와 검열이 존재한 이래로 인간들은 늘 방어책을 알고 있었다. 텍스트를 외우거나 손으로 쓴 시나 이야기를 직접 출판하기도 했는데, 러시아에서는 이런 '사미즈다트Samisdat'가(러시아어로 자가 출판을 뜻하며, 검열을 피하기 위해 당국의 허가 없이 비합법적으로 직접 출판하는 일을 가리킨다 – 옮긴이) 18세기 이후 생명을 건 위험 속에서 진행되었다. 2천년 전 타키투스Tacitus도 생각했고 역사가 함께 증명해주듯이, 탄압은 박해받는 이들의 권위만 키울 뿐이다. 반면 탄압하는 지배자는 오명을 뒤집어쓴다. 검열관은 짧은 기간 동안만 성공한 것처럼 보이며, 긴 관점에서 보면 단지 우스운 인물로 남을 뿐이다. 인민공화국이라는 중국에서 나온 인상 깊은 이야기가 이를 보여준다. 중국어 신문 《에포크타임스Epoch Times》가 2013년 5월에 보도한 내용에 따르면, 홍콩 서점에서 구할 수 있는 중국 금서들은 고위 관료들이 무척 좋아하는 선물로 여겨진다고 한다. 당시 가장 인기 있는 책 가운데 『2014년의 완전 붕괴Der totale Kollaps im Jahr 2014』가 있었다. 실제 붕괴는 일어나지 않았지만, 이 책은 독자들에게 중국인들은 많은 것에 대하여 속고 있으며, 소시민들은 대부분의 지식에 접근할 수 없는 상태라는 확신을 주었다.

과학의 이단자들에 대해 알려면 작가이자 기자인 윌 스토르Will Storr 의 책을 한번 살펴볼 가치가 있다. 2013년에 나온 이 책에서 그는 과학의 적들과의 만남을 묘사했다.[25] 스토르는 지구의 나이가 6,000살이라고 믿는 창조주의자들을 만났다. 나치가 상대성이론을 유대인들이 퍼뜨린 세계 지배 음모라고 여겼듯이, 기후변화를 부정하며 이를 중국의 음모라고 여기는 사람들과도 대화했다. 명상으로 암을 치료하려고 하는 구루들을 만났고, 의사들이 알지 못하는 가려움증의 확산에 대해 글을 쓴 동료들을 취재했다. 왜 많은 사람은 과학이 제시하는 증거보다 이런 혼란스러운 생각을 더 믿는지를 밝히기 위해 스토르는 이 모든 작업을 수행했다. 왜 어떤 이들은 전통 과학을 신뢰하는데, 다른 이들은 전통 과학을 넘어서는 것을 갈망할까? 누군가 금지된 비밀지식 일부를 설명해주면 전통 과학을 넘어서고 싶은 자들은 왜 그 설명을 즉시 믿을까? (토막 이야기 '일곱 번째 감각' 참고)

이미 언급했던 사실에서 해답 하나를 찾을 수도 있을 것 같다. 과학에서 나오는 지식은 가끔은 매우 힘들지만, 오류는 인간적이고 동시에 편안하다. 18세기에 나온 한 정리가 이에 관한 한 사례다. 이 정리는 공식적으로 금지되지는 않았지만, 끊임없이 억압당하는 지식을 보여준다. 이 주제를 다룬 매우 아름다운 제목을 단 아름다운 책이 한 권 있다. 미국의 과학 기자 샤론 버치 맥그레인Sharon Bertsch McGrayne 이 쓴 아주 긴 제목의 책에 대한 이야기다. 『불멸의 이론: 어떻게 영국의 목사 토머스 베이즈Thomas Bayes는 하나의 규칙을 발견했고, 그 규칙은 150년이 지난 오늘날 과학, 기술, 사회의 풍성한 논쟁에서 더는 빠질 수 없는 것이 되었나?Die Theorie, die nicht sterben wollte [26] – Wie der englische Pastor Thomas Bayes eine Regel entdeckte, die nach 150 Jahren voller Kontroversen heute aus Wissenschaft, Technik und Gesellschaft nicht mehr wegzudenken ist』

베이즈 목사가 발견하고 수학적으로 세밀하게 정리할 수 있었던 것을 교과서에서 조건부 확률이라고 부르는데, 이를 다음 문장으로 요약할 수 있다. 어떤 진술의 진실 여부는 사건에 대한 새로운 정보의 등장만으로 판단할 수 없고, 이 진술에 관련된 과거 사건의 확률이 어떻게 되는지를 신중하게 살펴보아야 한다. 예를 들어 한 번 실험하는 데 천문학적인 비용이 드는 어떤 실험에서 몇몇 소립자들(중성미자들)이 빛의 속도보다 빠르게 움직인다는 걸 암시하는 결과가 관측되었을 때, 세상을 뒤집을 만한 현상이 발견되었다고 생각하기보다는 측정도 하기 전 단계부터 이미 큰 의심을 품고 실험 중에 오류가 일어났다고 생각할 수 있다. 그러니 텔레파시, UFO, 동종요법의 희석법, 성모 발현 등 수긍하기 힘들고 의심을 불러오는 현상에 대해 과학적으로 의미 있는 지지를 얻으려는 사람은 특별한 증거를 제시해야 한다. 이런 증거의 부담은 회의주의자가 아닌 이단자들이 떠맡는다.

일곱 번째 감각

진화 과정에서 인간의 눈이 앞으로 옮겨왔을 때, 인간은 등 뒤를 보호하는 체계를 찾아야 했다. 하나의 해답은 동료들의 경고 호출이었다. 동료는 다른 사회적 관계를 통해 보충되었고 위험에 처한 개인에게 필요한 안전을 제공해주었다.

2003년에 영국인 루퍼트 셀드레이크Rupert Sheldrake는 『응시받는 감각The Sense of Being Stared at』이라는 책을 집필했다. 이 책의 독일어 번역본 제목은 『인간의 일곱 번째 감각Der siebte Sinn des Menschen』이다.[27] 이 책은 뒤에서 누군가 보고 있다는 느낌에 대해 다룬다. 인간은 이 느낌을 잘 감지한다. 보통의 경우 시선이 오는 방향을 감지하고, 그것을 이해했다고 여긴다. 이 현상은 여전히 찾고 있는 신호를 교묘하게 인지하는 법과 관련되어 있을 것이다. 인간은 시야 가장자리의 아주 작은 변화에도 반응할 수 있다고 알려져 있다.

셀드레이크는 해명되지 않은 다른 많은 현상, 예를 들어 텔레파시와 동물들의 놀라운 감각에도 흥미를 보였다. 동물들은 위협받는 상황에서 극도로 민감한 감각을 보여주며, 지진의 위협을 매우 일찍 알아차리기도 한다. 말, 고양이, 앵무새는 마부나 고양이 집사 같은 신뢰하는 사람의 귀환을 예측한다고 한다. 예고 없는 귀환에 가족들은 보통 놀라지만, 반려동물은 그렇지 않은 것이다. 셀드레이크는 이런 경우를 두고 '의도된 원격작용'으로 설명한다. 설명하는 문장에 긴장에 해당하는 영어 단어 텐션tension을 포함한 의도는 동물뿐만 아니라 때때로 인간에게도 인지될 수 있다는 관점을 주장하기 위해서다.

여기서 사용한 '원격작용'이란 표현은 초기 물리학에서 나왔다. 예를 들어, 위대한 뉴턴은 달처럼 멀리 있는 물체에 영향을 주는 중력의 인력을 묘사할 때 원격작용을 이용했다. 당시 사람들은 천체 두 개 사이에 물리적 결합이 존재할 수 없듯이 중력의 당기는 힘도 이해하지 못했다. 이 이해를 돕기 위해 원격작용이란 개념을 도입했던 것이다. 19세기까지 물리학자들은 원격작용에 대해 이야기했다. 영국물리학자 마이클 패러데이Michael Faraday가 두 물체 사이에서 필요한상호작용을 중재해주는 매질을 찾자고 제안하기 전까지 원격작용이필요했던 것이다. 패러데이 이후 과학은 장Field에 대해 이야기하게되었고, 장이론을 통해 원격작용이 근접작용으로 대처되었다. 곧 전기와 자침의 상호작용을 통해 전기장과 자기장이 증명될 수 있었고,결국 인간도 지구가 무슨 일을 하는지 이해하게 되었다. 다른 모든질량처럼 지구는 중력장을 만들었다. 이 중력장은 달과 그 밖의 우주영역까지 뻗어 있어서 자신의 궤도 안에 달을 붙잡았으며, 우주에도여러 가지 영향을 미쳤다.

셸드레이크는 이 물리적 장이론을 기꺼이 인지 감각 연구에 도입하길 원한다. 그리고 사고 전달, 예감, 그리고 지금까지 설명하지 못하는 여러 현상들을 이해하고 명쾌하게 해명할 수 있는 정신적 장 혹은 다른 장이 존재하는 게 가능하다고 생각했다. "정신이 두뇌 내부로만 제한하지 않고, 두뇌를 넘어 뻗어나갈 때" 정신적 장은 생겨난다. 이것이 셸드레이크의 기본 관점이다. 감각이 눈에게 요구할 때인간이 보게 되는 그림들은 인간의 머릿속에서 이해된다. 뿐만 아니라 자연과학자와 철학자들이 일치점을 찾지 못한 채 다양하게 추측하고 지정하는 장소에서도 이해된다. "우리가 주변을 살펴볼 때 경험하게 되는 그림들은 그들이 있는 것처럼 보이는 곳에 존재한다. 아니면, 환상 또는 환각이다." 셸드레이크는 '확장된 정신'이라는 개념을 제시했는데, 이 개념과 정신적 장 개념으로 감각을 넘어선 인지를 이해시키려고 했다. 이런 생각에서는 사람들이 관습적으로 생각하는 주체와 객체의 철저한 분리가 존재하지 않는다. "마치 주체는 머릿속에 있고 객체는 외부에 있는 것처럼"생각하지 않는다는 것이다. 대신 셸드레이크는 다음과 같이 제안한다. "외부 세계는 보임으로써 눈을 거쳐 정신에 도달하고, 경험의 주관 세계는 인지의 장과 의도의 장을 통해 외부세계에 투사된다. 우리의 의도는 우리를 둘러싼 세계뿐만 아니라 미래까지 뻗어나간다. 우리는 우리 환경과 서로 연결되어 있다."[28] 이런 생각은 회의주의자의 마음에 들 수도 있을 것 같다. 어쨌든 인간은 자신이 볼 수 있는 것보다 많이 알고, 하늘과 땅 사이에는 학교 지식으로는 알지 못하는 것들이 실제 무수히 많으니까.

특이한 결론: 마술의 비법

'짜우버클링글Zauberklingl'. 1876년 빈에 설립된 마술 용품 가게의 이름인데, 이 가게는 2015년까지 빈의 시내에 있었고 그 이후에는 다른 가게들에 그 자리에 들어왔다. 짜우버클링글에서 실제로 마술 비법을 구매할 수 있었다. 그러나 나를 포함한 고객들은 먼저 처음부터 한 가지 사실을 분명히 배워야 했다. 즉, 피아노를 구매했다고 바로 연주할 수는 없다는 사실 말이다. 카드, 동전, 수건, 밧줄, 링으로 하는 마술은 끊임없이 연습해야 한다. "마술 비법을 절대 누설하지 말 것"이라는 마

술 상자에 쓰여 있는 경고는 진지하게 받아들이면 안 된다. 오늘날 몇
몇 사람들은 마술 비법을 누설하는 게 즐거운 모양이다. 유튜브를 검
색하거나 인터넷에서 매직 라인이나 매직 숍 같은 사이트에 들어가면
누구나 쉽게 마술 비법을 확인할 수 있다. 프로 마술사들이 전해주는
바에 따르면, 청중은 두 부류가 있다고 한다. 한 부류는 즐기려 하고,
다른 부류는 마술사가 어떻게 했는지 찾아내려 한다. 예를 들어, 마술
사가 무대 위에 있는 치타와 한 여인을 자동차에 앉히고 총을 쏘면 자
동차, 여인, 치타는 갑자기 사라진다. 잠시 후 그들은 미리 불어두었던
풍선 안에 다시 나타난다. 이 마술은 전설의 마술사 칼라나그Kalanag가
자주 하던 공연 중 하나다. 칼라나그는 1903년 헬무트 슈라이버Helmut
Schreiber로 태어났고 '제3제국' 시대에 마술의 왕이 되었다. 칼라나그는
'지도자' 히틀러의 셔츠 주머니에 있는 돈으로도 마술을 했는데, 어떻
게 했는지는 절대로 발설하지 않았다. 마술은 청중들이 함께 즐기고
생각해 볼 수 있는 예술 형태의 하나로 봐야 한다. 이런 이유에서 마술
사의 침묵은 좋은 일이다.

[6장]

과감하게
봉인을 떼다

DIE ZUMUTUNG DER FAKTEN

"진실Wahrheit은 인간에게 요구될 수 있다."(영어의 'truth'처럼 독일어 'Wahrheit'도 진리, 진실, 참 등으로 번역된다. 한국어에서는 진실과 진리의 쓰임새와 의미가 다르지만, 독일어에서는 모두 Wahrheit라고 쓴다. 그래서 이 장의 주제어로 곳곳에 등장하는 Wahrheit는 맥락에 따라 진리 혹은 진실로 옮겼다-옮긴이) 1959년 전쟁실명자 방송극상Hörspielpreis der Kriegsblinden을 받은 잉게보르크 바흐만Ingeborg Bachmann의 짧은 감사 인사 제목이다.[1](독일어권 라디오 드라마 작가에게 수여되는 가장 권위 있는 상이다. 1950년 전쟁실명자 독일 협회와 작가 프리드리히 빌헬름 휘멘이 처음 만들었고, 매년 시상하고 있다-옮긴이) 작가 바흐만은 자신을 비롯한 작가들의 과제를 "다른 사람들을 진실을 향해 가도록 격려하는 일"이라고 봤다. 그리고 그녀는 이 다른 사람들이 거꾸로 작가들에게 진실을 요구하기를 기대했다.

감사 연설에서 잉게보르크 바흐만은 예술이 "우리 인간의 눈을 열어주고 우리가 볼 수 없는 것을 이해하게"² 만들어주기를 희망했다. 바흐만은 전쟁실명자들에게, 즉 머리에 있는 첫 번째 눈으로는 외부 세계를 더 이상 보지 못하는 사람들에게 말했다. 그래서 논의를 두 번째 눈으로 확장한 것은 가치가 있다. 두 번째 눈을 이용하여 인간은 자신 내면에 있는 또 다른 내면을 볼 수 있다. 또한 인간은 두 번째 눈과 함께 본질적인 것을 보는 상황으로 옮겨간다. 말하자면, 실제뿐 아니라 참된 것도 보는 상황으로 옮겨가는 것이다. 이 본질적인 것이란 하루의 숙고 끝에 애써 얻은 지식이 될 수 있으며, 이 두 번째 눈이 없으면 여전히 보이지 않는 어떤 것이다.

당연히 '무엇이 진실 혹은 진리인가?'라는 질문은 철학적 대화의 거대하고 영원한 주제다. 신학 사상은 이 주제에 많은 기여를 할 수 있는데, 신학에 따르면 진리는 계시자에 대한 지식의 일치에서 드러난다. 역사와 과학의 연장선상에서 이 거대한 개념에 대한 이 작은 고전적 생각을 이용한다는 사실을 불편하게 여기는 사람은 없을 것이다. 법정에서 증인으로 진실만을 말하며 명시적으로 표현되지 않는 것을 진실이라 증언하지 않겠다는 맹세가 구체적으로 무엇을 의미하는지 누구나 이해한다. 진실은 언어와 같은 매개체가 필요하다. 이 매개체를 통해 인간은 세계를 인지하고, 인지한 내용을 전달할 수 있다.

이런 상황에서 전체 삶을 깊이 포괄하는 실존 개념인 진리 대신 차라리 조금 단순하게 **맞음**_Richtigkeit_을 말하는 사람들이 있다. 이런 태도는 방법론에만 머물 수 있고 실재하는 전체 중에 조망할 수 있는 부분에만 접근할 수도 있다. 구체적으로 말하면, 여기서는 반복해서 검증할 수 있는 사실이 중요하다. 예를 들어 지구는 자전할 뿐 아니라 태양 주위도 돌고 있다는 말은 맞는 말이다. 반면 지구는 지구 위에 사는 활발한 인간들과 함께 조용히 서 있다는 주장은 맞지 않다. 여기서 '맞는 문장'의 반대는 틀린 문장이라는 명제가 적용된다. '이 페이지에 있는 글자는 검은색이다'가 맞는 문장의 한 사례다. 반면 많은 이들이 '진리'를 포함하고 있거나 표현한다고 여기는 문장들의 반대는 틀린 문장이 아니라, 새롭게 진리를 담은 문장임을 알 수 있다. "신은 존재한다" 혹은 "원자는 외형이 없다"와 같은 문장의 반대는 과학자들이 쓰는 문장과 비슷하게 "신은 존재하지 않는다"와 "원자는 어떤 형태를 갖는다" 같은 것이다. 첫 번째 경우는 언제나 신앙인 혹은 비신앙인의 확신과 관련된 문제다. 이 문제에서 등장하는 신에 대해 모두 같은 생각을 갖고 있는 건 아니다. 두 번째 경우는 물리학자들의 놀라운 통찰에 대한 문제다. 20세기 초에 물리학자들은 원자의 현실을 새롭게 알게 되었다. 즉, 이해할 수 있는 현실 안에서 전자의 궤도 같은 건 전혀 존재하지 않으며, 누군가가 그 궤도를 묘사하거나 말할 때 원자 안에서 등장하고 실현된다는 것이다. 그 밖에도 많은 사람이 각자가 기꺼이 믿고 있는 진리로 가는 개별 입구를 찾는 게 가능하기 때문에, 계속해서 바흐만이 제기한 진리의 요구 가능성도 중요해야 하지만, 각자가 자기 것으로 만든 현실에 대한 객관에 비추어 더 잘 '맞는' 지식도 고려해야 한다. 이런 지식은 무엇보다도 특히 연구자들에 의해 실험실과 실험 도구를 통해 수집된다. 그리고 연구자들은 이 지식의 도움으로 세계의 현실에 대한 정보를 전달한다.

"속임수가 국민에게 유익할 수 있는가?"

18세기 계몽의 요구를 성취한 일은 서구 문화의 가장 위대한 업적에 속한다. 계몽이란 지식을 통한 자기 해방, 혹은 임마누엘 칸트의 말대로 "스스로 빠져 있던 미성숙에서 인간이 탈출하는 일"이라 표현할 수도 있다. 그러나 이 성취의 역사 과정에 프로이센의 왕 프리드리히 2세와 같은 회의주의자들도 포함되는데, 그는 멍청한 백성들은 기만당하기를 원한다고 확신했다. 1780년 베를린 예술 아카데미가 상금을 걸고 제시했던 질문 과제도 같은 부류에 속한다. 베를린 예술 아카데미는 상금을 건 과제에서 다음 질문에 대한 답을 원했다. 국민들을 속이는 게 더 의미 있지는 않을까? 국민들을 새로운 것으로 유혹하기보다는 옛 오류에 머물게 하는 게 차라리 더 낫다고 볼 수 있지 않을까?[3] 오늘날에도 이런 질문에 관한 관심은 사라지지 않았다. 이 문제는 다음 장에서 다루겠다. 18세기 여성들은 상류층이라도 공적 공간에서 많은 말을 할 수 없었으므로, 분명히 18세기 상류층 남성들은 하층 계급에 있는 사람들에게 지식을 금지시키려고 했다. 그 지식으로 자신들만 행복하기를 원했으며 권력을 행사할 수 있었다.

놀라운 계몽의 세기 가운데에서 이 프로이센의 소위 '계몽' 군주를 관찰해 본 사람은 이 냉소주의자 왕에게 실제로 놀라게 된다. "국민들에게 계몽은 아무런 이익이 없다"고 그는 진정으로 여러 번 말한다. 또한 프랑스 철학자 장바티스트 달랑베르Jean-Baptiste D'Alembert에게 아주 쉽게 다음과 같이 계산해주었다. "천만 명 가운데 정신이 게으르지 않고,

둔하지 않으며, 약하지 않은 사람은 1,000명도 안 된다." 일관성 있게 프리드리히 2세는 '거대한 군중'을 고려할 때 "사기에" 호소하게는 게 낫다고 제안했다. 오늘날 이 제안은 '가짜 뉴스'로 다시 돌아왔다. 절대 군주로 프리드리히 2세는 조건 없는 국민 계몽을 쉽게 부끄러움 없이 거부했다. 그는 이렇게 멋진 의견도 밝혔다. "진실은 자제하면서 말해야 하고, 절대 부적절한 시기에 말해서는 안 된다." 이런 문장들을 읽고 있으면, 많은 21세기 미디어 전문가들과 기자들의 말을 듣는 것 같다.

프로이센의 예술 아카데미가 위에서 언급한 현상금 질문을 제기하기 전에, 왕은 이 지식임 모임에서 "속임수가 국민들에게 유익할 수 있는가?"라는 질문의 답을 얻고 싶었다. 그러므로 1780년 수상작 가운데 한 명인 수학교수 프리드리히 아돌프 막시밀리안 구스타프 폰 카스틸론Friedrich Adolph Maximilian Gustav von Castillon이 제시한 관점에 놀랄 필요는 없다. 그는 국민들이 허약하고 제안된 이성만을 사용한다고 본다. 그래서 첫째 국민들은 정치적 지도를 받아야 한다. 둘째, 제분업자가 제분기의 작동 구조를 잘 알고 이해한다고 해서 제분기가 곡식을 더 잘 빻는 것은 아니라는 걸 상기할 필요가 있다.

또 다른 수상자 한 명은 나중에 민중 계몽가로 이름을 얻었던 루돌프 자하리아스 베커Rudolf Zacharias Becker다. 그는 1788년에 『농민들을 위한 응급 및 도움서Noth- und Hilfsbüchlein für Bauersleute』를 펴냈다. 제출했던 수상작품에서 국민을 속이게 되는 문제를 절대 우습게 생각하지 않았다. 전체적으로 예술 아카데미는 제출 문서들을 높게 평가했다. 이 문서들에는 다음과 같은 구절도 들어 있었다. "마음에 드는 거짓은 진실보다 아름답다" 과학이 '고유한 자신의 깊이'가 있고 '어떤 날카로운 시선을' 장려한다는 점을 인정하면서도, 다음과 같은 비관적인 예언도 했었다.

고슬라Goslar의 한 성직자가 남긴 글이다. "그렇게 많은 수가 그것을 갈망하게 된다면, 확실히 그들의 작업과 활동은 어려움을 겪을 것이고, 유용한 것을 만들지 못할 것이다. 이런 소화 안 되는 일들(과학)에서 흥미를 찾은 사람들 전체가 읽기와 쓰기에 경험이 전혀 없었다면 이들을 위해서도 얼마나 좋을까!"[4]

명백히 18세기 계몽주의자들은 자기 활동의 성공에 대한 두려움이 있었다. 그래서 그들은 계몽이 인간에게 해롭지는 않은지, 그리고 도덕 감정을 손상하지는 않을지 상세하게 토론하였다. 여기서 시선을 현재로 돌리면, 첫째 오늘날에도 '지식에 대한 공포'라고 이름 붙일 수 있는 '에피스테모포비아Epistemophobia' 혹은 '그노시오포비아 gnosiophobia' 같은 공포증이 존재함을 알게 된다. 이 공포는 일군의 사람들에게서 확인된다. 이들은 더 적게 알고 미디어로부터 자신을 차단하면 더 안전하게 살 수 있다고 생각한다. 미디어로부터 차단되면 미디어가 세세한 일상에서 지식을 어떻게 관리하고 사용하기를 원하는지 경험하지 않을 수 있다는 것이다. 둘째, 현재를 둘러보는 사람은 국민을 속이고 계몽하는 도구들이 근대에 들어와 더욱 효율적이 되었고 더 세밀한 구석까지 퍼졌다는 걸 부인하지 못할 것이다.

오늘날 사는 사람은 소란스러운 미디어라는 사나운 바다 위를 표류한다. 정보는 1초도 쉬지 않고 미디어를 통해 퍼져나간다. 이 상황은 잉게보르크 바흐만의 요구와 질문을 바꿀 수 있게 만든다. 현대인들은 자신들에게 끊임없이 전달되며 실제 반응을 요구하는 지식들에게 대응을 해야 하나? 그 지식이 현대인들에게 과중한 부담을 계속 주고 있는 상황에서도 어떤 대처를 해야 할까? 기후변동에 대한 새로운 소식에 사람들은 어떻게 대처해야 할까? 대양에 퍼져 있는 플라스틱 쓰레기에 대한 상상을 초월하는 상세한 정보에는 또 어떻게 해야 할까? 현기증을 일으킬 만큼 많은 국가 채무에 대한 소식에는 무엇을 해야 할까? 밀려드는 난민들 속에 도움이 절실한 사람들의 끔찍한 사진들과 아프리카의 늘 새롭게 일어나는 역병과 기아에 대한 지적에는 또 어떻게 대처해야 할까? 실제로 지식이 두렵고, 누가 이 짐을 덜어주고 그에 따른 책임을 지는지 몰라 정보가 점점 더 감당이 안 되어 피하고 싶다면, 누구를 탓해야 할까? 그럼에도 진실은, 고통스럽지만 인간이 과감하게 요구할 수 있다.

"그들은 모든 것을 안다"

공적 논의에서 지식을 요구하는 계몽의 권리는 더 적게, 무지를 요구하는 미화된 권리는 더 많이 선전되는 것이 정보 과잉에 시달리는 현대의 특징처럼 보인다. 이 상황은 역설이다. 이렇게 많은 지식을 감당할 수 있는지 신문과 텔레비전은 자문하거나 소비자에게 묻지 않는다. 매일 연구소들은 엄청나게 많은 지식을 생산하고, 뉴스 전달자들은 이를 전파하고 국민들은 이 정보를 받는다. 예를 들어, 얼마나 많은 우라늄이 정원에 숨겨져 있고, 얼마나 많은 바이러스가 상추 꼭지에 붙어 있는지, 달걀에는 얼마나 많은 살모넬라균이 있으며 얼마나 많은 조작된 효모세포들이 맥주잔 안에서 헤엄치고 있는지, 얼마나 많은 전자기파가 방출되고 이산화탄소를 비롯한 유해 물질이 얼마나 많이 공기 중에 도달하는지 등의 정보가 국민들에게 전달된다. 이런 전달의 배경에는 이 정보들을 아는 게 좋은 일이라는 전제가 있다. 팩트와 관련된 정보에서는 이런 전제가 타당하다. 독일에 저장된 원자폭탄의 갯수, 방글라데시 재봉사들의 열악한 노동 조건에 대한 정보, 공장에서 매일 쓰레기통으로 던져지는 병아리 수백만 마리의 실태 등이 그런 예다. 또한 그리고 독일에서 국가 혹은 개인 기관들이 정보 보존 기간에 얼마나 많은 정보들에 접근하고, 이를 통해 얼마나 많은 개인 정보를 얻을 수 있을까? 정치에 관심이 있는 사람이라면 이런 정보들은 그냥 알아야 한다. 물론 이 지식으로 무엇을 시작할 수 있을까라는 질문은 여전히 남는다.

여기서 실제 오늘날 얼마나 많은 지식이 수집되고 제공될 수 있는지에 대한 불안함은 여전히 남아 있다. 독일 작가 이보네 호프슈테터 Yvonne Hofstetter는 자신의 책 『그들은 모든 걸 안다Sie wissen alles』에서 "빅데이터가 우리 삶 안으로 어떻게 밀고 들어오는지"를 공포스럽게 서술했다. 호프슈테터 자신이 엄청난 양의 데이터를 인공지능으로 다루는 전문기업의 경영자인데, 이 엄청난 양의 데이터를 '빅데이터'라고 부른다.[5]

기묘하게도 이보네 호프슈테터는 고객이 수십억 명인 정보회사들의 증가 수치를 폭넓은 지식으로 다룬 책을 프리드리히 뒤렌마트의 희곡 『물리학자들』에서 따온 인용문으로 시작한다. 이 인용문에서는 하필 이 환자들에게 금지된 지식의 책임을 돌린다. 즉, "모든 당나귀가 전구에 불을" 켤 줄 아는 것처럼, '원자폭탄의 폭발'을 가져올 수 있다고 한다. 엄밀하게 따지면 사실과 맞지 않는 말이다. 청중 혹은 전체 국민을 당나귀로 칭하는 것이 편안할 수도 있다. 프리드리히 2세도 '이 동물'은 '적은 이성'을 가진 멍청한 짐승이라고 했었다. 한편 이런 관점은 페이스북 창립자 마크 저커버그Mark Zuckerberg의 관점과 정확히 일치한다. 그는 "그들은 나를 믿어, 바보들"이라고 자신의 고객들을 조롱하는 메모를 남겼다. 당나귀거나 말거나가 중요한 게 아니다. 이보네 호프슈테터의 질문은 그보다는 우리가 "그들을 위해 투명해졌느냐"이다.[6] 많은 이용자들이 직접 전자기기에 입력한 모든 정보가 사전 동의도 없이 상업기관이나 국가정보기관에 전달되어 '메타데이터 사회'가 생겨나고 있는 건 당연한 사실이다. '메타데이터 사회'는 작가 아드리안 로베Adrian Lobe가 2018년 7월 27일 《쥐드도이체 차이퉁》에서 사용한 개념으로서, 칼스루에Karlsruhe에서 활동하는 미디어이론가 마태오 파스퀴넬리Matteo Pasquinelli가 제안했다. 두렵게도 이런 사회에서 인간은 완전히 지배당할 수 있다. 인간은 숫자로 계산될 수 있기 때문이다. 예를 들어 이런 일이 생길 수도 있다. 비밀정보기관이 핸드폰 사용자에게 그들의 이동 경로에 따라 테러 점수를 매길 수 있고, 고압적이고 경멸하는 자세로 통보해온다. "우리는 메타데이터에 기초하여 인간을 청소한다."

인간에 대한 어떤 지식이 허락되느냐는 질문과 관계없이 인간과 대중의 지배 가능성에 대해 크게 걱정하는 이들도 있다. '사회 물리학'을 꿈꾸는 사회이론가들은 이미 이전에 지배가능성과 결정론 개념으로 혼란에 빠졌었다. 사회물리학은 최근에 데이터 과학자 알렉스 펜틀랜드Alex Pentland가 만들려고 했던 것과 비슷한 이론이며, 사회 물리학을 지향하는 행동가들은 '사회는 원자들로 구성되고, 원자의 핵 주변에 개인들이 전자처럼 고정된 궤도로 돌고 있다'고 실제로 믿는다. 그리고 이들은 이미 시대에 뒤떨어져 희망이 없는 선형적 사고를 하기 때문에, 행동 양식에 따라 '완전히 프로그램화된 인간'을 찾기 위해 DNA 서열화에서 유추한 '행동의 서열화'를 진행하자고 계속해서 제안한다. 결국 인공지능 체제에 의해 통제되는 인간을 만들자는 것이다.

자연과학 관점에서 볼 때 이 제안은 신뢰하기 어렵다. 최근에 드러났듯이, 한 사람의 게놈 지도를 만들었다 해도 여전히 그 사람을 완전히 파악할 수 없으며, 한 사람의 깊은 비밀을 보존하는 엄청나게 많은 다양성이 여전히 존재하기 때문이다. 이에 따라 개별 삶의 특성 또한 충분히 복잡하고 다양한 것으로 입증될 것이며, 인간이나 기계가 실제 한 개인의 '모든 것'을 알게 될 가능성은 없을 것이다. 이미 괴테의 파우스트에서 "내가 비록 많은 걸 알고 있지만, 나는 모든 걸 알고 싶어."라고 생각하는 메마른 위선자를 비웃는다. 특별히 유전학의 맥락에서뿐만 아니라, 일반적으로 빅데이터의 개입에서도 끊임없이 유리 인간이 소환된다면, 이 현상은 단지 이미 인용된 임마누엘 칸트의 관점을 확인해줄 뿐이다. 많은 걸 알고 있는 누군가는 자신이 하나의 생각을 파악할 수 있음을 아직 보여주지 않았다.

그럼에도 빅데이터와 여기에 들어 있는 많은 정보들의 제공이 위험을 일으킨다는 사실을 무시하면 안 된다. 이보네 호프슈테터는 도이치 은행에서 만든 상품 하나를 예로 들어 설명한다. 그 상품은 '컴퍼스 라이프 3'이라는 펀드를 말한다. "이 펀드에서 소규모 개인 투자자들은 72세에서 85세 사이에 선발된 500명의 미국 추천인의 조기 사망에 돈을 걸 수 있었다. 이 추천인들은…… 정기적으로 연락을 받고 건강정보를 제공하였다." 이들의 협조와 수학 모델 덕분에 도이체방크는 '고정자산', 즉 추천인들의 죽을 확률을 계산했다.[7] '금지된' 지식이 아무 양심의 가책도 없이 이용되었다. 한 가시 너 시적해야 한다. 도이체방크는 도덕성에 대한 논란이 일어난 후에야 투자자들의 조기 해약을 허용했다. 그러나 첫째, 여전히 어딘가에서 발견되지 않은 채 유용한 수익을 내고 있는 이런 염치 없고 인정 없는 투자가 얼마나 많은지 아무도 알 수 없다. 둘째, 도대체 왜 충실한 시민의 삶이 이런 사악한 은행의 상품에 관련을 맺는지 누가 설명할 수 있을까? "멍청하면서 돈을 투자하는 일은 행복이다." 고트프리드 벤Gottfried Benn의 변용된 인용문처럼 지식에 대한 과감한 추구는 근본적인 의문에 빠지고, 무지는 타고난 팔자가 아닌 은총일지 모른다는 의심이 피어난다. 심지어 무지는 부족함이 아니라, 반대로 인간의 생존력을 높여주는 기초를 보여주는 건 아닐까? 지식을 통해 어떤 재앙이 생겨날 수 있다고 믿는 미신도 위에 언급된 지식에 대한 공포의 일부다. 추가로 질문한다면, 인간에게서 지식을 뺏어갔을 때, 그때 인간은 누구 혹은 무엇을 신뢰할 수 있을까?

인간은 얼마나 많은 계몽을 참아야 하나?

"인간은 계몽을 얼마나 많이 참아야 하나?" 독일 철학자 위르겐 미텔슈트라스Jürgen Mittelstraß는 같은 제목의 책에서 진리의 합리성에 대해 언급했었다. 특히 이 책에서 그는 계몽을 표현하는 이 합리성이 신비주의 문화를 멀리하라고 배운 인간을 가끔씩 위기 상황으로 이끈다고 지적했다.[8] 미텔슈트라스는 북아메리카 포니 인디언을 예로 들었다. 그들은 고기의 일부를 버팔로 정령에서 희생제물로 바치고 이를 통해 '성스럽게' 되었을 때만 버팔로 사냥을 할 수 있었다. 여기에는 비합리적(신비적) 생각이 짐승에 대한 절제된 도살로 이끌고 그를 통해 생태계의 개체수를 조정하는 결과를 낳는다. 엄격한 합리성에서 이런 행동은 금지되었었다. 그러나 이 '비밀스러운 지식'이 종종 생태계에 좋은 기여를 했을 것이다.

앞에서 인용했던 무지할 권리와 이와 연관된 은총과 관련해서 보면, 미텔슈트라스는 이런 태도를 자기 결정의 표현으로 존중한다. "개인이 되고 싶고 알고 싶은 것과, 되고 싶지 않고 알고 싶지 않은 것 사이에서 결정한 것이다." 미텔슈트라스는 구체적 사람을 상상한다. "그는 매일 아침 하루를 시작하기 전에 장치를 연결한다(오늘날에는 손목시계로 이런 장치를 착용할 수 있고 벗을 필요가 전혀 없다). 이 장치는 맥박수에서 간수치까지 신체의 모든 기능을 체크한다. 이 사람은 자기 몸의 상태에 대해 모든 것을 알고 있을 것이며, 아마도 그 지식에 따라 살아갈 것이다." 이 사람이 계몽된 삶을 살아가는지 묻는다면, '아니오!'라고 대답해야 한다. 지식과 계몽의 목적이 인간을 자유롭게 하는데 있다면 이런 장치를 통한 측정과 한 눈에 조망할 수 없는 정보 덩어리들은 바로 정확히 그 반대, 즉 인간의 종속을 만들기 때문이다. 손목에 있는 기계는 단순한 방향 지시뿐 아니라 삶을 관통하는 지침이 될 것이다. 인간의 자율성은 이를 요구할 수도, 이에 도움을 줄 수도 없다.

미래의 고통이나 심지어 이른 죽음을 알려주는 지식을 거부하는 문제는 좀 다르게 보인다. 당사자가 그것을 견디지 못할 수도 있기 때문에 삶의 경계를 규정하는 지식은 숨겨야 한다고 생각하는 사람도 있다. 이들은 미텔슈트라스의 의견을 숙고해 볼 필요가 있다. "이들은 계몽된 주체가 결정해야 하는 일에 속하는 개인적 자기 책임에서 도망치려고 시도한다."[9] 그럼에도 불구하고 어떤 상황을 생각해 볼 수 있다. 예를 들어 유전자 분석을 해서는 안 되며, 거기서 나오는 어떤 지식도 생성되어서는 절대 안 되는 그런 상황을 말이다. 검사를 통해 어떤 병의 발병은 확진할 수 있지만, 검사 당시에 마련된 지식으로는 그 질병의 치료는 불가능한 상황을 상상할 수 있다. 만약 이런 진단이 출산 전 검사에서 나오고 시기가 적절하다면 당사자에게 당연히 낙태를 권유할 수 있다. 계몽과 윤리가 얼마나 빠르고 강력하게 서로를 건드리고 간섭하는지 여기서 바로 확인할 수 있다.

이 지점에서 지식을 두 가지 형태로 구분할 수 있고 해야 하는데, 방향을 정하는 정향지식과 사용을 위한 이용지식이 그것이다. 이 두 개념은 위르겐 미텔슈트라스가 철학 논쟁에서 도입하였다.[10] 베이컨이 말한 "아는 것이 힘이다"에서 아는 것은 이용지식을 가르킨다. 이용지식을 통해 인간은 자연 현상 및 기술 과정의 원인과 영향을 이해하고 이용할 수 있다. 그 반대편에 정향지식이 있다. 정향지식으로 인간은 목적을 세우고 목표를 선택하며 상황에 맞게 요구되는 행동의 기준을 찾는다. 근대의 많은 비판가들이 둘 사이에 커져가는 괴리를 지적한다. 연구를 통해 증가하고 진보하는 이용지식에 보조를 맞추지 못한 채 철학과 같은 분야에서 나오는 정향지식이 절뚝거리며 뒤따라가는 형국이다. 역사적 관점에서 보면 기후변동의 사례와 구체적으로는 오존홀 측정 문제가 이 형국을 잘 보여준다.

오존홀의 사례: 지식은 세계를 구할 수 있을까?

비록 19세기에 초기 선구자들이 이미 19세기에 이미 온실효과는 과학에 의해 물리 현상으로 이해되었다. 또한 지구 대기가 이산화탄소와 같은 배출 가스의 증가 때문에 뜨거워질 수 있으며, 높은 대기층에서 일어나는 분자들의 작용이 기후변동을 일으킬 수 있음도 이때 처음으로 지적되었다. 이런 초기 전조에도 불구하고 인류는 이 정보들을 오랫동안 중요하지 않게 여겼으며, 새로운 방향은 어떤 모습이고 어떻게 도입될 수 있는지 전혀 생각하지 않았다. 심지어 1970년대 초반에 과학 분야에서 오존층의 증가하는 위험 요인으로 산화질소와 할로겐 탄화수소가 지적되었을 때, 사회 분야와 정치 분야에서는 거의 아무 일도 일어나지 않았다. 1979년 큰 관심을 받았던 『'시대의 정신적 상태'에 대한 표제어들Stichworte zur 'Geistigen Situation der Zeit'』라는 두 권짜리 책이 하나의 예다(독일의 저명한 철학자 위르겐 하버마스가 편찬한 두 권짜리 책이다. 수십 명의 저자들이 참여하여 정치, 국가, 문화와 관련된 중요한 시대 변화와 특징들을 다루고 있다 – 옮긴이). 1천 쪽에 가까운 이 책은 독자들에게 코너형 소파, 콩팥 모양 테이블을 비롯한 인류의 중요 발전들을 전해주지만, 부록으로 들어 있는 '전체 작업자들의 학술 기본 개념'에도 환경, 온실효과, 기후에 대한 항목은 하나도 없다. 한 무리의 학술 연구자들이 중요한 지식에 눈을 감아버리는 데 기본적으로 성공했던 것이다.[11]

1984년이 되어서야 일반 대중은 기후변화라는 주제에 관심을 갖기 시작했다. 처음에는 잘못된 측정으로 초고층 대기권에 있는 오존층의 약화 혹은 심지어 소멸을 예상하면서 남극대륙 위에 있는 오존 구멍이 유명해졌을 때, 그다음에 지구 대기권에 존재하는 현실의 위험이 밝혀졌을 때, 대중들은 반응하기 시작했다. 갑자기 오존층에 틈새가 드러났으며, 그 틈을 통해 우주에서 강렬한 광선이 지구에 도달하여 모든 생명체에 영향을 미칠 수 있음이 알려졌다. 이 사실은 대중과 정치를 움직였다. 종종 그렇게 피해에 대한 두려움이 전달되는 지식보다 더 많은 행동의 변화를 이끌어낸다. 그러나 오존홀의 경우, 1990년대 사람들이 생각하기에는 이미 오래전에 기회를 잃은 것처럼 보였다. 당시 과학이 발견한 지식에 따르면, 남극 오존 구멍의 원인인 할로겐 탄화수소를 전 세계에서 즉시 금지해도 하늘에 있는 틈새는 작아지지 않을 것처럼 보였다. 당시에 관련자들은 이 예상을 받아들여야 한다고 믿었다. 대부분의 유해물질은 여전히 하층 대기에 저장되면서 오존홀이 생긴 성층권에는 전혀 도달하지 않았기 때문이다.

그런데 2014년 8월 13일자 《프랑크푸르터 알게마이네 차이퉁》은 독일 비행 항공 연구소에 있는 한 지구물리학자의 말을 인용하여 보도했다. "인간이 만들었던 CFKW 문제는 해결되었다. 이 위험은 완전히 제거되었다."(영어 약자는 CFCs다 – 옮긴이) (이 약자는 염화불화탄소를 의미하며, 과학에서는 오존 구멍의 원인으로 보고 있었다. 프레온 가스라고 흔히 부른다.) 인용된 연구자는 한 보고서 작업에도 참여했다. 이 보고서에서 세계기상기구WMO는 많은 이들을 놀라게 하는 의견을 내놓았다. 오존홀이 곧 사라질 것이라는 많은 전문가들에게 놀라움과 안도감을 함께 안겨주었다.

1990년대만 해도 워싱턴에 있는 월드워치 연구소는 결국 "수백만 명이 추가로 목숨을 잃을" 거라고 예측했었다. 어떻게 이런 변화가 가능했을까? 대답은 단순하다. 오존 구멍을 발견한 후 2년 뒤에 40여 개 국가가 협정을 맺고 프레온 가스와 다른 오존층 파괴 가스들의 사용을 금지하였다. 그러나 이 지식을 널리 퍼뜨리지 않았고 교육의 보편 내용으로 만들지도 않았다. 1989년에 많이 언급되지 않는 몬트리올 협정이 발효되었다.[12] 그리고 그 이후에 오존 구멍은 처음으로 점점 많은 이들의 의식에서, 곧이어 대기에서도 사라졌다. 그러므로 스스로 계몽되었다고 느끼는 소비자들이 이 상황을 잘 모르는 것은 그 자체로 안타까운 일이다. 왜냐하면, 이 사례에서 많은 것을, 그러니까 국가와 국가의 대표자들이 어떻게 그리고 어떤 조건에서 행동을 바꾸는지, 그렇게 편의를 계속 유지하면서도 동시에 환경은 가능한 한 훼손되지 않게 유지하는 방법을 배울 수 있기 때문이다. 2014년 《프랑크푸르터 알게마이네 차이퉁》의 기사도 이 상황을 안타까워한다. 놀라운 성공의 이 역사는 유감스럽게도 "우리 머릿속까지 도달하지 못했다."

그런데 최근의 측정에 따르면, 오존층이 다시 얇아지고 있다. 하늘에 있는 위협적인 구멍도 인간이 원하는 기간보다 더 오랫동안 유지될 거라는 예측 결과도 함께 나왔다. 《쥐드도이체 차이퉁》의 2017년 6월 27일자 보도다. 앞선 2014년에는 어떻게 긍정적인 예측이 나왔던 것일까? 그렇게 예측하게 된 데는 여러 원인이 있겠지만, 그중 중요하게 생각해야 할 이유가 하나 있다. 1989년에 몬트리올 협정이 체결될 당시에는 오존층을 공격하는 물질을 전부 파악하지 못하고 있었다. 지난 수십 년간 배출량이 두 배로 늘어난 다이클로로메테인dichloromethane이라는 이름의 분자도 그중 하나다. 이제라도 지금까지 과소평가되었던 물질을 협정에 추가한다면, 몬트리올 협정은 개선될 수 있으며 그 성공을 유지할 수 있을 것이다. 그러나 지금까지 개선의 물꼬는 터지지 않고 있다. 오존홀의 역사가 마침내 잘 마무리되었는지는 21세기 중반이 되어야 알게 될 것이다. 바라건대 그때까지, 모든 악행에도 불구하고, 인류가 존재한다면 말이다.

과학의 마키아벨리들: 지식을 위조하는 법

프레온 가스 제조업계는 오존홀에 대한 첫 번째 측정 결과를 과소평가하고 다른 가능한 요인을 찾으려고 엄청나게 노력했으며, 화학물질이 원인이라는 증거를 미디어에서 떼어놓으려고 시도했다. 실제로 미국 역사가 나오미 오레스케스Naomi Oreskes와 에릭 M. 콘웨이Erik M. Conway는 인상 깊은 책 『의혹을 팝니다Merchant of Doubt』에서 "어떻게 작은 과학자 집단 하나가 흡연부터 지구온난화까지 걸쳐 있는 주제들에서 진실을 감추거나 덮어버리는지"를 잘 묘사하고 보여주었다. (오존 구멍과 산성비도 이 주제에 들어간다.) 훨씬 간결하고 분명해 보이는 영어 원문의 부제가 이를 잘 표현한다. "어떻게 한 줌의 과학자가 흡연부터 지구온난화에까지 이르는 문제들에 대하여 진실을 은폐해왔는가?"[13]

　이 인상적인 보도문을 읽기 시작한 사람은 쉽게 우울해질 수 있다. 담배 생산업계나 화학 분야 회사들의 공격적이고 체계적인 지식 은폐 시도를 무력하게 사실로 받아들여야 하기 때문이다. 그들은 당사자들과 그들의 건강은 전혀 고려하지 않았다. 한편으로 이 은폐에 책임이 있는 관리자들은 자신들이 직접 만든 위험으로부터 어떻게 자신들의 가족을 보호하고 위험지대에서 빠져나오려고 했었는지를 묻게 된다. 이 책을 읽으면서 추가 정보를 계속 얻게 되면 기분은 더 가라앉을 것이다. 첫째, 얼마나 쉽게 명망 있는 과학자들이 큰 벌금에 저항하여 함께 속임수를 만들고 진실을 억압하는 데 관여했는지 알게 된다. 둘째, 일부 대중 매체들이 얼마나 기꺼이 그 일에 동참했는지 알게 된다. 대중 매체들은 충실한 보도로 『의혹을 팝니다』를 자신들의 목적을 이루는 데 끌어다 쓴다. 즉, 과학 연구의 결과와 거기서 나오는 결론에 의심을 집어넣고 대중을 혼란에 빠뜨린다. 최근에 시민들은 미국 대통령으로부터 비슷한 이야기를 얼마나 자주 듣고 있는가! 기후변화에 관한 정부 간 협의체IPCC와 같은 곳에서 나오는 기후변동 관련 과학 정보들을 가리켜, 확실하지 않고 보완이 필요하다고 트럼프는 말한다. 그는 또 대기의 온실 효과로 인한 지구 온난화의 주요 원인에 대해서는 여전히 이를 뒷받침할 만한 증거를 가져와서 증명할 필요가 있으며, 전문가 사이의 논쟁이 아직 종료되지 않았다고도 한다. 상황이 이러하므로 지금은 굳이 뭔가를 할 필요가 없다는 것이다.

과학의 기본적 개방성을 생산하는 일은 처음부터 의심 판매자들의 전략에 속했다. 위대한 철학자 칼 포퍼Karl Popper에 따르면, 과학은 잠정 지식만을 전달할 수 있고 또 다른 실험에서 반박당할 수 있다는 것을 늘 고려해야 한다. 그러나 이런 고려와 의심은 오로지 진실에 한 걸음 더 가까이 다가가기 위한 활동이다. (지불된) 반대 의견을 통해 지식 전체에 대한 의심을 장려하는 것도 의심 판매자들의 전략이다. 심지어 종종 자기들만의 연구기관을 설립하기도 한다. 이 기관의 유일한 과제는 반대 의견서 제출이다. 이 반대 의견서의 유일한 목적은 대중들의 관심을 이용 가능한 지식에서 다른 곳으로 돌리고 대중들에게 다음과 같은 내용을 알려주는 것이다. "논의가 끝나지 않았기 때문에 구체적인 내용은 아직 결정된 바가 없습니다." 1984년에 이 목적을 위해 설립된 기관 중 하나가 오늘날까지도 '조지 C. 마샬 연구소George C. Marshall Institute'라는 이름으로 활동하고 있다. 이 기관은 '더 나은 공공 정책을 위한 과학' 제시라는 과제를 수행하였다. 이 연구소는 즐겨 보수주의 '싱크탱크'라 자칭하며, 실제로 한 가지 일만 수행한다. 즉 과학 분야에서 이론의 여지가 없는 기후변화 이해에 의심을 제기하고, 이 보편적이고 널리 인증된 이해가 단지 몇몇 연구집단의 주장인 것으로 소개하는 일만 수행할 뿐이다.

의심 판매의 첫 번째 산업 분야인 담배 산업계는 이용 가능한 지식을 가능한 감추는 정책을 선택했다. 늦어도 1953년 이후에는 담배 연기가 암을 유발할 수 있다는 사실이 알려졌고 증명되었는데, 1884년에 설립된 메모리얼 슬로언 케터링 암 센터Memorial Sloan-Kettering Cancer Center는 많은 돈을 들인 포괄적 관련 연구의 결과를 발표했다. 흡연자의 폐에 쌓이는 타르가 다양한 형태의 암을, 특히 폐암을 낳을 수 있는 과정이 추론될 수 있다고 발표했던 것이다. 이 결과들은 대중 매체에서 호응을 받았으며, 이렇게 확산된 지식은 국가의 엄격한 흡연 금지를 통한 암 예방법 논쟁을 일으켰다.

　흡연의 위험은 1950년대 이후 미국에서 공적으로 토론되었으며, 담배산업계는 이에 반대하는 어떤 일을 하기로 결정했다. 담배산업계는 '담배 산업 연구 위원회Tobacco Industry Research Commitee'를 설립했다. 이 위원회의 주요 과제는 청중들의 눈에 모래 뿌리기, 한 가지 주장만을 끊임없이 반복하기였다. 통계 정보를 담고 있는 과학 연구들은 개인 흡연자와 폐암 발병률 사이의 인과 관계를 발견할 수 없다는 주장이었다. 담배산업계는 '실내 공기 연구소Center for Indoor Air Research'도 설립했다. 이름 자체가 냉소적이며 관심을 다른 곳으로 유도한다. 이 연구소는 폐질환의 다른 원인들로 관심을 돌리고 담배 연기와 관련된 모든 증거들을 상대화하려고 했다. 그리고 이런 활동들은 성공했다. 혈액학자이자 종양학자인 마틴 클라인Martin J. Cline 사례가 그 성공을 잘 보여준다. 그는 1997년(!)에 폐암에 걸린 32세 비흡연자 스튜어디스의 소송을 다루던 법정에 출석했다. 그 환자는 폐암의 원인이 비행기 객실 안에 있는 유해물질임을 밝히고 싶었다. 클라인은 담배 연기가 흡연을 유발하는가라는 질문에 기술적으로 올바른 정보를 제공하였다.

"만약 당신이 '원인'이란 단어를 역학epidemiology에서 보는 위험요소라고 생각한다면, 담배 연기는 폐암의 특정한 종류와 연결시킬 수 있다. 하지만 당신이 특정 개인에게 담배 연기를 통해 암이 발생했는지를 묻는다면, 이에 대해서는 예 또는 아니오라고 답하기가 어렵다. 지금은 이를 판단할 수 있는 증거가 없다."[14]

유감스럽게도 위의 대답에는 엄격한 과학적 증거 추구가 실제로 안고 있는 딜레마가 들어 있다. 그러나 좋은 교육을 받은 연구자들이 풍부한 증거들이 가리키는 사실의 전달을 방해해서는 안 되었다. 이 증거와 사실은 늦어도 1967년 이후에 미국 보건복지부가 발표한 공식 보고서에 들어 있다. 특히 이 공식 보고서 첫 장에 3가지 사실로 요약했다. 첫째, 흡연자는 덜 건강하게 살고 일찍 죽는다. 둘째, 흡연을 중단했었다면 조기 사망의 많은 사례들이 예방될 수 있었을 것이다. 셋째, 흡연 없이 폐암을 통한 어떤 사망 사례도 나오지 않을 것이다. 이 정부보고서가 도달할 수 있는 결론은 단 하나였다. "흡연은 사람을 죽인다. 이 사실은 단순하다." 그러나 담배 산업계는 그렇게 보지 않았다. 그들은 이 정보는 금지시켜야 했기에 고용한 교수들에게 과학적 증거를 부정하도록 했다.

저명한 대학교수 3명이 전문가 관점에서 과학을 부정하는 사람에 속했는데, 프레더릭 세이츠Frederick Seitz, 프레드 싱어Fred Singer, 빌 니렌버그Bill Nierenberg가 그 들이다. 이들의 이야기를 여기서 하나씩 펼칠 필요는 없다. 그렇지만, 세 사람 가운데 한 명인 프레더릭 세이츠에 대해서는 언급할 필요가 있다. 세이츠는 미국 국립 과학원National Academy of Sciences 회장을 역임했었고, 좋은 평가를 받으며 널리 사용되었던 교과서 『현대 고체 이론The Modern Theory of Solids』, 『금속물리학The physics of metals』를 집필했다. 이 인정받던 과학자 트리오가 혼란을 일으키려는 담배 산업계의 캠페인에 무엇을 제공했는지 궁금한 사람은 오레스케스와 콘웨이의 책을 보면 된다. 이 세 명의 백인 장년 남성은 냉전의 영향을 크게 받았으며, 스스로를 자유세계에서 사회주의와 공산주의의 비밀 활동에 대항하는 전사로 생각했다. 세이츠, 싱어, 니에렌버그는 스스로를 점점 외로워지는 개인 권리와 사적 자유의 옹호자로 느꼈고, 개인의 권리와 자유가 서구 세계에서 환경운동이나 금연 같은 것 때문에 위협받고 축소된다고 보았다. 건강과 자연을 보호하려는 이 전체 노력을 세 사람은 단지 시민의 자유를 규제하는 정부 기관의 구실로 보았다.

『침묵의 봄』

환경보호라는 주제어 아래 '과학의 마키아벨리들'이 펼친 특별히 지저분한 캠페인 하나를 다룰 수 있다. 이 캠페인은 전설의 레이첼 카슨Rachel Carson을 향한 공작이었다. 그녀는 1960년대에 나온 세계적 베스트셀러 『침묵의 봄Slient Spring』을 쓴, 위대하고 인정받아 마땅한 작가다. 이 책은 처음으로 DDT로 알려진 화학물질의 위험에 관심을 갖게 했다. DDT는 1940년대 이후 기적의 해충제로 광범위하게 사용되었고 뿌려졌으며, 말라리아로 인한 사망률을 95퍼센트 감소시키는 성과를 낳았다. DDT, 즉 디클로로디페닐트리클로로에탄 Dichlorodiphenyltrichloroethane을 합성했던 파울 밀러 Paul Müller는 1948년에 노벨의학상을 받았는데, 그가 만든 제품은 분명히 해충만 죽였고 인간에게 미치는 어떤 영향도 알려지지 않았기 때문이었다. DDT는 특별히 효과적이며, 그래서 외면적으로는 안전하다고 누구나 생각했다. 레이첼 카슨이 처음으로 이 문제를 자세히 살펴보았다. 그리고 생태계 안에 엄청난 양이 보이지 않게 투입되었던 이 물질이 얼마나 위험하게 자연 생태계에 확장되고 자리 잡는지 알렸다. 『침묵의 봄』이라는 제목은 곤충이 전멸하면 숲속에 있는 새는 먹이를 찾지 못하고 그다음 봄에는 기쁨의 지저귐이 사라질 수 있다는 가능성을 암시한다. 카슨은 이 책을 통해 살충제의 분별없는 사용을 지적하려고 했다. 이 책에서 역사가들은 성인들을 위한 새로운 공공 의식의 진정한 근거를 본다. 그 공공 의식은 오랫동안 서구 산업 사회에서 생태적 사고의 길을 준비하고 있었다. 여기서 우선 짧은 시간에 일어났던 반응부터 확인해야 한다. 이 책이 출판된 직후 해충제 제조업계는 격렬한 반격을 했으며, 정당한 논박 앞에서도 물러서지 않았다. 당시 과학자와 관리자들의 남성 세계에서 여성들은 지금보다 훨씬 큰 어려움을 겪었다. 레이첼 카슨은 히스테리를 부리는 멍청한 암염소 같은 여자로 폄하되었을 뿐만 아니라, 심지어 집단 학살자로 불리기도 했다. 카슨에게 5천만 명의 죽음에 책임이 있다고 몰아붙였는데, 5천만 명은 DDT 사용이 중단된 후 늘어난 말라리아 희생자 수를 단순히 합친 숫자다. 어떤 집단은 명백히 "환경 관리를 인간의 생명보다 중요하게 여긴다"고 미국의 신문들은 비난했다.[15] 말라리아가 계속 확산되는 곳은 DDT 없이는 유지될 수가 없다고 《뉴욕 타임스》는 조심스럽게 지적했다. 인간이 자연에게 부당하게 요구했던 것을 단지 양으로 과장해서는 안 될 것이다. 여기서 인간들은 16세기의 한 문장이 전해주는 연금술사 파라켈수스의 관점을 떠올렸다. "모든 것은 독이며 독이 없는 물질은 없다. 독이 아닌 것은 그 양이 결정한다."

운이 좋게도 레이첼 카슨은 살아 있는 동안 존 F. 케네디 대통령 덕분에 호평을 받았다. 케네디 대통령은 대통령 과학 자문 위원회에 DDT 문제를 연구하라는 임무를 주었다. 위원들의 보고서는 '미스 카슨'이 대체로 옳고 해충제 사용을 엄격하게 통제할 시간이 왔음을 알려주었다. 산업계의 결집된 힘도 한 헌신적 사회 참여 여성의 지식을 억제할 수 없었다.

국민을 위한 금지

인간은 진실을 요구할 수 있을까? 있다면 어떤 진실을 요구할 수 있을까? 이 깊은 질문을 해명하는 일이 얼마나 어려운지 짧게 요약한 DDT, 침묵의 봄, 말라리아 이야기가 잘 보여준다. 그렇게 많은 정보들이 언제나 이용될 수 있으며, 다른 의견에 맞서 균형을 맞출 수 있다. 예를 들어 살충제 위험이나 사용이 인간에 미치는 위험이나 환경의 감당 능력에 대한 타인의 주장을 주저 없이 깎아내리는 연구자 누구도 공적 무대나 강단에 자신을 드러내지 않는다. 전문가의 지식은 많은 경우 특히 양으로 표현되며, 그 많은 지식에 들어 있는 의미와 특징을 국민들에게 전달하는 일은 전혀 다른 문제다.

의학 및 약학 지식을 전문가의 비밀이라는 고립에서 탈출시켜 '민중지식의 모음으로서의 약학'으로 바라보는 일의 의미와 적절성에 대해 계몽주의 시대 이후 많은 사람이 질문을 제기했다. '민중지식의 모음으로서의 약학'이란 표현은 1792년에 나온 어떤 책에서 인용했다. 이 책의 저자는 당시에 민간요법에서 이용되던 방법들을 당시 자연과학의 경험으로 검증하고 균형을 맞추려고 했다.[16] 당시 처음에 거의 책이 없던 거실에 『실천 가정의Praktische Hausarzt』같은 조언서들이 많이 도착했다. 의학을 원래 비밀 지식으로 취급하면서, 그 지식을 라틴어로만 작성하던 경향이 바뀌면서 저잣거리에 돌팔이 의사들이 성행했다. 이런 변화를 18세기 후반에 나온 다음 문장이 잘 묘사해준다.

"비밀 약제를 처방하는 사람의 행동과 신비로운 특징과 알 수 없는 언어로 처방전을 주는 사람의 행동 사이에 있는 차이를 소수의 사람만이 안다. 그래서 사기를 칠 필요가 없는 정직한 의사들의 행동이 모든 게 비밀에 기초하고 있는 소년의 행동에 하나의 보호막이 되어 준다."[17]

이와는 별개로 건강을 다루는 민중 계몽 조언서들은 대중들의 미신과 고집을 줄이는 데 기여했다. 모차르트가 살았던 시대에 편찬되었던 『시골백성들을 위한 설명서Anleitungen für das Landvolk』에서 한탄하듯이, 대중들의 미신과 고집은 "비이성적 교육이 낳은 파멸적 결과"였다.[18] 18세기 국민 계몽과 관련해서 흥미로운 질문이 하나 있다. 만약 어떤 농부가 철학, 종교, 의학에 대한 지식을 전달받고, 그 밖의 분야에도 관심을 두면서 또 다른 지식을 찾아나설 수 있는 능력도 제공 받았다면, 당시 사회와 기존 질서가 부여했던 과제와 노동 의무에 아무 조건 없이 계속해서 머물려고 할까?

1780년 베를린 아카데미의 경연 질문에 새롭게 접근하기 위해, 위에서 이미 언급했던 루돌프 자하리아스 베커는 이렇게 생각했다. 아둔함, 무지, 그리고 욕망의 부족은 인간에게 고요함과 만족감을 제공했지만, 동시에 인간은 또한 "끊임없는 완성을 통해 행복의 상태에 도달할" 권리도 있다. 이 행복의 상태에는 "진리의 인식도 포함된다." 이 진리는 오류와 착각에서 나오는 자유와 같은 모습으로 출현한다. "정부나 민족의 계몽된 이들이 소위 국민들에게 일부러 이런 오류들을 제공하면서, 스스로 그들보다 나은 인식을 갖고 있다고 여기면, 그들은 자연이 모든 사람에게 제공하고 있는 행복에 대해 국민을 속이는 것이다."[19]

막간극 1: 이야기 속 금지된 지식

계몽가들은 국민들에게 진실을 요구하고, 금지된 지식을 폐지하려고 했다. 반면 어떤 문학들은 관점과 이야기에 따라 다른 결론이 내려질 수 있음을 보여준다. 말하자면, 인간들은 진실과 지식의 과중한 부담에 시달리며, 이 때문에 소위 기본적으로 되려고 했던 존재에서 벗어나지 못한다. 문예학자 헬무트 바흐마이어 Helmut Bachmaier 가 고전으로 평가받는 위대한 작품들 속에서 찾아낼 수 있었듯이, "소포클레스Sophokles부터 입센Ibsen과 도스토옙스키에 이르기까지, 클라이스트Kleist(하인리히 폰 클라이스트, 18세기 독일의 극작가 – 옮긴이)와 그릴파르처Grillparzer(그릴파르처, 19세 오스트리아 극작가 – 옮긴이)에서 유렉 벡커Jurek Becker에 이르기까지(20세기 독일 작가이자 영화 작가 – 옮긴이) 진실은 끔찍한 결과를 낳거나 인간성을 대가로만 달성될 수 있었다."

여기서 지적해야 할 것은 문학이라는 진리나 진실이 **아니라 문학 속에 나타나는** 진리와 진실이 주제라는 점이다.[20]

오이디푸스는 지그문트 프로이트 덕분에 세상에 나왔는데, 특히 콤플렉스로 그 이름이 알려져 있다. 이에 대해서는 이미 이 책에서도 충분히 언급되었다. 그리스 신화에서 전승된 오이디푸스 이야기는 저주의 신탁으로 시작된다. 그 저주는 테베의 왕 라이오스에게 내렸다. 라이오스는 예전에 자신이 받은 환대를 악용했으며, 그 때문에 지금 그에게 형벌이 선포된 것이다. 형벌의 내용은 이렇다. "너는 아들을 하나 낳게 될 것이고, 그 아들이 자신의 아버지를 죽이고 자신의 어머니와 결혼하게 될 것이다."

실제로 자신의 아내 이오카스테로부터 라이오스가 아들 하나를 얻게 되었을 때, 두 사람은 그 아들을 한 목동에게 건네면서 산악지대에 버리게 한다. 일이 어그러지지 않도록 아들의 발에 못을 박았는데, 나중에 얻게 되는 이름이 이 사실을 알려준다. '오이디푸스Oidipus'는 그리스어로 '부어오른 발'을 뜻한다. 마음씨 좋은 목동은 자신을 믿고 따르는 아이를 버리는 대신 다른 목동에게 넘겨주고, 그 다른 목동의 도움으로 아이는 코린토스의 왕에게까지 가게 되며 코린토스의 왕은 아이를 입양한다. 왕비는 부어오른 발에 약을 발라주면서 이 아이를 돌본다. 이때부터 오이디푸스라 불리게 된다.

오이디푸스는 누가 진짜 부모인지 모른 채 코린토스에서 성장한다. 자신을 키워주고 있는 코린토스의 통치자 부부가 부모가 아니라는 말이 그의 귀에 들어왔을 때, 오이디푸스는 신탁을 청한다. 신은 오이디푸스에게 부모가 누구인지는 알려주지 않고, 대신 새롭게 무언가를 예언하면서 알고 싶은 마음이 가득 차 있는 오이디푸스에게 자신의 아버지를 죽이고 어머니와 결혼하게 될 거라고 선포한다. 곧 이어 오이디푸스는 코린토스를 떠난다. 어떻게 오이디푸스가 산악지대를 돌아다니다가 모르는 여행객과 싸움을 하게 되어 그를 죽이게 되는지 신화와 비극은 계속 전해준다. 예상대로 그 여행객이 오이디푸스의 아버지다.

그다음 오이디푸스는 테베로 가서 스핑크스의 수수께끼를 푼다. 테베에 살고 있는 이 괴물은 아침에는 네 개의 다리, 점심에는 두 개의 다리, 마지막으로 저녁에는 세 개의 다리로 돌아다니는 존재가 무엇인지 알고 싶어 한다. 오이디푸스는 정답을 맞춘다. "정답은 사람이다". 왜냐하면 사람은 아이 때 기어다니고, 노인이 되어 지팡이가 필요하기 전까지는 두 발로 서서 걷기 때문이다. 이제 오이디푸스는 테베 통치자의 여자 형제와 결혼할 권리를 갖게 된다. 다른 사람일 리가 있겠는가? 그녀가 바로 오이디푸스의 어머니다. 신탁 사제가 전한 예언은 이제 실현되었다. 그렇지만, 아직 극적 결말에 도달하지 않은 이 시점에서 오이디푸스는 이 사실을 알 리가 없다. 한편 지그문트 프로이트는 특이하게도 이 비극의 결말은 냉담하게 무시했다.

테베에 역병이 퍼지기 전까지 이 독특한 왕과 왕비 부부는 처음 몇 년 동안 행복하게 생활한다. 역병과 함께 새로운 신탁이 알려진다. 라이오스를 죽인 사람을 찾으면, 역병은 사라진다고 한다. 수수께끼 같은 선포다. 오이디푸스는 즉시 살인자를 찾아 나선다. 눈먼(!) 예언자 테이레시아스가 마지못해 진실을 오이디푸스에게 밝히는 그 순간, 그 수색은 성공한다. 자신이 찾고 있는 라이오스를 죽인 살인자가 바로 오이디푸스 자신이라는 진실이 이제 밝혀진다. 오이디푸스가 이 금지된 지식을 소유하게 되는 순간, 아내이자 엄마 이오카스테는 자신이 두르고 있던 베일에 목을 매었다. 오이디푸스는 아내(이자 어머니)의 옷에서 뽑은 황금 핀 두 개로 자신의 눈을 찌른다.

말하자면, 오이디푸스는 진실을 보고 나서 자신의 시력을 파괴했다. 자신이 실제 누구인지, 즉 자기 아버지의 살인자임을 알게 되면서 오이디푸스는 자신이 알게 된 지식의 진정한 비극적 희생자가 된다. 스핑크스를 물리치고 테베의 강력한 왕이 되지만, 그 자리에서 얻은 더 많은 지식 때문에 자신이 손에 넣은 바로 그 권력만 잃게 된다. 오이디푸스 신화에서는 지식과 진실을 향한 인간의 욕망이 드러난다. 소포클레스가 쓴 같은 제목의 비극에서 이 욕망은 스산하고 파괴적 힘으로 변화하여 다음과 같은 결론을 이끈다. 모든 진실이 인간에게 요구될 수 있는 건 아니다. 심지어 특정 지식은 제공되지 않는 것이 개인에게 도움이 될 수도 있다.

이 문장에서 19세기로의 거대한 도약이 성공한다. 19세기에는 표도르 도스토옙스키의 소설 『카라마조프 가의 형제들』이 주제를 제대로 다룬다. 이 소설에는 대종교재판관이 등장한다. 그는 개인이 아닌 전체 인류에게 어떤 지식을 숨기려고 한다. 너무 엄청난 지식이어서 인류에게 과도한 부담을 주기 때문이다. 즉, 예수가 지상에 다시 돌아왔다는 것이다.

대종교재판관은 16세기 스페인 종교재판소의 최고 법관을 말한다. 도스토옙스키 소설의 가장 유명한 장면은 16세기 세비야에 나타난 예수에 대한 설명이다. 사람들은 예수를 알아보며, 예수는 눈먼 자를 보이게 하고 심지어 죽은 아이를 다시 깨운다. 그러나 90세의 대종교재판관은 예수를 체포하여 지하 감옥에 가두게 한다.

이 노인은 지하 감옥에 있는 재림구원자를 방문하여 그에게 비난을 퍼붓는다. 질서를 깨뜨리고 있기 때문에 그는 다시 사라져야 하며, 장작더미 위에서 화형당해야 한다고 말한다. 예수는 신앙의 진리와 그 진리와 연결된 인간의 자유를 실제로 지지한다. 그러나 대종교재판관이 보기에 예수는 한 사회 공동체의 익숙한 흐름을 교란하고 교회의 약점을 드러낸다. 교회의 대법관은 권력은 사람들을 속여야 하고 지식은 그들에게 유보되어야 한다고 생각한다. 자신들이 어디로 인도되는지, 그리고 삶의 여정에서 최소한 몇몇 순간이라도 행복을 느낄 수 있는 방법이 무엇인지를 사람들이 알아차리면 안 되기 때문이다.

자신의 인생경험을 통해 대종교재판관은 확신했다. 사람들은 진리에 잘 대처하지 못하듯이, 자유에도 잘 대처하지 못한다. 그러므로 자유와 진리 모두 교회에 위탁하는 게 그들을 위해 더 낫다. 그렇게 사람들이 교회에서 큰 행운을 빌고 섭리를 교회에 맡기기를 원했다.

지식의 통제

종교재판은 인간 지식을 통제하려고 노력하는 두 자매 가운데 한 명만 보여준다. 19세기 오스트리아 극작가 요한 네스트로이Johann Nestroy는 자신의 익살극 『크래빙켈에서의 자유Freiheit in Krähwinkel』(크래빙켈은 특정 도시가 아니라 소도시 일반을 가리키는 말이다. 다소 고루하고 보수적 지역이라는 의미를 살짝 담고 있기도 하다 - 옮긴이) 에서 다른 한 명을 호출한다. 이 익살극에서 작가는 크래빙켈 신문의 편집자에게 다음 생각을 말하게 한다.

"검열이 그 추악한 두 자매 중 둘째야. 첫째 이름은 종교재판이고. 검열은 단지 멍청한 자들만 밟을 줄 알고 자유로운 민중들은 통치하지 못하는 위대한 자들의 생생한 자백이지."[21]

검열이 둘째라는 이 인용문에 속으면 안 된다. 검열Zensur은 아주 오래된 역사 현상이다. 오늘날 학업 성적을 뜻하기도 하는 이 단어는 라틴어 '켄수라censura'에서 왔다. 고대에 이 단어는 도덕 재판관을 가리키는 말이었다. 도덕재판관은 공개된 발언을 검사하고 판정하는 권한이 있었다. 그들의 존재와 일은 확실히 유해한 정보나 혼란을 주는 지식으로부터 보호받아야 하는 사람과 공동체가 있다는 생각에서 나왔다. 검열관들은 금지된 지식을 찾아다녔다. 검열의 진정한 선구자는 고대까지 거슬러 올라간다. 기원전 450년에 나온 '12표법'에 이미 조롱하는 시를 금지하는 조항이 있으며, 고대 로마에서는 '기록 말살형damnatio memoriae'이 시행되었다고 한다. 기록 말살형은 특별히 명예를 잃어버린 사람에 대한 모든 지식을 완전히 지워버리는 형벌이다. 문예학자 보도 플라흐타Bodo Plachta는 '검열'에 대한 자신의 연구서에서 확언한다. 오늘날 우리가 생각하는 일반 지식을 통제하려는 시도는 서적 인쇄의 걸음마 시절에 나온 독일 검열 규정과 함께 시작되었다. 이 규정은 1486년 마인츠 대주교 베르톨드 폰 헤네베르크Berthold von Henneberg에 의해 공포되었는데, 그가 고위성직자로 활동하던 그 도시는 하필 구텐베르크와 연결된 미디어 혁명이 시작된 도시였다.[22] 서적 인쇄와 함께 금지 기관들이 등장하고 검열 기준들이 적용되거나 혹은 최소한 제안되었지만, 플라흐타의 말처럼 내용과 의견의 통제는 대체로 첫째, 종종 그 책을 격려하는 효과를 가져왔다. 둘째, 많은 통제 시도들이 아주 스펙터클하게 실패했다. 16세기 스트라스부르Strasbourg에서 나온 보고서에서 그 사례를 읽을 수 있다.

"시장에는 루터의 책 판매 금지를 명령하는 황제와 교황의 포고가 붙어 있었다. 그러나 포고문 바로 옆에 있는 진열대에서 루터의 책들은 판매되었다."[23]

가톨릭교회는 처음부터, 정확히 말하면 1487년부터 서적 인쇄에, 나중에 이 주제 관련 교황 문서 제목처럼 '대단히 걱정스럽게' 반응했다. 1501년 교황 알렉산데르 6세가 지시했듯이, "가톨릭 신앙에 반대되거나 맞지 않은 문서, 또는 신앙인을 자극하는 인쇄된 문서를 삼가지 않는" 모든 사람이 파문과 벌금의 위험을 받았다.[24] 당연히 교회의 남자들도 거꾸로 자신들의 지식을 새로운 매체를 통해 널리 퍼뜨릴 수 있는 기회를 알아차렸다. 그러나 태양 아래 새로운 것은 없다. 그들은 유감스럽게도 대중의 관심은 다른 곳에 있었음을 인정해야 했다. 일반 국민은 이교도들의 책에 더 많은 관심이 있었고, 음란하고 도덕적으로 문란한 책들을 즐겨 집어들었으며 운명을 예언하는 책, 마법과 요술을 다루는 책, 독을 만드는 비법이 담긴 책들을 욕망했다. 이런 팸플릿들의 독서는 당연히 금지되었고, 앞에서 설명했던 금서 목록에 차례로 추가되었다. 그런데 그 이후 수백 년 동안 책의 생산은 꾸준히 증가했는데도 금서 목록에 오르는 책의 숫자는 계속해서 줄어들었다. 작가들이 유연하게 적응했을까? 아니면, 시간이 지나면서 검열이 느슨해졌을까? 이 질문에 대해 브레히트의『갈릴레이의 생애』에 나오는 한 보잘것없는 수사의 생각으로 대답할 수 있다. 가끔은 진보적 생각의 관철보다 자기 억제가 더 많은 것을 얻는다고 이 수사는 절망스럽게 말한다.

금지된 텍스트의 출판을 막으려는 널리 알려진 가톨릭교회의 염원 옆에서 개신교도 검열 활동을 했다. 예를 들면 재세례파와 같은 급진 개혁가의 작품들을 금지했다. 아마도 두 가지 이유 때문에 개신교의 검열은 빠르게 잊혔을 것이다. 첫째, 개신교는 중앙 집중이 아니라 흩어져서 활동했기 때문이며, 둘째, 교회 이외에 국가도 인쇄 문서 검열을 위한 체계를 만들기 시작했기 때문이다.[25] 그렇게 베네치아 공화국, 네덜란드 7개주 연합공화국, 영국처럼 유럽에서 관대한 국가들조차 정보의 자유를 축소했고, 이런 상황 때문에 1674년 네덜란드 철학자 바뤼흐 스피노자Baruch Spinoza가 쓴『신학정치 논고Tractatus theologico-politicus』는 금서가 되었다. 이 책에 따르면, 인간을 복종으로 안내하는 일은 신학이 맡고, 대신 철학은 인간을 자연에 어울리는 정치적 결과를 낳는 합리적 진실로 이끌 수 있다.

스피노자가 책을 쓰던 이 세기에, 비록 누구도 직접 그 유용성을 알려주지는 않았지만 유럽 국가들은 세계에 대해 더 많은 지식을 수집하기 위해 엄청난 규모의 원정대를 조직하기 시작했다. 이 기획과 실행에서 많은 사람이 오늘날 지식사회라고 부르는 것을 촉진할 수 있는 기회를 봤다. 그러나 반대의 목소리도 있었다. 18세기 말 원정대의 늘어나는 숫자는 몇몇 지역에서 소란을 일으켰고, 네덜란드 지식인 코넬리우스 드 파우Cornelius de Pauw의 글에서 이를 묘사했다. 『미국인에 대한 연구Recherches philosophiques sur le Américans』에서 드 파우는 특정 지역에 대한 의문을 해명하는 대가는 방문한 그 지역의 파멸이라고 규정했다. "모든 것을 알기 위해 전 세계에 들어가려는 이 기준 없는 갈망에 우리는 고삐를 채워야 한다."[26] 코넬리우스 드 파우가 썼듯이, 많은 여행객들에게 읽어보라고 권하고 싶은 내용이다.

지리적 외부 세계에 대한 지식과 함께 정치적 내부 세계에 대한 지식도 확장하기를 당시 국가들은 원했다. 좋은 측면으로 보자면, 군주들은 "자신들의 땅을 정확하게 묘사한 문서 작성을" 추진하기 시작했다. 철학자 고트프리드 빌헬름 라이프니츠가 러시아의 표트르 대제에게 제안했듯 일이기도 하다. 불쾌한 측면에서 보면, 공권력이 백성에 대해 더 많은 것을 알려고 했다. 사실 이 목적을 위해 공권력은 이미 17세기부터 설문지를 돌렸을 뿐만 아니라, 이웃을 염탐하여 법을 어길 가능성이 있는 사람을 관찰하고 고발하라고 충직한 시민들을 부추겼다. 오늘날 시민들이 감시에 저항하듯이, 그들의 백성뿐 아니라 가축 숫자까지 계산하려고 했던 지배자들의 초기 의도를 바라보는 의심의 눈초리는 점점 커져갔다. 국민들은 이런 정보의 조사가 특히 더 많은 세금 요구와 구멍없는 징집이라는 결과를 낳는다고 믿었다. 그리고 그들의 추측은 종종 맞았다. 17세기에 프랑스인들은 분노했다. 분명한 전투구호도 외쳤다. "가족수와 가축수를 세는 일은 국민을 노예로 만드는 일이다." 그러므로 근대 초기에 일어난 많은 반란에서 반란자들이 먼저 공식 문서부터 불태웠다는 건 놀라운 일이 아니다. 지식사회를 다루는 영국의 역사학자 피터 버크Peter Burke의 지적에 따르면, 항거자들이 보기에 그 문서들은 너무 많은 금지 지식을 담고 있었다.[27]

막간극 2: 불륜의 예술

도덕군자의 관점에서 보면 19세기에 금지된 지식은 공문서보다 소설에 많이 들어 있었다. 1830년에 나온 프랑스 작가 스탕달의 『적과 흑』이 대표적이다. 왕정 복구를 지지하는 보수적 비판가는 이 책을 분노하며 읽었다. "외도를 위한 노골적 설명서"라고 비판하면서 이 책을 금서 목록에 넣었지만, 이 책의 활발한 보급을 막지는 못했다. 1840년 직후에 나와 수십만 권이 유포되었던 오노레 드 발자크Honoré de Balzac의 소설들도 마찬가지로 위험하다고 여겨졌다. 베르너 풀트의 『금서의 역사』에서 읽을 수 있듯이, "이런 책들은 분별 없는 무수히 많은 여성과 부인을 혼란에 빠뜨리고 도덕을 더럽히기" 때문이다. 위의 소설들 다음으로 1857년에 애정과 자유를 향한 개인의 갈망과 사회 질서의 강제 사이에서 불행을 겪은 가장 유명한 인생 이야기, 즉 『보바리 부인Madame Bovary』이 등장한다. 이 책 때문에 작가 귀스타브 플로베르Gustave Flaubert는 "모든 옳은 것과 주의할 가치가 있는 것들을 짓밟아 버렸다"[28]는 비난을 받았다. 분노한 당시 사람들은 뻔뻔하고 방자한 이 작품을 종교와 도덕 모욕 혐의로 법정에 고발할 것을 요구했다. 여기서 분노는 엠마 보바리의 외도와 그녀의 성적 욕망뿐 아니라 소설에 등장하는 수다스러운 약사에게도 향했다. 자연과학을 신봉하는 남자로서 그 약사는 신을 믿을 수는 있지만, 그렇다고 교회의 멍청한 무리들을 자기 돈으로 살찌울 필요는 없다고 생각했다. 그는 예수의 부활과 승천도 단순히 터무니없다고 보았는데, 이 사건들은 물리 법칙에 어긋나기 때문이다.

플로베르가 약사에게 상투적으로 말하게 하고, 이런 상투적 계몽을 계속해서 조롱하고 있음을 그의 비판가들은 알아차리지 못했다. 그 밖에도 '불륜 예술'은 19세기 여러 소설에서 상당히 큰 역할을 했음이 눈에 띈다. 보바리 부인뿐 아니라 테오도르 폰타네Theodor Fontane의 『에피 브리스트Effi Briest』와 레오 톨스토이의 『안나 카레니나Anna Karenina』에서도, 말하자면 프랑스, 독일, 러시아 문학에서 불륜은 중요한 역할을 했다. 볼프강 마츠Wolfgang Matz의 책 『엠마, 안나, 에피와 그녀들의 남자들Emma, Anna, Effi und ihre Männer』에서 관련 내용을 읽을 수 있다. 이 세 가지 (유럽) 사례에서 공통된 주제는 욕망, 타락, 배신의 복잡한 상호 관계다. 이 상호 관계가 부르조아 사회를 배경으로 파국과 슬픔의 사랑 이야기를 끌어간다. 이 중에서도 플로베르의 소설이 특별하다. 소설 속 영웅 엠마는 연애소설을 탐독하면서 정상적 이해력을 잃어버렸다. 그녀는 자신이 살고 있는 노르망디 지역에서 남쪽으로 가는 낭만적 모험과 저돌적 남성들과의 사랑에서 오는 행복을 간절히 소망한다. 그 남성들은 피곤한 의사인 자신의 남편과는 다르게 행동해야 한다. 엠마의 남편은 힘든 하루를 보낸 후 자기 옷을 찢기보다는 장화를 멋고 포도주를 한 잔 마시고 싶어 하는 사람이었다. 해석의 여지가 많은 이 소설을 읽으면서, 혹은 읽고 난 후에 여성들은 처음으로 사회가 여성들에게 무엇을 유보하고 있는지를 알게 되었다.

1857년 『보바리 부인』이 출판된 후에 프랑스어 사전에는 아름다운 개념 '보바리즘Bovarism'이 등장했다. 보바리즘은 "한 사람이 자신의 사회적 지위와 성생활과 관련해서 느끼는 불만족을 말한다. 이 불만족은 그 사람을 소설 같은 비현실과 환상 속으로의 도피하게 한다."[29] 엠마는 불타는 눈으로 읽고 또 읽는다. 그리고 거기서 얻은 지식을 자신의 마음에 갈고 새긴다. 플로베르에게서 그 지식은 이 모든 걸 포함하는 과장된 문체로 꾸며진 몽상이 된다. 이제 이 장의 맨 앞으로 돌아갈 기회가 생겼다. 왜냐하면 잉게보르크 바흐만이 "진실은 인간에게 요구될 수 있다"라고 용감하게 썼을 때, 이 장 앞머리에서 지적했듯이 그녀는 특히 언어를 통해 전달되는 진실을 생각하기 때문이다. 언어는 현실을 진실된 것으로 바꿀 수 있다. 이 명제가 수용되면, 그녀의 아름다운 문장은 이렇게 이해될 수 있고, 표현되어야 한다. "문학은 인간에게 요구될 수 있다." 마침내 진실과 진리는 예술의 목표가 되지만, 생산자와 수용자 양쪽 모두에게 쉽지 않은 일이다. 잉게보르크 바흐만은 진실의 고단함을 1961년에 쓴 『빌더무트Wildermuth』 이야기에서 직접 보여준다. 이 이야기는 이렇게 시작한다. "어떤 빌더무트는 언제나 진실을 선택한다." 발단은 그렇게 명쾌하지만, 책을 읽으면서 독자들은 혼란에 빠진다. 한 명이 아닌 두 명의 빌더무트가 있기 때문이다. 이 둘은 판사와 피고로 대면하며 서로 친척 관계도 아니다. 피고 빌더무트는 자신의 아버지를 죽였다. 판사 빌더무트는 그 진실을 잘 알고 있지만, 그 진실을 설명할 때 아무 내용 없이 진실은 흩어져 버린다. 모든 것이 해명된 것처럼 보일 때 피고 빌더무트는 고개를 흔들며 말한다. "그러나 그것은 진실이 아닙니다." 실제로 근거 없는 개별사항들은 서로 맞지 않았고, 끝없는 해명에 지친 판사 빌더무트는 갑자기 평정심을 잃고 소리친다. "진실은 그만 이야기해, 진실은 이제 그만!"

아마도 진실 그 자체는 그렇게 중요하지 않을 것이다. 훨씬 중요한 건 진실을 요구하는지 여부다. 마치 괴테가 파우스트 서막에서 시인의 입에 올린 대사처럼 말이다. 시인은 자신의 어린 시절을 기억하면서 청중들에게 말한다. (191-192)

"나는 아무것도 가진 게 없었지만 진실을 향한 열망과 환상에서 느끼는 기쁨으로 충분하다."

진리 충동에 대해서는 1778년에 나온 고트홀트 에프라임 레싱 Gotthold Ephraim Lessing의 글 『어떤 변론Eine Duplik』에서도 읽을 수 있다.

"만약 하느님이 자신의 오른편에 모든 진리를, 자신의 왼편에는 끊임없이 일어나는 단 하나의 진리 충동과 추가로 언제나 영원히 잘못을 저지르는 나를 넣은 후, 그렇게 봉인하여 나에게 내밀면서 말한다면, "선택해라!" 나는 겸손하게 하느님의 왼쪽으로 넘어지면서 말할 것이다. '아버지, 주세요!' 순수한 진리는 오직 당신만을 위한 것이다."

레싱에 따르면, 진리에 대한 열망, 즉 인간에게 요구될 수 있는 진리보다 진리 자체가 더 크다. 인간은 가야만 하는 길을 찾는 게 중요하다는 의미다. 그러나 여기 마지막까지 질문이 남는다. 마침내 진리과 대면하게 될 때 인간들은 해야 할 일을 알고 있는가? 그들은 자신들이 원하는 것을 알고 있는가? 또는 누군가 올바른 길을 안내해야만 하는가?

[7장]

지식사회의
사생활과 비밀

DAS PRIVATE UND DAS GEHEIME INDER
WISSENSGESELLSCHAFT

"남은 건 침묵뿐이다." 셰익스피어가 창조한 덴마크의 왕자 햄릿은 죽기 전에 마지막으로 이 유명한 말을 했다. 다른 사람들도 이 말을 즐겨 인용한다. 할 말이 없다고 느낄 때, 최선의 의지로 많은 노력을 기울였지만 모든 일이 어떻게 일어났고 앞으로 무엇을 할 수 있고 해야 하는지를 결국 정확히 알지 못할 때, 이렇게 말할 수 있다. "말할 수 없는 것에 대해서는 침묵해야 한다." 햄릿 이후 300년이 지난 다음에 독특한 철학자 루트비히 비트겐슈타인은 『논리철학 논고』 끝 부분에서 이렇게 단호하게 규정한다. 비트겐슈타인의 이런 견해에 물리학자 베르너 하이젠베르크는 분명 동의하지 않을 것이다. 오히려 하이젠베르크는 이렇게 대답했을 것이다. "원자의 외형이나 빛의 본성처럼 말할 수 없는 것에 대해서는 그 역사를 설명해야 한다. 특히 다른 사람들과 이에 대해 토론하고 싶고 물리학자로서 자신의 지식을 그들에게 나누고 싶다면 더욱 그렇다."[1] 그럴 때 남은 것은 숨 막히고 답답한 침묵이 아니라 호기심 많은 사람들이라면 가능할 경탄 속의 경청이다.

양자역학을 맨 처음 설명했던 베르너 하이젠베르크는 또 비트겐슈타인에게 세계에 대한 당신의 지식은 불완전하다고 말할 수 있을 것이다. "세계는 일어난 모든 것이다"라는 비트겐슈타인의 『논고』 첫 문장이 조금 짧다고 이미 조언했기 때문이다. 비트겐슈타인의 생각처럼 세계는 일어난 모든 사건일 뿐만 아니라, 물리학 덕분에 알게 되었듯이 그 밖에 일어날 수도 있는 모든 사건도 세계의 일부다. 모든 실제는 세계에 잠재된 가능성에서만 생겨나야 한다. 아리스토텔레스가 기록했듯이 가능성의 실현을 위해 세계는 에너지가 필요하다. 또한 셰익스피어가 남긴 대사를 새롭게 바꿀 수도 있는데, 남은 것은 침묵이 아니기 때문이다. 남은 것은 오히려 해방을 기다리고 있는 가능성이다. 그리고 그 가능성에 몸을 맡기고 그 설명에 귀 기울이는 사람은 많은 것을 경험하고 새로운 지식을 얻을 것이다.

안티소셜 네트워크: 더 이상 비밀은 없다

페이스북이 생겨나면서 비밀이 마침내 철폐되는 것처럼 보였다. 페이스북 이용자수는 점점 늘어나는 것처럼 보이지만, 이런 소셜 미디어들을 경고하는 목소리가 커지고 있다. 페이스북은 사람들을 서로 연결해주는 게 아니라 단절시키고, 그렇게 민주주의의 기반을 파괴하기 때문이라고 한다.[2] 기술 구루로 유명한 인터넷 선구자이자 독일 출판업 협회 평화상 수상자인(프랑크푸르트 도서 박람회 기간에 매년 수여하는 평화상으로, 학술, 예술, 문학 분야에서 평화 사상의 실현에 공이 있는 작가에게 수여한다 – 옮긴이) 재런 러니어Jaron Lanier는 일종의 선언문 같은 글에서 "당신의 소셜 미디어 계정을 바로 삭제해야 하는 10가지 이유를 제시한다."[3] 이어지는 문장은 "당신은 자유의지를 잃어버린다." 선언문 제1장의 제목이다. 왜냐하면, 소셜 미디어를 돌아다니는 모든 사람들은 끊임없이 자기에게 최적화된 자극을 받기 때문이다. 이 자극은 오래전부터 더는 광고가(1950년대에는 은밀한 유혹자라고 불렸던) 아닌 모든 공적 영역에서 수행되는 "끊임없는 행동변화"로 받아들여지고 있다. 무엇을 생각하고 어떻게 행동해야 하는지 러니어는 누구도 가르치려 하지 않는다. 다만 그는 모든 사람에게 세계를 자기 자신의 눈으로 경험하려는 수고를 들이라고 권유한다. 이 책은 독자들에 대한 직접적인 요구로 끝맺는다.[4]

"우리가 기회 균등이 전혀 통용되지 않는 세상에 살고 있음을 나는 알고 있다. 언제나 삶에서 당신이, 특히 당신이 아직 젊다면, 자신을 시험해 볼 가능성을 얻는 사람이 되기를 나는 희망한다. 당신의 생각과 삶이 둔하고 무딘 쳇바퀴에 빠지지 않도록 조심하라. 아마도 당신은 황무지를 탐사하거나 새로운 능력을 배우기를 원할 것이다. 조용히 위험으로 들어가라. 그러나 당신이 어떤 자아실현의 형태를 수용하든 상관없이 명심해야 한다. 최소한 당분간은 행동의 지배에서 벗어나야 한다." 그리고 나서야 인간은 다시 자유로워지고 스스로 결정할 수 있다.

사적인 것은 낡은 것이고, 더는 '사회규범'에 결코 맞지 않는다. 마크 저커버그가 언젠가 분명하게 표현했던 문장이며, 소셜 미디어를 만든 사람들이 내놓는 특이한 문장들 가운데 하나다. 그와 그의 회사를 믿고 맡긴 정보들을 여전히 방만하게 다루는 모습도 이 논평과 잘 맞는다.[5] 사적 영역을 가끔 아무 거리낌 없이 내맡기며, 자신이 먹었던 치즈빵 사진을 직접 찍어 인터넷에 올리는 많은 페이스북 고객의 모습에 놀라는 사람은 이런 종류의 노출증이 이미 텔레비전을 통해 준비되었음을 기억해야 한다. 처음에는 거의 무해한 가족 드라마 형태로 시작되었고, 그 후 토크쇼의 확장된 결과물에서 그 후속편을 찾을 수 있는 이것을 주변 사회와의 사생활 공유라고 부를 수 있다. 미디어가 잘 공급된 나라들에서는 수십 년 동안 사람들이 지금 페이스북에서 개인들이 하고 있는 일을 했었다. 여기서 인간의 정신 구조가 드러난다. 기술에 초점을 맞추는 페이스북의 프로그래머와 기술자들의 관찰에 따르면 누군가 사진을 보냈다는 메시지를 자신의 스마트폰이 알려줄 때 인간은 자신의 호기심을 거의 중단시킬 수 없다. 여기서 중독이 드러나고, 모두가 이 중독에 동참한다. 사생활은 한 때 인권으로 여겨졌다. 오늘날 이를 너무 손쉽게 잃어버렸다.

왜 우리는 비밀을 만드는가?

이미 언급했듯이, 1940년대에 카를 프리드리히 폰 바이츠제커는 여러 책에서 자연과학은 자연의 비밀을 없애는 게 아니라 반대로 더 깊이 만든다고 지적했었다. 진보의 이런 기대하지 않았던 결과 이후 최소한 심리학자 몇 명은 관련 질문을 다룰 거라고 사람들은 기대했을 것이다. 여러 번 계몽되고 단단하게 교육받은 사람은 이런 조건에서 우리 시대 비밀에 대해 어떤 관점을 발전시킬까? 우리 시대 비밀에게는 밝고 빛나는 사회에서 어둡고 수상하고 신비스러우며 알려지지 않은 어떤 것이라는 이름표가 붙어 있다. 그러나 오랫동안 사회심리학자들은 이 영역을 방치했었고, 최근에 와서야 처음으로 '왜 우리는 비밀이 있는가'라는 질문을 과학적으로 다룬 연구 결과를 읽을 수 있었다.[6] 이 주제에 발을 디딘 사람은 먼저 두 가지에 놀라게 될 것이다. 첫째, 얼마나 많은 비밀을 도대체 인간이 갖고 있으며 둘째, 그 비밀을 얼마나 단단하게 마음속에 묻어 두는지를 보고 놀라게 될 것이다. 여기서 비밀의 영역은 티라미수 요리법과 같은 무해한 비밀에서 위험천만한 과도한 부채, 낙태 경험, 혼외자 등에 걸쳐 있다. 설문 조사들은 약간 놀라운 결과를 보여주는데, 자신을 열어 비밀을 공유할 수 있는 누군가를 마침내 찾았을 때 많은 사람은 더 편안함을 느낀다. 부수효과로 비밀을 털어놓은 사람들 사이에 강력한 결속이 만들어지고 유지된다.

그러나 역사는 이렇게 끝나지 않고, 반대로 거기서 처음 시작된다. 방금 알게 된 정보가 원래 자물쇠로 채워 두어야 하는 비밀이거나 한때 '1급 비밀'로 분류되던 정보라고 말해주면, 사람들은 이 정보를 더 상세하고 더 믿을 만하며 더 가치 있다고 여긴다. 이 사실은 당연해 보이기도 하고, 누구나 각자의 경험과 추측으로 검증할 수 있을 것이다. 이미 오래전에 알려진 문서에 '비밀'이라는 도장을 찍어 제시했을 때,

실험 참가자들은 그 문서의 정보가 깊은 생각에서 나온 정보이자 지침과 도움이 되는 정보라고 여겼다. 이번에는 위의 문서와 비슷하게 하찮은 문서에 '일반용'이라는 라벨을 붙였더니 정 반대의 결과가 나왔다. 여기서 아주 오래된 것처럼 들리지만 여전히 신선하고 새로운 지혜가 다시 드러난다. (토막 이야기 '볼프 비어만Wolf Biermann' 참고) 금지된 것은 우리를 뜨겁게 만들며, 사람들은 금지된 것을 특별하고 주의해야 할 것으로 인지한다. 그러므로 디지털화의 지붕 아래에서 과감하게 제안할 수 있을 것이다. 실제로 금지된 지식을 가장 쉽게 무해하게 만드는 방법은 금지된 지식을 그냥 공개하여 누구나 접근할 수 있고 불러올 수 있게 하면 된다. 금지되지 않은 것은 인간을 급속하게 지루하게 만든다. 사람들은 차라리 스마트폰에서 온라인 회사들과 앱들에 의해 상상의 마을로 몰이당한 다음 암퇘지를 기대하며 대기한다. 그리고 그들은 자신들이 무엇을 찾았었고 또는 무엇을 알고 싶어 했는지를 이때 많이 잊어버린다.

볼프 비어만

「볼프강 노이스의 손님: 서쪽Zu Gast bei Wolfgang Neuss – West」이라는 앨범에서 우리는 볼프 비어만의 유명한 노래 후렴구를 들을 수 있다.

"아무도 기꺼이 하지 않아, 자신이 해도 되는 일을. 우리를 뜨겁게 만드는 건 금지되어 있지."

가슴에 손을 얹고 말해라! 삶에서 견고한 정보 보호와 철저한 투명성보다 단조롭고 지루한 것이 또 있을까? 숨바꼭질 놀이와 비밀이 있는 놀이를 즐겨 하며, 신문에 난 위험한 담합과 신비스러운 음모론들을 열광하면서 즐겨 읽지 않는가? 이 음모론에 덧붙여 자신만의 (어두운) 환상도 만들지 않는가? 과거에 유명한 헤겔 같은 역사철학자들이 말하기를, 인간의 역사는 회색빛 선사시대에서 나와 빛나는 자유로 가는 여정이라고 규정할 수 있다. 이 자유에는 권력 구조에 대한 확장된 관점과 정치 과정에 대한 더 나은 이해가 함께 한다. 그러던 사이에 어디 물러나 있는 것이 아니라 자신을 위해 혼자 있을 수 있는 게 자유를 진정 느끼고 살아가는 방법이라는 느낌이 더 커진다. 이미 인용했듯이 "그들은 모든 것을 알고 있다!" 이 사실이 혼자 머물기, 타인에게 지식을 유보하기, 자신에게 홀로 속해야 하는 것을 감시자에게 넘겨주지 않기를 점점 더 힘들게 만든다.

비밀유지 의무: 규칙의 예외

독일 연방 공화국 의사들은 환자가 의사에게 믿고 알려준 정보나 의학 검사를 통해 얻은 지식에 대해 침묵해야 하는 의무가 있다. 형법 203조 제 1 항이 이를 규정한다. 위법 행위 때, 즉 비밀 지식을 전달하면 가볍지 않은 징역형이나 벌금형을 받게 된다. 비밀 유지 의무는 의사에게 충분히 개방할 수 있는 용기를 환자에게 주는 것이며, 이를 통해 환자가 의사를 신뢰할 수 있게 하는 것이다. 그 기본 생각은 고대까지 거슬러 올라가는데, 이미 히포크라테스 선서에도 관련 내용이 자리를 잡고 있다. 히포크라테스는 이 선서에서 강조하였다. "치료할 때 혹은 진료실 밖에서 사람들과의 관계에서 내가 보고 들은 것, 사람들에게 전해지면 안 되는 것들에 대해 나는 침묵할 것이고 비밀을 유지할 것이다." 그리고 이 맹세는 의사와의 면담 때, 그리고 병상에서 오늘날까지 등장한다.

이렇게 구상되었던 비밀 유지 의무는 소위 제네바 선언을 통해 현대적 형태를 취했다. 1948년 9월 세계 의사 협회 총회에서 처음 발표되었으며, 그 이후 계속 수정, 보완되었다. 이 선언에서는 히포크라테스 선서에서도 여전히 일부를 이루고 있었던 종교와 관련된 표현을 제거하려고 시도한다. 가장 최근인 2017년에 개정된 '의사 선언'에서는 아래 나오는 주제를 중요하게 여긴다. "나는 나의 의학 지식을 환자의 행복과 보건 체제의 개선을 위해 나눌 것이다. 그리고 나는 위협 속에서도, 나의 의학 지식을 인권과 시민의 자유를 훼손하는 데 사용하지 않을 것이다."

이렇게 아름답고 마음에 즐거움을 주며 통찰이 넘치는 일반 관용 구들이 나오고, 그렇게 평온함을 만든다. 또한 그렇게 문제가 분명하게 드러난다. 종종 그렇듯이 악마는 디테일에 숨어 있다. 예컨대 이렇게 물을 수 있다. 인간 면역 결핍 바이러스에 감염된 남성의 아내가 검사에서 에이즈 진단을 받았다면, 그녀에게 남편의 감염을 알려주는 게 의사의 의무 아닐까? (이런 경우에 의사는 침묵해서는 안 된다고 2015년 프랑크푸르트 고등법원은 결정했다. 판사들은 이 여성이 구체적 위험에 빠져 있다고 보았으며, 이와 함께 그 환자를 이해할 수 없다고 평가했다.) 그리고 미디어에서는 2015년 3월 바르셀로나를 출발했던 저먼윙스 9525호의 추락과 관련하여 질문을 던진다. 모든 공식 정보에 따르면, 조정석에 앉은 파일럿이 자살을 위해 자신을 믿고 있던 모든 승객을 죽음으로 몰아넣었다. 그 파일럿의 담당 의사들은 그 파일럿의 심리적 위험성에 대해 고용주에게 전달했어야 하지 않았을까라는 질문이 제기되는 것이다.

그래서 의사들의 비밀 유지 의무는 오래전부터 생각하는 것처럼 그렇게 절대적이지 않다. 독일에서도 2012년 아동보호법에 의해 비밀 유지 의무가 완화되었다. 이 법에 따르면, 아이가 부모 때문에 위험한 상황에 처해 있다는 강한 인상을 받았을 경우 의사들은 이를 청소년국에 알려도 된다. 종교상의 이유로 아이의 치료를 거부하는 부모가 이런 경우에 해당될 수 있을 것이다. 생명 사다리의 저쪽 끝에서 의사들은 종종 노인들과 관련된 혼란스러운 과제를 떠맡는다. 환자가 버거워 하는 진단 결과를 가족 누구에게까지 알려주어야 하느냐는 문제다. 이 지점에서 협회들은 제 때에 사전연명의료의향서를 제시하고 작성할 것을 제안한다. 이성적으로 들리는 제안이다. 한편, 건강 보건 잡지 《아포테켄 움샤우Apotheken Umschau》 2015년 10월 14일자 기사에 따르면, 빅데이터라는 주제가 드러내는 작지만, 새로운 부수적 문제가 있다. 첫째, 최근에는 환자들이 빈번하게 직접 자신의 개인 정보를 공개하여 비밀 준수 의무를 의미 없게 만든다. 자신의 건강정보를 스마트폰을 통해 인터넷에 올리면서, 실제로는 사적인 목적을 위한 지식을 공개적이고 공적으로 다루는 사람들이 꾸준히 증가한다. 이런 증가는 이미 핸드폰이 21세기 청진기로 발전한다는 관점을 이끌어냈다. 만약 지금 전자 장비들이 기존 역할에 더해 의학 분야에서 더 많은 업무를 넘겨받고 건강관련 앱들이 환자를 진단할 때 피와 살이 있는 의사들을 대리하게 된다면, 그 때 건강 관련 분야에는 새로운 플레이어가 등장하게 된다. 즉, 환자와 의사 이외에 프로그래머가 의료 분야에 등장하게 되며, 프로그래머를 대상으로도 먼저 비밀 유지 의무가 만들어지고 시행되어야 한다. 히포크라테스는 프로그래머에 대해 아직 아무것도 알 수가 없었다.

고해 비밀에 대하여: 숨겨진 지식이 위험해질 때

그리스도교인은 고해 비밀 혹은 고해 봉인에 기꺼이 라틴어 이름을 붙인다. 그들은 고해 비밀을 '시길룸 콘페시오네스Sigillum confessiones'이라 부른다. 이 말은 고해소에 성직자와 고해자 두 사람만 있을 때 성직자가 알게 된 죄에 대해 침묵하는 성직자의 의무를 뜻한다. 이 의무는 13세기 초 한 공의회에서 도입되었으며, 그 이후에 교회법 안에 자리 잡았다. 가톨릭교회법이 분명하게 규정하고 있고, 고해성사를 신뢰하는 신앙인들이 많이 사는 국가들이 인정하듯이, "고해 비밀은 침해될 수 없다." 성직자는 살인을 비롯한 범죄 행위를 알게 되었다 해도 고발의 의무가 없으며, 성직자에게는 증언 거부의 권리 및 정보기관의 도

청에서 보호받을 권리가 제공된다.

그러나 이 엄격한 규정에 대한 의문이 생겨났다. 특히, 교회의 남성들이 아동 성폭력 때문에 엄청난 비난을 받고, 몇몇 사건에서 끔찍한 자백을 하게 된 이후로 그 의문은 더욱 커져간다. 이 교회의 범죄자들이 충분히 참회하고 죗값을 치렀다는 느낌을 세속의 대중들은 받지 못한다. 그 범죄자들은 반복해서 새로운 부임지로 옮겨갔다. 그들이 새로운 환경에서 무슨 일을 했으며 지금 하고 있는지 아무도 모르거나 폭로되지 않는다.

어찌 되었든 2013년 호주 정부는 아동 성착취 방지위원회를 만들었다. 이 위원회는 성학대와 관련된 사실에 대해서는 고해 비밀의 철폐를 약속했다. 그리고 이 위원회는 납득하고 참아내기 힘든 생각을 언급했다. 한 아동성범죄자는 고해성사 후에 자신의 죄가 정화되었다는 느낌을 받았으며, 또 면죄 받을 수 있다는 생각에 아이와 보호가 필요한 사람에게 범죄를 계속 저지를 수 있었다는 것이다. 더욱이 고해사제 또한 스스로를 보호해야 할 수도 있을 것이며, 고해사제의 손이 묶이고 입도 봉인되면 아무것도 할 수 없게 된다. 이 죄인이자 범죄자들이 희생자 아이들에게 성폭력을 저질렀으며, 이들이 그 범죄를 중단할 거라고는 누구도 예상하지 못한다. 여기서 가장 중요한 질문은 이렇다. 이런 상황에서 왜 아무도 호주에서 나온 이 제안을 따르지 않으며, 바티칸을 대표하는 시선에 왜 고해 비밀 규정을 완화하려는 모든 시도에 엄격하게 반대하는 사제들만 있는 것일까? 아무도 희생자를 돌볼 마음이 없는 것인가?

교회는 고해를 '성사'로 이해한다. 이 말은 죄인과 성직자 사이에서 진행되는 과정보다 고해자와 하느님과의 관계가 더 중요하다는 뜻이다. 고해성사의 끝에 "당신의 죄는 용서 받았습니다"라고 사제는 말한다. 이 말은 그 자리에서 선포되고 있는 그리스도의 말씀이다. 사제에게는 아직 고해자에게 보석을 요구할 수 있는 가능성이 열려 있다. 자신의 악행에 따른 법적 처벌을 기꺼이 받을려는 자세도 보석에 포함된다. 고해 비밀 철회를 교회가 걱정하는 근본 이유는 보호받는 신뢰 공간이 사라지는 데 있다. 이 신뢰의 공간에서 죄를 범한 사람이 침묵을 깰 수 있으며, 행위자의 관점에서 죄의 고백이 우선 가능해진다. 「불안은 영혼을 잠식한다Angst essen Seele auf」. 1974년에 나온 라이너 베르너 파스빈더Rainer Werner Fassbinder의 영화 제목처럼 불안은 범인을 침묵하게 한다. 교회가 고해 비밀을 옹호하기 위해 이를 즐겨 인용한다. 그러나 여전히 피해자들을 보호하고 위로하기 위해 어떻게 다가가고 무엇을 하려고 하는지는 말하는 않는다.

정보 보호와 사적 영역

처음 들으면 특이하게 들리지만, 고해 비밀은 역사에서 가장 오래되고 입증된 정보 보호 규정 가운데 하나다. 물론 의사들의 비밀 유지 의무만큼 오래되지는 않았다. 오늘날 우리가 정보 보호라고 부르는 생각은 19세기 후반이 되어서야 생겨났다. 두 명의 미국 법률가 새뮤얼 위렌Samuel Warren과 루이스 브랜다이스Louis Brandeis가 1890년에 인간에게는 '사생활의 권리The Right to Privacy'가 있다는 개념을 발전시켰다. 이들은 이 생각을 1890년 12월 15일자《하버드 로우 리뷰Harvard Law Review》에 논문으로 발표했다.[7] 뉴잉글랜드 출신의 두 변호사는 자신들이 기본 권리로 제시한 '홀로 있을 권리'를 어떤 영역에 대한 인간의 정당한 요구로 이해했다. 이 영역에서 인간은 사회로부터 방해 받지 않은 채 조용히 머물 수 있는데, 자신의 삶을 외부의 개입 없이 자유롭게 펼치기 위해서다. 19세기 말에는 특히 신문, 사진, 광고의 급증으로 이런 영역이 위협받았다. 당시 많은 사람이 단지 우편엽서의 도입 때문에 큰 충격을 드러냈다는 점은 매우 흥미롭다. 생각해보면 유럽에서도 17세기 이후에야 서신의 비밀이 존재했다. 서신 교환은 어디에서나 사적이어야 하고, 개인의 소식이 낯선 사람들에 의해 개봉되어서는 안 되는 일이었다.

원래 미국의 것이라고 환영 받는 '홀로 있을 권리'라는 표현을 워렌과 브랜다이스는 1879년 미국에서 나온 시민권 위반에 대한 한 논문에서 가져왔다. 이 논문에 들어 있는 생각이 당시 새롭게 등장한 기술의 영향력 앞에서 인간을 보호하기에 적절하고 응용가능해 보였던 것이다.

질문은 오늘날 상황에 대한 이 두 사람의 반응이다. 첫째, 오늘날 천만 명이 넘는 사람들이 시청하는 텔레비전 방송들이 있다고 그들에게 말할 수 있다면, 19세기 법률가인 이 두 사람은 어떤 반응을 보여줄까? 얼마나 많은 사람이 혼자 혹은 친구들과 함께 텔레비전 앞에 앉는지는 여기서 알 수가 없다. 덧붙여 미국에는 오래전부터 4천만 명이 넘는 구독자를 보유한 그림 잡지가 있다고 하면, 또 어떤 반응을 보일까? 둘째, 사람들이 소셜 미디어에 관심을 가지면서 이 숫자가 조금 줄어들었다는 걸 말해주면 이들은 어떤 반응을 보일까? 페이스북 같은 회사는 20억 명이 넘는 사용자를 말하고, 검색엔진 구글은 매일 30억 개 이상의 검색 작업을 한다. 정보괴물들로부터 '더는 숨을 곳이 없다'. 아마도 워렌과 브랜다이스는 이 상황에 경악할 수밖에 없을 것이다. 그렇기 때문에 정보 보호는 민주주의 사회에서 점점 더 중요한 역할을 하고 2018년 5월 유럽에서는 이 주제에 대한 특별한 규정이 발효되었다. 이 규정은 처음으로 미국이나 중국의 인터넷 서비스를 유럽의 관습과 협정 내부로 내려가며, 어떤 경우든 이는 환영할 만한 일이다. (이에 관해서는 다음의 '유럽 개인정보 보호법 2018'를 참고하라.)

유럽 개인정보 보호법 2018

2018년 5월 25일에 영어 약어로는 GDPR인 유럽 개인정보 보호법General Data Protection Regulation이 발효되었고, 이에 따라 1995년에 나온 개인 정보 지침Data Protection Directive은 효력을 다했다. 이 새로운 규정과 함께 정보 권리는 디지털 시대에 어울리게 수정되며, 미국 거대 회사들의 무차별 침공 같은 일도 유럽 시장에서 저지된다고 한다. 이 개인정보 보호법에서는 특별히 인격권 침해의 위험이 언급되며 어린이의 정보와 건강에 관한 민감한 정보는 강력하게 보호된다. 다만 늘어나는 문서화의 부담과 더 늘어난 조직 규정을 볼 때 이 새 보호법이 거대 기업에 너무 맞추어져 있다고 비판가들은 지적한다. 어찌 되었든 새로운 정보 보호법을 위반하면 지금보다 더 빠르고 체감되는 처벌을 받을 수 있다. 이 규정에 이어서 올 미래와 관련하여 과학은 시장 지향 법률 모델들에 대해 토론하는데, 이 법률에서는 개인 관련 정보가 무료로 제공되지 않고, 대신 대가를 받고 제공되어야 한다. 이로써 실제로는 오래전부터 빅데이터라는 상황 아래 정보의 상업화로 흘러가고 있는 게 납득될 것이다.

한편, 이 글을 쓰고 있을 때 미디어에 기사 하나가 보도되었다. '당국은 새로운 정보 보호에 회의적이다'(《프랑크푸르터 알게마이네 차이퉁》 2018년 6월 25일자) 바덴뷔르템베르크 주에 있는 관련 부서에만 5월 25일 발효일 이후 15,000개의 민원이 도착했다. 공무원들도 더 자세히 살펴보았다면 그때마다 그들도 문제를 발견할 수 있었을 것이다. 담당부서의 책임자가 말했듯이 "정보 보호 규정을 100퍼센트 채우면서 일하는 그런 회사는 없다." 그 책임자는 또한 이런 상황이 오래 가지 않기를 희망했다. 시민의 이익에 우선권을 두는 새로운 정보 보호법의 정치적 추진 방향은 바뀌지 않을 것이다.

잘 알려져 있듯이, '사생활의 권리'는 20세기를 지나오면서 어려움에 놓여 있다. 국가의 정보 권력이 강해졌기 때문이다. 이런 변화는 우선 증가하는 공공 과제를 위한 피할 수 없는 재정 조달과 관련이 있다. 조세제도는 개인 정보에 대한 개입을 요구했던 것이다. 더불어 이 변

화는 언제나 시장에 나오는 새로운 정보처리 기술의 도움을 받았다. 또는 그 기술 덕분에 이 변화는 절대적으로 가능했다. 예를 들어 허먼 홀러리스Herman Hollerith는 천공카드를 도입하였다. 그의 도움으로 1924년에 그 유명한 아이비엠International Business Machines Corporation이 창립되었는데, 2017년 IBM은 매출 800억 달러를 신고하였다. IBM과 다른 기업들이 앞장서서 개발하던 컴퓨터 기술이 1960년대에 이미 충분히 발전했음이 드러났다. 1960년대는 지식사회를 출현시켰는데, 오늘날에는 '디지털'이라는 수식어가 여기에 붙는다. 미국에서는 지식사회에 맞는 사생활 보호의 첫 번째 기준을 도입하려고 했다. 지식사회란 인간의 개인적 또는 사회적 생존이 인간들이 역사 과정에서 획득하고 기술로 이용했던 지식에 의존하게 되는 것만을 의미하지 않는다. 훨씬 개인적인 것이므로 실제로 금지하는 지식, 즉 개인정보도 지식을 의미한다. 공공기관과 사기업 직원들은 이런 시민 각자에 대한 지식을 수집한다. 누가 그들의 정보를 보고 어떻게 이용하려고 하는지, 그리고 이용할 수 있는지를 이 직원들은 모르는 경우도 종종 있다. 사라 이고 Sarah Igo는 근대 미국의 사생활 역사를 '알려진 시민The Known Citizen'이 될 수 있는 과정이라고 불렀다. 오늘날 우리는 모두 '알려진 시민'이 될 수 있다. 이런 오늘날의 상황을 관찰하는 많은 이들이 보기에도 개인 정보를 모으는 기업과 기관들이 그 정보의 이용 방법과 대상을 잘 모르는 경우가 종종 있는 것 같다. 심지어 누가 누구에 대해 무엇을 알고 알려고 하는지를 아는 게 업무 혹은 사업의 핵심이 인 사람들조차도 그런 것처럼 보인다. 컨설팅회사 '케임브리지 애널리티카Cambridge Analytica'의 정보 유출 스캔들이 바로 이런 사례에 해당한다. 이 회사는

5천만 명이 넘는 페이스북 이용자의 개인 정보를 빼내 자기 고객들에게 전달해주었다. 고객 중에는 2016년 미국 대선 후보였던 도널드 트럼프도 있었다. 여기서 '케임브리지 애널리티카'는 디지털 사적 영역을 결코 한 번도 위협하지 않는다. 악명 높은 미국 국가 안보국 NSA와 비교하면 이 회사의 활동은 차라리 무해하다. 미국 국가 안보국은 2001년부터 2015년까지 미국에서 이루어진 모든 사람의 모든 통화를 소위 메타데이터 형태로 모았다. 한편, 어느새 많은 가정과 가족들이 아마존에서 나온 '알렉사'라는 이름의 아름다운 장비를 거실이나 부엌에 놓아두고 있다. 이 기기와 관련해서 알려진 사례가 하나 있다. 알렉사가 한 부부의 (명백히 무해한) 대화를 들은 후, 이 대화를 다른 사람에게 뉴스로 전달해주었다. 이 사례는 분명히 오류로 규정할 수 있다. 그러나 이용 가능한 기술을 누군가 활용하려고만 한다면 무슨 일을 할 수 있는지 이 사건은 명백히 보여준다.

사람들은 미디어를 사적 공간에 들여놓는 데 익숙해졌다. 텔레비전은 나름의 근거로 근대의 모닥불로 설명된다. 텔레비전 주변에 가족들이 모인다. 거기에 등장하는 얼굴이나 사람이 점점 더 믿을만하다고 느껴지면서 그들은 그 가족의 사적 영역에 속하게 된다. 다수 속에서 행복을 느낄 가능성을 위해 많은 이들이 기꺼이 혼자 있을 권리를 포기한다. 인간들은 또한 어디에도 더는 진짜 혼자 있을 곳이 없는 상황에 익숙해졌다. 생각해 보면 이를 분명히 알 수 있을 것이다. 20년 전만 해도 카메라가 줄곧 시내를 감시하는 상황을 시민들은 상상할 수가 없었다. 오늘날 시카고에서만 경찰은 감시 모니터 3만대(무려 3만대다!)를 설치했다. 이 모니터는 연결된 장치를 통해 심지어 얼굴인식도 가능하다. 국가의 규제가 없다면, 이 기능으로 무슨 일을 하게 될지 누가 알겠는가. 언급했듯이 이런 국가의 규제는 심지어 마이크로소프트가 먼저 촉구했었다. 그리고 차량 번호를 파악할 수 있는 기술이 오래전부터 존재했다. 예컨대 캘리포니아 주의 오클랜드 시는 매일 차량 번호 4만 개를 저장한다. 그 시를 다스리는 사람들은 도대체 무엇을 알고 싶어 하는지 묻고 싶다. 2018년 발효된 유럽의 개인정보 보호법은 개인이 각자의 정보에 대한 통제권을 갖도록 보장해 주었지만(여기에는 잊혀질 권리도 포함된다.), 미국의 경우 어떤 연방법도 외부의 개입으로부터 개인 정보를 보호하지 않는다. 독일 스타트업 서치링크Searchlink나 캘리포니아 스탠포드대학교에서 어떤 알고리듬이 개발되었다. 이 알고리듬을 이용하면 80퍼센트 신뢰도로 손글씨 작성자가 남자인지 여자인지를 알 수 있을 뿐만 아니라, 얼굴 분석을 통해 그 사람의 성적 지향도 확정지을 수 있다.[8] 알고리듬의 인간 감시 능력이 인간의 알고리듬 통제력보다 더 빠르게 확산되는 것 같다.

여기서도 역사적 관점을 놓치지 말자. 비록 오늘날 사람들은 사생활에 대한 위협이 비할 데 없을 만큼 크다고 생각하지만, 우편 엽서가 도입된 이후의 모든 세대는 그렇게 느껴왔다는 것을 기억해야 한다. 현대 정부들은 늘 해오던 일을 점점 개선된 방법으로 계속 하고 있다. 사회의 위험을 방지하기 위해 개인을 감시하고 있는 것이다. 오늘날 상업 미디어들도 늘 해왔던 일들을 하고 있다. 즉 자신들의 상품을 더 정확히 광고하기 위해 고객 정보를 모으고 있는 것이다. 당연히 정보 수집의 범위는 진정 새롭고 놀라운 것으로 평가되고 바라봐야 한다. 이 상황은 많은 이들에게 조지 오웰George Orwell이 자신의 소설 『1984』에서 가공의 인물로 등장시켰던 빅 브라더를 계속 생각나게 한다. 비록 이 거대한 감시자를 1948년 이후 책 안에서 만날 수 있었지만, 인간 의식 안에서는 문학에서 기념한 1984년보다 조금 앞서서 처음으로 눈에 크게 띄었다. 연방 헌법재판소는 소위 인구조사판결Volkszählungsurteil에서 헌법에 나오는 인간 존엄성과 "정보의 자기 결정권"을 나란히 놓았다. 모든 사람은 "자신과 관련된 정보의 조사와 이용에 대해 스스로 결정할" 수 있는 권리가 있다는 것이다.[9]

그렇게 이 판결은 의미 있고 훌륭하게 들리지만, 아주 특이하게도 사람들은 디지털 생활에서 개인 정보를 인터넷에 올리고 엄청나게 멍청한 짓을 다른 사람들과 공유하는 데 전혀 거리낌을 보이지 않는다. 2013년에 나온 소설 『서클The Circle』에서 작가 데이브 에거스Dave Eggers는 완전한 소통과 투명한 세계를 제시한다. 이 세계에서 더는 비밀은 없으며 인간이 생각하고 행하는 모든 것은 바로 소셜 미디어에 반영되고 그곳에서 소통된다. 전체주의 2.0이라고 말할 수도 있겠다. 소설 속 인물들이 외치는 슬로건은 우리의 상상을 넘어선다. "비밀은 거짓말이다." "사유는 도둑질이다." "공유는 돌봄이다." 소설이 진행되면서 적어도 한 사람은 저항감이 생긴다. 스스로를 세상을 개선하는 존재로 이해하는 인터넷 기업 서클에 대항하려는 마음이 생긴 것이다. 저항자들은 "디지털 시대 인간의 권리"를 목록으로 만든다. 몇 가지 예를 들어보자. "우리 모두는 익명으로 머물 권리가 있어야 한다." "한 인간의 모든 행동이 측정될 수 는 없다." "모든 활동의 가치를 정량화하기 위해 정보를 쉼 없는 사냥하는 일은 진정한 이해에 큰 실패를 가져온다." "공적인 것과 사적인 것 사이에는 통과될 수 없는 차단벽이 있어야 한다." 그리고 마지막으로, "우리 모두는 사라질 권리가 있어야 한다."[10] 이 시대의 미디어 소비자(신문 독자)와 산책하는 사람은 '사라짐'이 스마트폰에 여러 가지로 중독된 사람의 실제 목표인지 묻게 될 것이다. 이들은 실제로 끊임없이 손에 있는 작은 액정을 들여다보면서 일상의 삶을 거기에 장착된 기능 안에서 사진, 비디오, 블로그, 트위터 형태로 다루고 논다. 어떤 휴대용 기기가 있다. 그 기기에서는 오늘날 흔히 말하듯 일종의 '생활 스트리밍'이 진행된다. 이 기기에서는 계속해서 자신의 위치, 전화 통화 내용, 쇼핑 목록, 은행 업무 내용, 그리고 주고받은 메시지들을 보고 읽을 수 있다. 만약 어떤 정부가 이 기기를 항상 휴대하도록 시민들에게 의무로 규정한다면, 자유의 전통이 있는 민주주의 국가에 사는 시민들은 결코 이런 국가의 프로그램에 동의하지 않을 것이다. 그런데 바로 오늘날 사람들은 이런 지식들을 구글이나 페이스북 같은 사기업들에게 자기도 모르는 사이에 건네주고 있다. 사생활에서 나온 이 정보들로 무슨 일이 생기는지도 자문하지 않은 채 슬며시 건네주고 있는 것이다.

이 짧은 논평에서 분명하게 깨달을 수 있다. 사람들로부터 벗어난 작은 은둔보다는 거대한 자유가 더 중요하다. 거대한 자유란 자신의 몸으로 자신이 원하는 것을 하는 자유이며, 자신의 개인 정보를 이용하려는 기업, 기관, 개인을 직접 선택할 수 있는 자유다. 나의 아날로그 존재를 디지털 관점에서 보유하고 영향을 미쳐도 되는 주체와 이유를 직접 정하는 자유다. 이 지식의 목적은 인간들에게 두려움을 주고 걱정을 끼치는 것이 아니라 기쁨과 행복을 주는 데 있다. 그러므로 이런 질문이 제기될 수도 있다. '알려진 시민'은 이런 자유에 어떻게 도달할 수 있을까? 개인적으로는 '알려진 시민'을 모르며, 피와 살이 있는 존재로 '알려진 시민'을 경험한 적도 없으면서도 많은 이들은 그 '알려진 시민'에 대해 많은 것을 알고 있다. 이런 상황에서 '알려진 시민'의 거대한 자유는 어떻게 보장될까? 다행히 디지털 지식과 함께 비밀이 사라지지는 않는다. 그리고 어느 날 사람들은 수집된 모든 정보들로도 인간을 만드는 실질적인 것 혹은 본질적인 것은 여전히 전혀 건드리지 못했음을 느끼게 될 것이다. 이런 예상은 아마 이 상황에도 적용 가능할 것이다. 즉, 요즘 이러 기기를 신뢰하면서 마치 동료처럼 대하는 사람들도 위와 같은 경험을 하게 될 것이다. 즉, 그들이 자신들의 주의력을 디지털 매체에 계속해서 계획 없이 맡기고 있는 한 언젠가 그들은 자신들이 아무것도 모른다는 것을 깨닫게 될 것이다.

2019년 여름에 작성된 현 연방정부의 연합 정부 계약서_{Koalitionsvertrag}를 보면(다당제 의원내각제 국가인 독일에서 한 정당이 총선에서 과반을 득표하는 일은 거의 불가능하다. 그래서 총선이 끝나면 의회 과반수를 위해 두 개 이상의 정당이 연합 정부를 보통 구성한다. 연합 정부 구성 정당들은 통치에 대한 합의문을 만드는데 이것이 연합 정부 계약서다 – 옮긴이), 정치계는 알고리듬에 기초하고 인공지능의 도움을 받아 결정된 고객 서비스를 관리하려고 한다. 알고리듬을 이용한 고객 서비스는 금지된 지식의 고전 사례다. 알고리즘은 무수히 반복될 수 있으며, 그 반복을 통해 결국 하나의 숫자를 해답으로 제공해주는 계산규칙으로 이해하면 된다. 예를 들어 개인신용평가 기관인 '슈파홀딩주식회사_{Schufa Holding AG}'는 고객에게 지급 능력 점수를 부여하기 위해 알고리듬을 도입했다. 슈파는 이를 위해 시민 약 700만 명의 정보를 이용하지만, 자신들의 알고리듬은 영업비밀로 소개한다. 또 다른 사례를 미국 기업 '콤파스COMPAS'가 제공한다.[11] 이 회사는 한 피고가 2년 안에 새롭게 처벌 받을 상황에 처할지를 확률로 결정한다. 놀랍지도 않게 여기 이용된 알고리듬도 영업비밀이다. '콤파스'의 예측 확률이 비관계자들의 우연한 조언보다도 (《애틀랜틱》 2018년 1월 4일자) 더 낮다는 게 시험 단계 이후에 드러났지만, 이런 시도들은 계속될 것이다. 이 사례는 비밀 알고리듬으로 정보와 돈의 흐름을 관리하는 게 얼마나 위험한 일인지 보여준다.[12] 시민은 자동차 보험 종료 같은 자신들에게 제공되는 서비스의 계산을 검증할 수 있는 권리가 있어야 한다. 여기서 입법가는 자신들의 알고리듬을 기업 비밀로 보호하려는 기업의 요구가 충족되는 지점에서 실마리를 찾아야 한다. 긴장된 질문은 다음과 같다. 어떻게 사람들은 컴퓨터에 맡겨진 계산을 기업비밀로 머물게 하면서도 공개적으로 검증할 수 있을까? 이 문제는 마치 원의 구적법처럼 보인다. 그러나 소비자 문제에 대한 전문가 위원회 위원들이 제안했듯이(《프랑크푸르터 알게마이네 차이퉁》 2018년 6월 22일자), '디지털 구적법'은 '투명성 인터페이스'로 실현할 수 있을지 모른다. 아마 히포크라테스 선서와 같은 작업도 도움을 줄 수가 있다. 예를 들어, 인간 존중을 원하고, 인간을 차별하는 데 활용되는 알고리듬을 개발하지도, 사용하지도 않음을 확실하게 밝히는 것이다. 지금 시점에서는 인간을 통제하는 알고리듬보다 이런 선언이 더 나은 것 같으며, 그 반대의 진행은 덜 성공적일 것이라는 느낌을 받는다.

『자기만의 방』

『자기만의 방』. 영국 작가 버지니아 울프Virginia Woolf가 1929년에 쓴 에세이 제목이다. 이 글은 마치 핵심 표어처럼 여성 운동에서 가장 자주 언급되는 문헌에 속한다. 이 에세이는 케임브리지 강연에서 나왔는데, 이 글에서는 여성도 위대한 문학 작품을 집필할 수 있는 두 가지 기본 조건을 울프는 제시한다. "1년에 500(파운드)과 자신의 방"[13]이 그 근본 조건이다. 버지니아 울프는 필수적인 물질적 안전 이외에 사적 영역이 있는 닫힌 공간을 창조적 작업을 위한 기본으로 분명하게 제시했던 것이다. 여기서 상기할 것이 또 하나 있는데, 19세기 말이 되어서야 여성이 이런 편안한 방과 같은 것, 즉 자기만을 위한 사적 영역을 보장받게 된다는 사실이다. 자신만을 위한 몇 시간을 확보하여, 누군가의 도움도 받으면서 그 시간에 자신을 발견하는 일은 이런 의미에서 창조 활동을 위한 전제가 된다. 구체적으로 버지니아 울프의 경우를 보면, 울프는 1925년 12월 21일 일기에 특별한 감정을 털어놓았다. 그 특별한 감정은 여류 작가 비타 색빌-웨스트Vita Sackville-West와의 정열적인 외도가 자신 안에 일으켰던 감정, 즉 연인으로부터 모성애를 듬뿍 받는 감정이다. "어떤 이유에서든 그것이 내가 언제나 다른 사람으로부터 가장 원하던 것이다."[14]

이 은밀한 고백은 오늘날의 기이한 모습을 관찰하는 일을 더욱 우울하게 만든다. 오늘날 인간들은 군중의 익명성 안으로 스며들기 위해 이런 특권적 존재의 본질을 포기하려 하고 함께 기꺼이 포기한다.

국가의 비밀

지금은 국가만이 국민들에 대해 점점 더 많이 알며, 국가 상태에 대해 더 나은 정보를 갖고 있지는 않다. 이제는 정보가 반대 방향으로 흐르기도 한다. 디지털 시대로 접어들며 점점 더 많은 개인정보들을 인터넷에서 볼 수 있게 됨과 동시에 같은 기술 덕분에 국가와 국가 기관들이 시민들에게 비밀로 유지하고 싶어 했고, 싶어 하는 정보들에 대중들이 접근할 수 있게 되었기 때문이다. 예를 들면, 2018년에 1960년대 중반 인도네시아에서 일어났던 대량학살을 처음 제대로 알려주는 책 두 권이 나올 수 있었다. 이 학살은 인도네시아에서 모든 공산주의를 박멸하려고 했던 자국 군대에 의해 자행되었는데, 이 끔찍한 학살로 수백만 명이 희생되었다.[15]

이 일을 아는 것이나 이 일에 대해 이야기하는 것은 인도네시아에서 금지되었으며, 학교 교과서에는 아래 내용을 읽을 수 있다고 한다. 당시 신을 두려워하는 인도네시아인들이 질서를 위협하는 위험한 사람들에게 저항했었다. 유감스럽게도 국민들의 분노와 복수를 억제하고 막아내지는 못했다.

1960년대에는 국가의 비밀문서에 접근하기 위해서 엄청난 수고를 해야했지만, 오늘날에는 더 쉽게 얻을 수 있다. 그러나 여전히 처벌 받는 행위인건 마찬가지다.

이를 가장 잘 보여주는 예가 '위키리크스'다. 폭로사이트 위키리크스는 2009년 이후 몇몇 정부들을 충격과 공포에 몰아넣었는데, 이 사이트는 논란을 일으킬 수 있는 정부 공식 문서들을 익명으로 공개했기 때문이다. 위키리크스는 특히 영국 의원들이 개인 소비를 얼마나 쉽고 많이 국가 비용으로 처리하고 있는지 공개할 수 있었다. 예를 들어 이들은 자신들의 고향집 관리를 세금으로 충당하곤 했다. 사법 분야에서도 파렴치한 위조들이 드러났다. 1989년 69명이 사망한 셰필드 힐스버러 스타디움 사건의 책임자를 찾으면서 무수히 많은 목격자 증언이 위조되었다. 이미 1984년에 정치적 이유로 파업 광산노동자들에 대한 증언도 조작되었다.[16]

폭로된 거짓과 사기의 의미를 볼 때 위키리크스의 설립자들이 그들의 출처처럼 익명으로 머물기를 원한다면 역사가들은 애가 탈 것이다. 처벌에 대한 두려움에서 나오는 이런 요구는 이해할 수 있다. '위키리크스'에 자료를 넘겨주었던 적지 않은 '내부고발자'들이 장기 수감형을 선고 받았다.

특히 '위키리크스'는 아프리카 국가 대통령들과 그의 가족들이 엄청난 부정부패로 편취한(그리고 스위스 은행 계좌에 보관한) 수십억 달러 규모의 자산을 공개할 수 있었으며, 쿠바 관타나모 만에 있는 미국 포로수용소의 비인간적 상황을 보여주는 걱정스러운 정보도 인터넷에 올렸다. '위키리크스' 창립자 줄리언 어산지Julian Assange는 "전 세계적 대중 폭로 운동Worldwide movement of mass leaking"을 희망하며, 이 운동으로 정부가 자물쇠를 채워둔 지식에 접근하기를 원한다.

'내부고발자Whistleblower'는 공적 공간에서는 큰 존경을 받지만, 발각되면 자신들의 직업 세계에서는 무시당하고 따돌림을 받는다. 그러므로 독일 과학자 협회VDW: Vereidigung Deutscher Wissenschaftler가 여러 조직들과 함께 '국제 내부고발자상'을 시상하는 일은 감사할 만한 일이다. 독일 과학자 협회는 독일 연방군의 핵무장에 저항하는 무언가를 하기 위해 1959년에 카를 프리드리히 폰 바이츠제커를 비롯한 여러 과학자들이 함께 설립하였다. 2003년에는 다니엘 엘스버그Daniel Ellsberg가 수상했는데, 그가 미디어에 유출한 '펜타곤 문서Pentagon Papers'를 통해 미국 정부의 거짓말이 폭로되었다. 미국 정부는 수십 년 동안 베트남 전쟁을 확대하고 있었던 것이다. 10년 뒤에는 에드워드 스노든이 수상했다. 스노든은 지금 모스크바에서 망명 중이다. 그는 미국 비밀 기관 국가안보국 요원이었으며, 한 프로그램의 존재를 알려서 세계를 놀라게 했다. 미국과 영국 정보기관이 개발한 이 프로그램은 전 세계 인터넷 통신 전부를 감시하는 기능을 하고 전 세계에서 광범위하게 사용되었다.

독일의 경우에는 오래전부터 그리고 계속해서 연방정부를 곤혹스럽게 하는 폭로가 있다. 독일 방어 준비 상태와 관련된 불리한(그 때문에 당연히 비밀을 유지하는) 정보들이 언론과 대중에게 너무 쉽게 도달하는 것이다. 예를 들면, 유로호크 무인 정찰기 구매와 관련된 정보가 그렇다.[17] 특히 주간지 《슈피겔Der Spiegel》의 보도대로, 비용 증가 때문에 이 드론 정찰기는 도입되지 않았다. 그런데 슈피겔은 명백히 국방부에서 유출된 정보를 보도에 이용할 수 있었다.

《슈피겔》은 언제나 독일에서 내부고발자 역할을 수행한다. 《슈피겔》 보도에 따르면, 2014년 말에 연방정부는 미지의 인물에 대한 고소장을 제출하려고 했다. 누가 반복해서 정부의 믿을 만한 정보들을 기자들에게 전달, 즉 유출했는지를 베를린 검찰청을 통해 밝히기 위해서였다. 영화에서 자주 즐겨 사용되는 모습처럼, 국가 비밀정보기관의 요원들은 언제나 상호 불신과 은폐의 관계망 위에 있는 현실 정치의 깊은 동굴에서 만난다. 비밀 요원들의 비밀 혹은 비슷한 것을 정찰했다고 하는 비밀문서에 들어 있는 비밀을 누가 폭로하는가는 여전히 밝혀지지 않았다.

당연히 스스로 속이 들여다보이는 '알려진 시민'도 비밀에 머물러야 하는 정보가 있다는 것을 이해한다. 그러나 만약 비밀정보기관이 자신들을 통제하게 되는 국회의원들을 직접 어둠에 빠뜨려서 무지 속에서 방황하게 한다면, 이때 국민 대표자 혹은 일꾼에게 비밀의 폭로를 호소하는 것은 바로 시민의 의무에 속한다. 다행히 독일에서는 사업상 비밀에 대해 기자들이 보도하는 일이 더는 금지되지 않는다. 몇 년 전만 해도 법적으로 비밀 누설의 공범으로 고발될 수 있었다. 그리고 독일 국회의원은 면책특권을 통해 보호받는다. 연방 의회가 자신들의 통제 기능을 직접 비밀문서에 접근함으로써 수행할 수 있다면, 누가 그 특권을 포기하겠는가?

그런데, NSA 조사 위원회 위원장인 녹색당 콘스탄틴 폰 노츠 Konstantin von Notz 의원의 폭로처럼[18] "독일 연방정부는 그 것이 정치적으로 적절해 보이면 직접 비밀을 공개하기도 한다." 예를 들어, 독일 정부는 정부가 의뢰했던 법률문제에 대한 한 보고서를 유출했는데, 이 보고서는 NSA 내부고발자 스노든의 독일 조사 가능성에 대한 검토 보고서였다. 그리고 법률가 데이비드 포젠David Pozen이 《하버드 로우 리뷰》최신호에 '유출하는 레비아탄The Leaky Leviathan'이라는 글에서 썼듯이, 미국의 최신 소식을 쫓는 사람은 다음과 같은 결론을 내릴 수 있다. "미국 정부는 체처럼 정보를 흘린다."[19] 이렇게 어느덧 정보 유출은 근대 관료제 정부의 정상 활동에 속하게 되었다. 관료제 안에서는 대단히 다양한 이해 집단들 사이의 다툼이 일어나며, 그 누구도 비밀 없는 정부가 되기 위해 노력하라고 기대하거나 요구하지 않는다. 만약 조사위원회에 출석하여 증언해야 할 때, 정보기관 요원들은 자신들의 방법을 보호해달라고 간곡히 요청한다. 과거에 용의자를 어떻게 찾아내고 심문했는지를 누구도 듣지 못한다. 아마도 그렇기 때문에, 첫째, 그런 일이 계속 일어나며 둘째, 미래에도 변하지 않을 것이다. 야당도 이를 용인할 것이다. 무엇보다도 언젠가는 자신들도 정부를 구성하고 자신들의 비밀을 지켜야 할 가능성이 있기 때문이다.

첫 번째 봉인

'금지된 지식의 묶음: 정부들이 우리에게 숨기고 있는 것들Dossier des verbotenen Wissens: Was uns die Regierungen verheimlichen'이라는 제목의 인터넷 게시물에서 아래 내용을 읽을 수 있다. "독일 문서 저장고에는 'VS(Verschlusssache: 기밀문서)'라는 도장이 찍혀 있는 비밀문서 750만 개가 보관되어 있으며, 기밀 유지 기간은 최소한 30년이므로 그 동안 우리 역사는 불완전하게 유지될 것이다." 계속 읽다 보면 흥미로운 질문도 생긴다. 어떤 역사가 역사가에 의해 온전히 발표된 적이 있던가? 1950년대 아데나워 총리가 소련과 했던 비밀 협상 자료도 이 기밀문서에 속한다. 아데나워 총리는 제2차 세계대전 말 이후 소련 수용소에 있었던 독일 전쟁 포로를 가능한 많이 고향으로 데려오기 위해 이 협상 테이블에 앉았다. 1970년대 서독 총리 빌리 브란트Willy Brandt 의 사퇴를 야기했던 소위 기욤Guillaume 스캔들(빌리 브란트 서독 총리의 비서였던 귄터 기욤이 동독의 스파이라는 사실이 밝혀지면서 브란트는 1974 년에 총리를 사임했다 – 옮긴이) 관련 자료들도 기밀문서에 속한다. 당연히 다른 나라들도 이런 비밀서랍장을 만들어 두었으며, 특히 미국이 그렇다. 미국은 오사마 빈 라덴의 추적과 사살에 대한 많은 정보를 확실히 감추고 있으며, 주로 라틴아메리카에 있는 정부 전복과 관련된 CIA의 연루에 대해서도 모든 것을 공개하지 않았음이 틀림없다. 정치적 문제들에 연루된 사람은 거짓과 술수의 밀림에서 벗어나지 못한다. 경제스파이 활동을 꾸리기 시작하는 사람들도 마찬가지다. 미국의 비밀정보기관인 국가 안보국 NSA가 주로 경제 분야에서 활동한다는 것은 익히 알려진 사실이다. 그들의 활동은 수십억 달러의 손실을 가져올 수 있는 경제스파이 활동을 막는 데만 국한되지 않는다. 다른 나라에게 군사 혹은 경제적 우위를 줄 수 있는 혁신 기술이나 활동에도 그들은 주목한다. 미국 정부가 300억 달러를 NSA에 지출하는 일은 놀랍지도 않다. 그리고 이 투자가 가치가 있다고 조심스럽게 주목하는 사람들이 상원과 하원에도 분명히 있다.

UFO 연구와 이에 대한 연방정부의 지원에 대한 탐사는 정치적 비밀문서와 관련된 재미난 질문이다. UFO 는 '미확인 비행 물체 Unidentified Flying Object'를 뜻하며, 예전에는 '비행접시'로 알려졌었다. 'UFO'라는 표현은 많은 미국인들이 하늘에 있는 소련의 위성을 보고 두려워하던 1950년대에 나왔다. 당시 미국인들은 염원이 아닌 염려 가득한 마음으로 하늘을 바라보았다. 하늘을 향한 이런 시선 속에서 달 탐사와 같은 기술이 발전했고, 이 기술 및 다른 기술로 하늘을 거의 지배했음에도 지금까지 이런 비행물체의 존재에 대한 과학적으로 믿을 만한 증거가 등장하지는 않았다. 그런데 연방정부의 UFO 문서함이 존재한다고 하며, 심지어 연방의회의 과학 위원회는 「외계 생명체 탐사와 미확인 비행 물체와 외계 생명체 관찰에 대한 비밀문서 A/33/426 해제(Die Suche nach außerirdischem Leben und die Umsetzung der VN-Resolution A/33/426 zur Beobachtung unidentifizierter Flugobjekte und extraterrestrischen Lebens)」라는 제목의 문서를 제공하기도 했다. 그 사이에 20개가 넘는 나라에서 UFO 현상에 대한 연구를 수행하였다. 좁은 의미의 UFO 와 넓은 의미의 UFO 를 체계적으로 구분하면서 어느 정도 신뢰성 있는 미확인 비행 물체에 대한 보도들이 확인되고는 있지만, 어떤 '비행접시들'이 독일 국경에 멈추거나 국경을 넘어 날아갔는지는 알 수가 없다. 어떤 식으로든, 이 비밀 소동은 독일 연방정부에게는 좋은 일이며, 누구도 이 문제로 정부를 괴롭히지는 않을 것이다. 알다시피 정부는 중요한 일을 많이 처리해야 한다. 그럼에도 가치 있는 어떤 정보나 지식도 숨기지 않음을 유권자들에게 알리는 것은 정부에게 도움이 될 것이다.

그러나 '진실로' 무슨 일이 일어났고 지식과 정보는 은폐되었다고, 『숨겨진 진실: 금지된 지식 Verborgene Wahrheit – Verbotenes Wissen』은 주장한다.[20] 외계 지능 연구소를 설립하고 그곳에서 명상을 즐겨 하는 미국 작가 스티븐 M. 그리어 Steven M. Greer는 이 책에서 'UFO'뿐만 아니라 '외계 자동차ETV: Extra Terrestrial Vehicles'도 있다고 확신한다. 외계인들이 이 외계 자동차를 타고 와서 지구에 착륙했으며, 가축 납치와 출혈 없는 절단 같은 일을 했다는 것이다. 그러나 이런 사건은 서로 작당한 미디어들에 의해 완전히 침묵되었다고 한다. 침묵의 나선이 실현된 것이다.

우주의 방문객에 대한 금지된 지식은 소위 불온한 그림자정부가 관리한다. 여기까지만 하자. 이 모든 것을 진지하게 받아들일 필요는 없다. 어쨌든 그리어에 따르면, 외계인들은 지구인을 도우려고 하며 우리에게 해를 끼치고 싶어 하지 않는다. 위로가 되는 말이다. 외계인에 대한 지식이 금지되지 않고 그들을 집으로 초대할 수 있다면, 모든 것이 좋아질 것이다. 아마도 그렇게 우렁각시가 돌아오게 될 것이다.

두 번째 봉인

정치 영역을 떠나면, 사생활에서도 비밀문서들을 만날 수 있다. 문학에서 가장 유명한 사례는 토마스 만의 일기장이다. 오늘날에는 풍부한 주석이 달린 10권짜리 전집으로 누구나 읽을 수 있지만, 토마스 만은 자신이 죽은 지 20년이 지난 후에 일기장 공개를 허락했다. 일기장 글들에서 추론해 보면, 토마스 만은 매일 기록한 메모의 많은 부분을 없어버렸다. 전문가들의 납득할 만한 추측에 따르면, 그 메모들은 그가 자주 기록했던 동성애적 갈망에 대한 것이다. 실제로 이 때문에 오랫동안 토마스 만은 두려움에 떨었다. 나치는 1933년 초에 토마스 만의 개인 일기장이 들어 있는 가방을 손에 넣었다. 토마스는 그 일기장을 심지어 자물쇠를 채워 보관했었다. 만약 비밀경찰이 마음속에 숨겨진 자신의 성적 욕구를 알게 된다면 최악의 상황이 올 수 있다고 생각하며 토마스 만은 두려워했다. 1933년 4월 30일 일기를 보면, "내 삶의 비밀들"(단수가 아닌 복수다!)이 공개될까 봐 두려웠다. 그는 비밀들을 "무겁고 깊다"고 말했고 그가 그렇게 인정받고 싶어 했던 외부 세계가 그것을 경험하면, "끔찍하다. 그렇다. 죽음이 생길 수도 있다"고 생각했다.

다행히 토마스 만은 자신의 초기 메모들을 돌려받았다. 그는 결국 그 메모들을 없어버렸다. 그 바람에 후세들은 토마스 만이 말했던 비밀들에 접근하기 어렵게 되었다. 에세이 작가인 미하엘 마Michael Maar는 추측한다. 복수로 등장하는 비밀 중에, 불태워 버려 복구 불가능한 잃어버린 기록들 중에 동성애 욕망의 고백뿐 아니라 원초적 장면에 대한 증거가 있었을 거다. 그 원초적 장면이란 살인과 폭행치사가 일어났던 사건의 현장이며, 틀림없이 피가 철철 넘쳐나던 사건이었을 것이다. 토마스 만이 목격자로 경험했다고 설명했지만, 청년 토마스 만이 능동적으로 참여했을 수도 있었던 사건이다.[21] 19세기 말 나폴리에 있었을 때 23세의 토마스만은 어떤 폭력과 대면했을 수 있었을 것이다. 범죄행위와 가까워 보이는 어떤 폭력으로 추정되며, 그 기억은 토마스 만의 작품에 특별히 많은 흔적들을 남겼다. 토마스 만이 『베네치아에서의 죽음』에서 생각했듯이, 사람들은 충격적인 기원들보다는 아름다운 작품들에 더 관심을 가져야 한다. 그들은 "혼란스러워하고, 충격에 빠질 것이며 그 탁월한 영향력을 지워버릴 것이다."[22] 그러므로 이와 관련된 지식은 조용히 금지시켜도 된다.

일기장이 보여주듯이, 토마스 만은 후손들에게 당연히 자신의 위대한 정신을 전해주고 싶었다. 그는 이 바람을 1950년 10월 13일자 일기에 털어놓았다. 그 일기에서 토마스 만은 역시 동성애자로 추측되는 작가 아우구스트 폰 플라텐August von Platen의 시를 소환했다. 플라텐은 이 시의 한 구절에 모토처럼 자기 실존을 담았다. "세상은 나를 알아야 하네, 나에게 사과하기 위해서." 바로 이걸 토마스 만은 원했다. 플라텐의 시를 읽던 그 날 그 순간에 토마스 만은 직접 일기를 쓰고 있었으며, 여기서 가능성을 봤다. 최소한 이 사랑의 비밀책에는 사람 이름을 언급하지 않아도 된다는 걸 이해했던 것이다. 1933년 3월부터 사망하던 1955년 8월까지 기록한 일기장을 태우는 대신 앞에서 언급한 금지 기간이 지난 후 공개를 허락하기로 토마스 만은 결정했다. (토막 이야기 '*일기장과 인터넷*'을 보라.)

이 책에서 여러 번 원자폭탄에 대해 읽을 수 있었기에 여기서도 1945년 8월 6일에 기록한 토마스 만의 일기를 놓칠 수 없다. "웨스트우드(로스앤젤레스의 한 구역)에서 흰색 신발과 색깔 있는 셔츠 구매. 일본에 첫 번째 폭탄 공격. 폭발하는 원자(우라늄)의 힘으로 작동하는 폭탄." 세계의 극적인 사건과 개인의 간략한 일상의 이런 결합은 프란츠 카프카의 일기에서도 발견된다. 토마스 만보다 대략 30년 전인 1914년 8월 2일에 카프카는 메모장에 기록했다. "독일이 러시아에 선전포고를 했다. 오후에는 수영강습."

보통 일기장에 대해 당연히 이 질문이 생긴다. 작성자는 일기를 자기 자신만을 위해서 쓸까? 아니면 직접 미래의 읽을거리로 생각하면서 작성할까? 1966년부터 1971년까지의 관찰과 글을 제공하는 막스 프리쉬Max Frisch의 일기장처럼 말이다.

　17세기 런던에서 나온 어떤 기록이 원래 비밀로 여겨지고 자물쇠로 채워진 채 보관되던 일기장 가운데 아주 유명하다. 영국 해군성 장관 새뮤얼 피프스Samuel Pepys가 남긴 기록이다.[23] 업무의 결과를 기록으로 남기기 위해 기억의 보조 도구로 일지를 작성하는 일은 당시 관리들에게 당연한 일이었다. 그러나 피프스는 여기에 처음으로 자신의 개인적 견해를 종이에 남겼다. 점점 더 많은 내밀한 사적 경험, 특히 성적 경험이 가치 있는 기록으로 등장하고 있었기에 피프스는 자신의 일기에 자물쇠를 채웠다. 그럼에도 피프스가 이 일기장을 언젠가 먼 훗날 후세에게 전해주기를 원했다는 건 의심의 여지가 없다. 첫째, 자신의 일기장을 태우지 않았기 때문이며 둘째, 이 일기장을 묶어서 자신의 도서관에 두었다가 죽은 후에 케임브리지 대학에 약속대로 기증했기 때문이다. 19세기 초 쯤에 이 일기장은 실제 케임브리지 대학에서 발견되었으며, 사무엘 피프스의 특이한 소문자 해독에 성공한 후 이 메모장은 책이 되어 시장에 나왔다. 그 후 이 비밀 일기장은 자신의 저자를 영어권 작가 가운데 가장 많이 인용되는 작가 중 한 명으로 만들어주었다.[24]

일기장과 인터넷

　이전 세대는 개인 생활과 여기서 느끼는 감정을 일기장에 털어놓고 일기 작성자는 여기서 자신과 상상의 대화를 나누었던 반면, 오늘날 세대는 인터넷을 발견했으며, 여기서는 사적인 것이 바로 다른 사람들에게 공개되어 버린다. 소셜 네트워크인 페이스북에서는 이를 '공유'라고 부른다. 소셜 네트워크에서 사람들은 가상의 친구들을 찾으며, 그들과 기껏해야 허상뿐인 연결 상태를 만든다. 이미 안티소셜 네트워크에서 언급했듯이, 오늘날 절대적으로 사적인 것은 점점 더 공적인 것이 된다. 예를 들어 요즘 기차 여행을 하는 사람은 거의 강제로 옆 사람의 핸드폰 통화를 듣게 되는데, 이때 몇몇 보안이 필요한 정보가 귀에 들어오기도 한다. 나는 이런 일을 겪기도 했다. 어떤 기차 여행 중에 나는 시끄럽게 통화를 하는 옆자리 손님에게 작은 목소리로 통화해달라고 부탁했다. 그는 나에게 경고했다. "이건 개인적인 통화예요. 당신과는 아무 상관 없는 일입니다." 어느새 우리는 원하기만 하면 자신의 전체 생활을 페이스북에 '게시'할 수 있다. 페이스북은 메타데이터 사회에서 메타 일기장이 되었고,[25] 다른 모든 것을 쓸모없게 만드는 것처럼 보인다. 그렇지만, 진짜 비밀은 인터넷에 털어놓으면 안 된다. 그러나 이런 소문은 확실히 여전히 퍼지지 않았다.

세 번째 봉인

문학적으로 구상되거나 정치적으로 작성된 비밀문서들은 그 사이에 조금은 개방된 반면, 자연과학의 역사에서는 최소한 하나의 비밀

유물이 있다. 이 유물은 첫째, 2025년까지 봉쇄되어 있고 둘째, 80미터에 이르는 거대한 선반 규모에도 불구하고 중요한 무언가 빠져 있다. 베를린 달렘Berlin-Dahlem에 있는 막스 플랑크 협회의 문서 자료실에 보관된 생화학자 아돌프 부테난트Adolf Butenandt의 서류들에 대한 이야기다. 부테난트는 매우 영향력이 컸지만 대중에게는 거의 알려져 있지 않은 학자다. 부테난트는 91세를 살며 거의 20세기 전체를 경험했고, 또 세기의 획을 긋는 많은 업적을 남겼다. 예를 들면 부테난트가 피임약의 할아버지라고 불려도 괜찮을 업적들 말이다. 성호르몬에 대한 부테난트의 초기 연구는 칼 제라시Carl Djerassi 같은 후대 생화학자들에 의해 심화되었고, 그 결과 알약 형태의 먹는 피임약이 생산될 수 있었다.

20세기 말 미국의 과학사학자 로버트 N. 프럭터Robert N. Proctor는 부테난트가 남긴 거대한 유적을 처음으로 볼 수 있었다. 프럭터가 이 많은 양의 종이에서 얻을 수 있었던 내용을 막스 플랑크 협회는 2000년에 특별 연구 프로그램이라는 틀 안에서 『국가사회주의 시대 카이저 빌헬름 협회의 역사Geschichte der Kaiser-Wilhelm-Gesellschaft im Nationalsozialismus』라는 책으로 출판했다. 이 책에서 부테난트는 '노벨상 수상자, 국가사회주의자, 그리고 막스 플랑크 협회장'이라는 우스꽝스러운 세 가지 조합으로 소개되었다.[26]

막스 플랑크 협회는 제2차 세계대전이 끝난 후 1911년에 설립된 카이저 빌헬름 협회의 역할을 넘겨받았다. 부테난트는 1960년부터 1972년까지 막스 플랑크 협회의 회장이었다. 이렇게 오랫동안 회장으로 활동한 인물은 없다. 이런 상황에서 프럭터와 막스 플랑크 협회의 출판물이 노벨상 수상자와 협회장 사이에 국가사회주의자로서의 인간 부테난트를 표기한 건 눈에 띄는 일이다. 그렇지만, 부테난트는 반유대주의자가 아니며 심지어 유대인들을 위해 여러 차례 제3제국 시절에 개입했었다고 프럭터는 확인해준다.

이런 사례는 독일에서 매우 드물다. 그러나 독일 과학사학자들은 과학이 한 일에 대해 사람들의 관심을 불러일으키는 데 성공하지 못했다. 막스 플랑크, 알베르트 아인슈타인, 리제 마이트너, 베르너 하이젠베르크, 막스 보른, 아우구스트 바이스만August Weismann, 다비트 힐베르트David Hilbert를 비롯한 많은 사람의 전기가 종종 독일어가 아닌, 특히 미국인들에게 의해 집필되었다. 또한 이 책에 인용된 아돌프 부테난트에 대한 이야기를 위해 특별히 미국에서 한 역사가가 날아왔고, 그는 평소에는 폐쇄되어 있는 부테난트의 유물에 혼자 접근할 수 있었다. 1936년부터 부테난트는 베를린에 있는 카이저 빌헬름 연구소의 소장이었으며, 그 밖에 피 검사와 관련된 연구 프로젝트에 참여했었다는 단서 혹은 소문이 있다. 의사들은 아우슈비츠 수용소의 수감자의 피를 뽑아 제국의 수도 베를린으로 보냈다.[27] 지금 얻을 수 있는 자료들은 피검사 관련 증거를 제시하지는 못한다. 다만 '비밀 제국문서'라는 표시가 붙어 있던 문서들을 부테난트가 폐기했다는 사실을 알려준다. 그 밖에도 그는 전쟁이 끝난 후 히틀러 시대에 있었던 동료 과학자들의 공범 행위를 증명하는 데 어려움을 주기 위해 특별히 활동적이었다고 비난받는다.

국가사회주의 시대의 과거를 밝혀내는 일은 독일에서 명예로운 일은 아니며(토막 이야기 '스트라스부르 제국대학교' 참고), 과학과 과학사학자들에게도 예외는 아니다. 생명과학 분야를 보면, 1945년 이후에도 많은 나치주의자들이 학문적 지위를 유지했고 나중에는 교수로 임용되었다. 거의 한 세대가 지나서야 몇몇 유전학자 혹은 생리학자들의 눈에 이 사실이 들어왔다. 시끌벅적했던 68운동이 지난 후 몇몇 생물학자, 사회과학자, 그리고 철학자들이 깨어났고 책을 쓰기 시작했다. 그 책들은 1980년대에 등장했다. 예를 들어『죽음의 과학Tödlichen Wissenschaft』은 나치 독일에서의 '안락사'와 '살 가치가 없는 생명의 말살'에 대해 알려주었으며,『인종, 피 그리고 유전자Rasse, Blut und Gene』는 독일의 우성학과 인종청소에 대해 말해주는 책이다.[28]

토막이야기

스트라스부르 제국대학교

2018년 7월 텔레비전 방송사 아르테Arte는 키르스텐 에쉬Kirsten Esch가 감독한 한 다큐멘터리를 방영했다. 이 다큐멘터리는 제3제국 시대 스트라스부르대학교를 다룬 작품이다. 에쉬 감독은 이 작품에서 자신의 할아버지인 요하네스 슈타인Johannes Stein의 시선에서 국가사회주의 제국대학교의 역사에 접근한다. 슈타인은 당시 의과대학의 학장으로서 나치의 이념에 따라 인간 생체 실험을 실행하고 있던 세 명의 교수를 이 대학으로 초빙했다. 어린 시절에 나치 친위대에 가입했었던 요하네스 슈타인은 스트라스부르를 의대 교수들만이 꿈꾸는 장소로 만들었던 게 아니다. 나중에는 그 유명한 카를 프리드리히 폰 바이츠제커도 이 제국대학교의 교수단에 속했다.

스트라스부르에서 실행되었던 의학 실험 중에 겨자가스가 사람에게 미치는 영향 실험도 있었다. 심지어 이 실험은 스트라스부르 근처에 있던 나츠바일러 슈트로토프Natzweiler-Struthof수용소에 있던 수감자들을 대상으로 진행되었다. 스트라스부르대학교 교수 가운데 특별한 열정이 있던 한 교수는 하인리히 힘러Heinrich Himmler가 만든 '아넨에르베 연구 모임Forschungsgemeinschaft Deutsches Ahnenerbe'에 유대인 두개골에 대한 데이터를 보내려고 했었다. 그 교수는 아우슈비츠 수감자 86명을 데려와 나츠바일러 슈트로토프 수용소에 있는 가스실에서 살해하게 했다. 나중에 연합군은 스트라스부르 해부학 연구실에서 토막 난 시체들을 발견했다. 그들 몸에 새겨진 집단 수용소 수감 번호를 조심스럽게 기록하였고, 2004년부터 죽은 사람들의 신원을 확인할 수 있게 되었다. 한편 요하네스 슈타인은 1945년 이후 본에 있는 요하니터 병원Johanniter-Krankenhaus의 원장이 되었다.

1998년 막스 플랑크 협회 창립 50주년이 다가오면서 당시 회장이었던 후버트 마르클Hubert Markl은 마침내 때가 되었다고 생각했다. 지금껏 숨겨왔고 자기 집에서조차 금지되었던 국가사회주의 시대 카이저 빌헬름 협회의 역사를 서술할 시기가 왔다고 판단한 것이다. 그렇게 위에서 언급했던 연구프로그램이 시작되었으며, '전체 진실'을 밝히려는 용감한 시도를 하게 되었다. 당연히 이는 거대한 목표이며, 그 목표에

도달되었는지는 분명하지 않다. 어찌 되었든 지금까지 잠가두었던 지식에 이제는 접근하게 되었다.

네 번째 봉인: 비밀로 남겨지는 것이 더 낫다면

노벨상에 대한 이야기를 앞에서 했으니 노벨상과 실제 관련된 비밀유지에 대해서도 이야기할 필요가 있겠다. 먼저 재정과 관련한 비밀이 하나 있다. 수상자를 위한 상금은 창립자 알프레드 노벨Alfred Nobel이 1895년에 세상을 떠나면서 노벨 재단에 남긴 자산의 이자에서만 지불되어야 한다. 이자는 당연히 투자의 질에 달려있다. 은행 관련자라면 포트폴리오라고 표현했을 것이다. 이에 대해서 사람들은 그리 많이 알수가 없다. 노벨경제학상 수상자에게 조언을 구하면 된다고 농담하는 사람이 있다면 그 사람에게 한 가지 사실을 알려주어야 한다. 경제학상 상금은 노벨재단이 아니라 처음에는 전혀 계획이 없었던 경제학상을 지원하는 스웨덴 은행들이 수여한다. 알프레드 노벨은 문학상, 평화상과 함께 자연과학에만 상을 주려고 했다. 노벨이 살아 있을 때는 물리학상, 화학상, 심리학상으로 잘 운영되었다. 어떤 단계를 거쳐 수상자가 선정되는지는 알려져 있지만, 마지막에 제안된 후보들 가운데 수상자와 탈락자를 나누는 근거는 수십 년 동안 감추어져 있었다. 이와 관련해서 1980년대에 노벨 재단은 결국 비밀문서들의 열람이 가능하도록 정관을 바꾸었다. 그러나 열람 금지 기간이 무려 50년이다.

마침내 1995년이 되어 관심 있는 기자와 역사가는 노벨 재단이 1945년 화학상을 리제 마이트너가 아닌 오토 한에게만 수여한 근거를 접할 수 있었다. 논란의 여지가 없이, 두 사람은 핵분열의 발견에 기여했다. 비록 바로 첫 번째 핵무기 제조에 이용되지만, 이 발견은 노벨상으로 치장되어야 마땅한 큰 업적이었다. 사람들은 이윽고 숨겨져 있었던 문서를 훑어보면서 부끄러운 발견을 하게 되었다. 노벨상 위원회는 리제 마이트너의 기여가 중요하지 않다고 여겼다. 왜냐하면 그녀는 '단지' 이론적 기여만 했을 뿐이며 실제 우라늄 핵분열을 발견할 때 참여하지 않은 것처럼 보였기 때문이다. 이 위대한 상을 결정해야 하는 이 소소한 인간들의 무지에 크게 놀라게 되고, 이런 어처구니없는 오판들이 또 얼마나 많이 있었을까 하는 질문을 관찰자로서 던지게 된다. 공개되지 않은 결정 과정은(이렇게 하는 것도 결코 쉽지 않다) 영원히 수많은 대중들의 호기심에서 떨어뜨려 놓는 게 더 나았겠다는 생각이 들 수도 있다. 투명성이 무조건 도움을 주는 건 아니다. 감추어져 있는 것은 인간의 환상을 유지해주며 노벨상에게는 아우라를, 수상자에게는 큰 명예를 허락한다. 진실을 은폐하는 장막만 있는 게 아니다. 단지 너무 큰 적나라함으로부터 대중의 눈을 가려주는 장막도 있다. 그 장막이 날아가면 환상은 쪼그러들고 인간은 지루해하거나 충격을 받을 것이다.

혼자 있을 권리

이런 방향을 가리키는 심란한 현상이 또 있다. 세계가 진입할 수 없는, 보호받는 자기만의 방 안에서만 발생하거나 해야 하는 일, 예를 들면, 사랑하는 사람들의 성적 결합 같은 일들이 점점 더 많이 미디어에 공개되며 그곳에서 상품으로 팔려간다. 그로 인한 후과가 없지 않다. 사회학자 라이너 그로네마이어Reiner Gronemeyer가 생각하듯이, 공적 영역 어디에나 존재하는 성의 편재성 때문에 사적 에로스는 사멸한다. 그는 또 "온실 속 후텁지근한 끈적임 같은 성애화sexualized된 일상"에 대해 말하는데, 이런 상황에서 더는 에로틱한 환상이 전개될 수 없다.[29] 더는 금기로 덮여 있지 않은 것은 인간을 점점 더 적게 자극한다. 만약 성교를 하는 커플이 끝없이 제공된다면, 언젠가 이에 대한 모든 욕망이 사라질 것이다. 인간 안에 있는 욕구를 깨우며 인간에게 욕망의 문화를 허락해주는 건 금지된 열망과 금기시된 손길이다. 글을 쓸 때와 사랑을 나눌 때, '자기만의 방'은 혼자 있기를 견디는 사람에게만 당연히 도움이 된다. 노벨의학상을 수상한 유전학자 바버라 맥클린턱Barbara McClintock은 "혼자 있는 능력the capacity to be alone"을 자신의 비상한 능력이라고 칭하며[30], 이미 어릴 때 이 능력을 발전시켰다고 한다. 아마도 근대의 근본 문제는 인간은 '혼자 있을 권리a right to be alone'가 있다는 요구와 함께 근대가 시작되었다는 데 있다. 모든 권리에는 의무가 따른다. 이 단순한 사실이 잃어버린 지식이 되었지만, 이는 여전히 사실이다. 혼자 있을 수 있는 능력을 발전시켰을 때에만 혼자 있을 수 있다. 여기서 혼자 있을 권리에 따른 의무가 드러나는 것처럼 보인다. 질문은 스마트폰 세대에게 이 지식을 어떻게 전달해야 하느냐이다. 아마도 이 세대는 다음 현실을 먼저 깨달아야 할 것이다. 더는 어떤 방에도 혼자 앉아 있지 않고 그 방에서 환상을 펼치지도 못한다. 대신 어디에나 존재하는 새장에 갇혀 있다. 그 새장은 자유의지를 더는 허락하지 않으며 우리를 감시하고 조작한다. 이 현실을 모르게 하는 일이 금지되어야 한다.

마법사의 제자들

1797년에 괴테는 친구 쉴러Schiller가 편찬했던 『1798년 문예연감 Musen-Almanach』을 위해 발라드 『마법사의 제자Der Zauberlehrling』를 썼다. 1827년에 『마법사의 제자』 개정 '최종본'이 출판되었는데, 문예학에서 '최종본'이란 살아 있을 동안 수정 따위를 거치고 작가 생애의 가장 마지막에 나온 작품집을 말한다. 8행연과 6행연이 번갈아 나오는 모두 14연으로 구성된 이 시를 학자들은 위대한 시인 괴테의 가장 대중적 작품으로 기꺼이 평가한다. 괴테는 이 책의 3장에서 소개했던 그리스 작가 사모사타의 루키아노스가 지은 『거짓말의 친구 혹은 의심하는 사람Der Lügenfreund oder der Ungläubige』에 실린 이야기에서 이 시의 모티프를 따왔는데, 괴테는 이 이야기를 동료였던 마르틴 빌란트Martin Wieland 의 번역본으로 읽을 수 있었다.

『거짓말의 친구』에서 1인칭 화자 유크라테스는 먼저 자신의 스승이 었던 판크라테스를 소개한다. 판크라테스는 마법의 주문으로 빗자루, 절구공이 같은 물건들을 하인으로 바꿀 수 있다. 그다음에 유크라테스는 어떻게 자신이 직접 스승을 흉내 내어 탁월하고 유용한 이 마술을 시도해 보았는지 묘사한다. 그러나 괴테의 시에 등장하는 근대 마법사의 제자처럼 고대의 본보기인 유크라테스도 마법에 실패하는데, 그는 점점 더 열심히 일하고 점점 더 많아지는 나무로 된 하인들을 다시 원래의 물건으로 되돌리는 올바른 주문을 몰랐던 것이다. 점점 더 재앙으로 변해가는 나무 하인들의 행동을 절망과 무력감 속에서 쳐다볼 수밖에 없었던 유크라테스는 스승 판크라테스가 돌아온 순간 그 재앙에서 구출된다. 엄청난 양의 물을 길어 오는 하인들을 판크라테스는 어렵지 않게 옛날 모습으로 되돌리고 상황을 진정시킨다. 얼핏 보면 괴테의 낭만적 발라드에서는 모든 것이 해결된 듯하고 한숨 돌릴 수 있다는 생각이 들지만, 루키아노스의 고대 이야기에서는 늙은 마법사가 조용히 남몰래 도망쳐 버리고 더는 보이지 않는다. 루키아노스의 젊은 영웅 유크라테스는 실제 그에게 금지되어 있던 지식을 활용한다. 즉, 원래 우화였던 루키아노스의 『거짓말의 친구』를 보면 스승이 사용하는 몇 글자 되지 않는 마법 공식을 몰래 엿듣고 나중에 직접 사용해보기 위해 유크라테스는 어두운 구석에 몰래 숨는다.『마법사의 제자』를 오늘날 우리 상황에 연결하면 과학은 자신의 격렬한 충동 때문에 실제로 원자핵과 세포핵에 대한 것과 같은 금지된 지식을 지옥의 악마와 같은 어두운 원천에서 끌어와서 이용한다고 이해해야 할까? 이런 방식으로 '지식은 힘이다'라는 베이컨 시대를 시작하기 위해서였다고 해석해야 할까? 그렇다면 인류는 지금 이 오랜 발전의 끝에 어떤 스승도 없이 서 있어야 할 것이고, 자기자신의 지식 충동으로부터 나온 결과를 더는 지배할 수 없을 것이다.

과학의 결과

과학의 결과로 인간 유전자 개수를 이제 정확히 셀 수 있으며, 원소 주기율표의 새로운 구성을 마침내 이해하게 되었다. 또한 에너지 변환의 진행과 관련된 건설적 제안도 할 수 있게 되었다. 그러나 이건 진지한 질문에 대한 대답은 아니다. 과학의 결과는 무엇인가라고 진지하게 묻는다면, 그것은 인간 역사를 통해 드러난다고 밖에 대답할 수 없다. 역사에 대해서는 모든 사람이 공동 책임이 있다. 연구자들이라는 작은 집단에게만 있는 게 아니다. 19세기 후반 이후 사치스러워진 대중은 그 아름답고 편리한 기술을 실행하기 위해 연구자들에게 책임을 돌릴 수도 있다. 그러나 무언가 엇나가면서 그렇게 되지 않았다. 핵폐기물의 보관 문제가 등장하고, 대양의 플라스틱 쓰레기가 엄청난 규모로 드러나면서, 알레르기 환자 숫자가 증가하고 새로운 감염병이 퍼지면서, 점점 커지는 자동차에서 점점 더 많아지는 배출 가스가 점점 더 확실하게 기후변동에 영향을 미치면서 책임은 모든 사람의 몫이 되었다.

과학으로부터 거의 완전히 독립된 지식사회를 위한 적절한 가르침을 찾는 사람은 먼저 자기자신에서 출발해야 하고 자신의 의무를 탐색해야 할 것이다. 예를 들어 지식의 역할을 더 잘 이해하는 데 그 의무의 본질이 있을 수 있다. 지식을 향한 추구가 오늘날 지식사회를 낳았다. 지식사회는 유럽인들이 과학과 기술이 지배하는 세계에 살도록 만들어주었고, 그들 대부분은 행복하게 잘 보호받고 있다고 느낀다. 100여 년이 지나면서 자신들이 몸에 걸치고 의존해야 하는 장치들 대부분을 더는 이해하지 못하고 있지만 말이다. 그러나 만약 교육이 첫째 인간 안에 있는 어떤 문화를 수용하는 형태라면, 둘째, 정치 지형과 사회 현실에서 원해진 것이라면 지식의 역할은 더 잘 이해되고 전달되어야 한다.

그래서 유럽은 결국 다른 대륙의 많은 사람들이 언제나 모범으로(혹은 희망하는 목표)로 바라보는 발전된 지역이 되었다. 이 구대륙에서는 수백 년 전부터 지식과 지식의 획득에 많은 무게를 두었기 때문이다. 인간은 이런 방식으로 경험되고 가능해진 현재를 실현하려고 했었고 스스로 그런 현재를 만들었다. 이런 인간에 의해 과학과 기술은 만들어진다. 엔지니어이자 교사로, 소비자이자 생산자로, 피고용인이자 기업가로, 연구자이자 전달자 등등으로 활동하면서 지금의 현재를 실현시켰던 것이다. 이런 역할은 몇 가지 사례에 불과할 뿐이다.

프랑스 철학자 미셸 세르Michel Serres가 기술했던 것을 받아들일 필요가 있다.[1] "정치 혹은 군사 관계의 흥망도, 경제의 부침도 그 자체로는 오늘날 우리의 생활 양식이 어떻게 실현되었는지를 충분히 설명하지 못한다." 인간에 의해 만들어진 자연과학과 기술의 역사에 직접 관여하고, 지금 시민사회의 생성과 그 현재적 실제를 과학과 기술 차원의 도움을 받아 파악하는 사람만이 이를 설명할 수 있다. 아쉽게도 이 단순한 생각이 독일에서는 오랫동안 무시당했고 결코 진지하게 받아들여지지 않았다. 자신의 일상만 살펴봐도 이 주장의 타당성을 알 수 있다. 라디오와 텔레비전, 리모컨과 디지털 시계, 컴퓨터와 핸드폰, 자동차와 비행기, 냉장고와 부엌 전등, 강철과 스티로폼, 그리고 그 밖에 이 모든 편리함의 기원은 조금도 따지지 않고 사용하는 모든 물건들이 없다면 우리 시대 사람들이 얼마나 무력한지 깨닫게 될 것이다. 기술사의 개별 사례를 생각해 보자는게 아니다. 그보다는 인간에게 속해 있고 인간에게서 나오는 동력을 깊이 생각해 보자는 말이다. 이 동력이 역사 발전을 추동했으며 오늘날까지도 여전히 지속적으로 추동하고 있다. 바로 지식을 향한 충동이다. 이 충동이 계속되는 쇄신과 개선을 가져올 것이다. 어떤 집단에서 나오는 금지푯말과 경고판도 지식 충동은 거의 신경 쓰지 않을 것이다. 이 충동 때문에 끊임없이 적응하고 평생 동안 배우거나 교육해야 하는 상황이 생기며, 그 때문에 개인의 삶은 더 많은 복잡함을 대면해야겠지만 말이다. 교육은 늘 하나의 상태와 그 상태에서 진전된 작업을 동시에 보여준다. 그렇게 교육은 늘 열린 과제로 머물게 된다. 인간은 자유와 생명을 얻을 자격이 있다. 왜냐하면 괴퇴가 생의 마지막 날을 맞은 파우스트를 통해 말했듯이, 단지 인간은 "매일 그것을 정복"해야 하기 때문이다.

인간은 스스로를 만들며 자신에게 제공된 가능성에서 현실이라 부르는 것을 만든다. 특히 자연과학이야말로 수백 년 동안 인간에게 거대한 가능성을 제공하고 있다. 기계를 통해 에너지를 노동으로 변환하는 가능성, 점점 더 복잡한 계산 과제를 처음에는 기계로 그다음에는 전자장치로 해결해내는 가능성, 공간과 거리를 더 편리하고 점점 더 빠르게 극복할 수 있는 가능성, 정보를 점점 더 많이 그리고 더 믿을 수 있게 전해주고 모을 수 있는 가능성, 예방을 위한 검사와 적절한 약품으로 품위있게 생명을 연장할 수 있는 가능성 등등 이런 가능성의 사례를 끝없이 제시할 수 있다. 이 가능성을 탐색하도록 인간들을 일으켜 세웠던 그 동기를 깨닫고 살펴 보는 일이 중요하다. 첫째, 이 동기로 인류는 기대와 욕구를 채웠으며 둘째, 덜 걱정스러운 미래와 더 나은 생존 조건에 도달할 수 있었다.

이런 관점으로 새롭게 『마법사의 제자』를 본다면 두 가지가 눈에 띌 것이다. 첫째, 괴테가 마법사에게 아주 작은 분량만을 준 게 눈에 띈다. 마법사는 단지 결말 언저리에 등장했다가 흔적도 없이 사라진다. 둘째, 여기서 상세하게 알게 될 것인데, 놀랍게도 늙은 주인은 자신의 젊은 제자와 같은 도구를 사용한다. 그러나 제자는 정상적인 것을 다루기 위해 더 잘 배워야 한다. 비록 누구도 제자의 즉흥적 행동을 따라하라고 추천할 수는 없다. 그러나 200년의 시차를 두고 괴테의 발라드를 읽고 있는 오늘날 독자들은 어쩔 수 없이 전진하는 마법사의 제자들에게 공감을 표명할 수 있지 않을까? 그래서 제자들에게 어떤 지식도 유보하지 않고 대신 그 정보들을 조용히 제공하여 그들이 일하게 해야 한다고 이해할 수 있지 않을까? 첫째, 훈련된 마법사의 제자들은 오랜 기간 모든 분야에서 필요하다. 둘째, 늙은 스승은 예외 상황에서 짧은 시간 그들을 도울 수 있다. 왜냐하면 제자들에게 예전엔 금지되었고 지금은 아직 익숙하지 않은 지식을 스승은 더 잘 사용하며 모든 것을 좋은 결말로 이끌 가능성이 훨씬 높기 때문이다.

막스 베버의 시대 이후 과학의 전문적 개입으로 세계는 탈주술화되었다고 여겨진다. 이 명제가 맞다면, 더 많은 지식 추구는 더는 비밀이 없는 세계로 이끌 것이다. 막스 베버가 20세기 초에 사물의 상태라고 보여준 대로 모든 것이 탈주술화되고 모든 것이 계산에 위해 지배될 수 있다면, 자신에게 아직 금지된 조직의 비법을 익히기 위해 제자도 숨어서 엿들을 필요가 없다. 누군가 과학의 마법사들의 일하는 모습을 보기 위해 시간을 낸다면, 그 사람은 첫째, 모든 대단히 발전된 기술은 마술과 구별할 수 없다는 걸 알게 될 것이다. 아서 C. 클라크Arthur C. Clarke가 한 말이다. 둘째, 이어서 바로 이 놀라움으로 발라드에서 마법사의 제자를 그렇게 사랑스럽게 만들었던 지식에 직접 다가가려고 기꺼이 시도할 것이다. 영국의 물리학자이자 SF 소설가이며, 특히 영화 「2001: 스페이스 오디세이」 시나리오의 원작자인 아서 C. 클라크는 세 가지 '규칙'을 제안했다. 클라크는 이 규칙을 지식사회로 인류를 인도했던 인간 행동의 특징이자 기본이라고 여겼다.[2]

존경하고 나이가 더 많은 과학자가 어떤 것이 가능하다고 주장하면, 거의 확실에 근접하는 확률로 그는 옳다. 만약 그가 어떤 것이 불가능하다고 주장하면, 대단히 높은 확률로 그는 틀렸다.

가능성의 한계를 발견하는 유일한 방법은 아주 조금만 더 불가능한 것의 방향으로 나아가는 것이다.

모든 충분히 진보된 기술은 마술과 구별할 수 없다.

과학은 통제받아야 한다: 프랑켄슈타인4.0과 페이스북

지식은 금지되어서는 안 되지만 통제되어야 한다. 이 주장에 해당하는 두 가지 인상적인 사례는 페이스북과 생물 유전학이다.

페이스북을 먼저 살펴보자. 첫 번째, 우선 페이스북의 변화에 놀랄 수밖에 없다. 각자의 기계 앞에 앉은 외로운 사람들을 서로 연결해서 사회적 결합체로 만든다는 단순하면서도 훌륭한 생각이 어떻게 고객을 무자비하게 착취하고 그들의 모든 정보를 대가 없이 빼앗는 도구가 되었을까? 페이스북이 가져오는 정보들은 예전에는 자신을 위해 간직하며 외부의 (거의) 모든 시선에서 차단되어 있었던 정보들이다. 두 번째, 사용자들의 모습에 당혹감을 느끼게 된다. 자신의 기계 앞에 홀로 고립되어 있는 이용자들은 금지된 어떤 일을 한다는 데 엄청나게 매력을 느낀다. 예컨대, 그들은 금지된 일을 한다는 쾌감에 혐오발언을 퍼뜨리고, 인종주의 흑색선전을 조장하며, 이슬람혐오와 반유대주의 메시지들이 돌아다니게 하며, '가짜 뉴스'를 유통시킨다. 페이스북의 최고위층은 혐오 발언과 데이터 도난에 대한 대중의 반응을 통해 수십억에 달하는 회원들이 가련한 마법사의 제자처럼 위대한 스승을 기대하고 있음을 보여준다. 그 마법사는 사람들이 불러왔던 영들을 다시 진정시키고, 자신에게 부여된 데이터 보호 임무에 무게를 둔다.

당연히 페이스북을 구석에 빗자루처럼 세울 수 있는 고독한 스승과 마법의 주술은 존재하지 않는다. 대신 정치권력이 있다. 이들은 독점 금지법을 알고 경쟁촉진법을 준비하며 얼마 전 처음으로 유럽에서 정보 보호법을 도입했다. 마법사의 제자가 페이스북을 통제 아래 둘 수 있는 방법을 정치적 의지라고 부른다. 의심의 여지 없는 장점에도 불구하고 그 사이 페이스북은 심각한 사회적 손실을 낳았다. 정치적 의지는 이 손실을 조심스럽게 분석한 후에 언급되고 실행되어야 한다. 이 과정은 영원히 지연되는 프로젝트가 될 수도 있다. 그러나 알다시피 가장 긴 여정도 첫 걸음에서 시작한다. 그렇게 인류는 첫 걸음을 내디딜 수 있고 최소한 시도해 볼 수는 있다. 이 과정에서 아마 페이스북 거인이 인류에게 대적하기도 할 것이다.

이제 프랑켄슈타인에 대해서 생각해보자. 많은 관찰자들은 오늘날 생의학에 질문을 제기한다. 최근에 시작된 유전물질에 대한 방대한 연구 덕분에 언젠가는 인간에게 공급할 수 있는 완전한 유전자의 형태를 알게 되지 않을까? 이런 상상은 어떤가? 유전학의 제자들은 지혜를 몰래 빼낼 수 있는 스승은 없지만, 어느 날 유출된 시디롬 혹은 디스켓을 얻는다. 그 안에는 실제 금지된 지식에 속하는 인간 생명을 위험하게 할 수 있는 내용이 들어 있다.

망치를 든 철학자 프리드리히 니체는 지식을 향한 의지는 금지되기를, 즉 인간에서 멀어지기를 원했다. 아마도 그는 오늘날 지속적이고 근본적인 '유전자 편집'을 지지했을 것이다. 비록 최근에 처음으로 경고 알림들도 나왔고 게놈을 과도하게 수정하면 암을 유발할 수도 있지만, 기술적으로 니체의 바람은 실현 가능해 보인다. 이 인간 실험에서는 지식에 대한 타고난 인간적 욕구가 없는 유기체가 생성될 것이다. 이런 존재는 더는 인간적인 삶을 꾸려가지 못한 채 누군가 자신을 끌어주기를 기다려야만 한다.

　다시 강조한다. 누구도 지식을 향한 추구를 인간에게서, 예컨대 유전자 조작을 통해서 뺏어갈 수 없으며, 예컨대 정치권력을 통해서 금지시킬 수도 없다. 이 뿌리 뽑을 수 없는 근원적 욕망은 마지막까지 어떤 아름다운 생각을 할 수 있게 해준다. 권력에의 의지가 아닌 지식에의 의지가 호모 사피엔스의 존재를 역설적으로 만든다. 인간은 이 역설을 사랑한다. 왜냐하면, 인간은 한편으로 늘어나는 지식으로 세계를 계속해서 주술화하며, 스스로 끊임없이 새로운 비밀로 둘러싸여 있다고 이해하기 때문이다. 다른 한편으로, 늘어나는 지식 때문에 미래에는 무엇을 알게 될지 점점 더 모르게 된다. 인간들 스스로 점점 더 비밀스러워지고, 이를 통해 더 개방 쪽으로 향하게 되듯이, 다가오는 시대 또한 이런 방식으로 더욱 비밀스러워지고 동시에 개방될 것이다. 아인슈타인이 경험하고 말했던 것이 맞는다면, 비밀스러운 느낌보다 더 아름다운 감정은 없다. 인간은 그렇게 큰 세계뿐만 아니라 작은 세계에서도 이런 감정을 경험하게 될 것이다.

　금지된 지식의 어둠과 자기 자신의 비밀에 동시에 관여하는 사람은 그의 삶을 구성하고 밤에서 벗어나 새로운 것을 가능하게 해주는 빛에 더 가까이 가게 된다. 그렇게 지식과 삶의 빛의 향한 탐구는 진행된다. 이 보호 받는 영역에서 인간은 자신을 직접 찾을 수 있고 자신을 직접 파악할 수 있으며, 그곳에서 존재의 행복(괴테식으로 말하면 계시의 행복)을 여기서 느낄 수 있다. 인간은 삶에 드리운 장막을 걷으면 안 되고 오히려 감탄해야 한다. 자신의 존재가 그에게 비밀을 준다. 인간은 언제나 이에 대해 진정 놀랄 수 있으며, 계속 그렇게 놀랄 수 있을 것이다. 여전히 얻어야 할 지식이 많이 있다는 느낌이 유지되기 때문이다. 지식은 계속해서 더 많은 기쁨을 주며, 그 즐거움은 그곳에서 금지된 것과 함께 커진다. 신이 서서히 다시 자신에 대한 어떤 것을 들려줄 수도 있을 것이다.

지식이 주는 기쁨

1 　자세한 사항은 다음을 참고하라. Ernst Peter Fischer, *Die Verzau-berung der Welt*, München 2014

2 　Georg Simmel, Soziologie – Untersuchungen über die Formen der Vergesellschaftung, Berlin 1908, Kapitel V: Das Geheimnis und die geheime Gesellschaft, S. 256 – 304

3 　자세한 사항은 다음을 참고하라. Ernst Peter Fischer, *Aristoteles, Einstein und Co.*, München 1995, S. 86 – 99

4 　Nico Stehr, *Wissenspolitik – Die Überwachung des Wissens*, Frankfurt am Main 2003

5 　Klaus Michael Meier-Abich, *Wie möchten wir in Zukunft leben?*, München 1989

6 　Armin Hermann, *Wie die Wissenschaft ihre Unschuld verlor – Macht und Missbrauch der Forscher*, Stuttgart 1982

7 　자세한 사항은 다음을 참고하라. Konrad Paul Liessmann, *Philosophie*

368

des verbotenen Wissens – Friedrich Nietzsche und die schwarzen Seiten des Denkens, Hamburg 2009

8 Nico Stehr, *Wissenspolitik – Die Überwachung des Wissens*, Frankfurt am Main 2003, S. 97에서 인용함.

무엇에 관해 얘기해야 할까

1 Werner Heisenberg, *Ordnung der Wirklichkeit*, in Gesammelte Werke, Abteilung C, Band I, München 1984, S. 218

2 Christoph Keese, *Silicon Valley*, München 62016, S. 249에서 인용함.

3 자세한 사항은 다음을 참고하라. Ernst Peter Fischer, *Information*, Berlin 2010, S. 10이하.

4 Nico Stehr, *Ist Wissen Macht? – Erkenntnisse über Wissen*, Weilerswist 2015, S. 32

5 Ulrike Heider, *Vögeln ist schön!*, Berlin 2014, S. 111

6 Jost Dülfer, *Geheimdienste in der Krise. Der BND in den 1960er Jahren*, Berlin 2018

7 *Nature*, Band 561, Ausgabe vom 20. 09. 2018, S. 290 참조.

8 최신작인 다음과 비교하라. Stephen Greenblatt, *Die Geschichte von Adam und Eva*, München 2018

낙원에서 금지된 것

1 Eugen Roth, *Sämtliche Menschen*, München 1983, S. 324

2 자세한 사항은 다음을 참고하라. Ernst Peter Fischer, *Das große Buch der Evolution*, Köln 2008, Seite 355 이하.

3 Harald Weinrich, *Knappe Zeit*, München 2004

4 Tom Kirkwood, *Gene, Sex und Altern*, in Ernst Peter Fischer und Klaus Wiegandt (Hg.), *Evolution – Geschichte und Zukunft des Lebens*, Frankfurt am Main 2003, S. 242

5 Carel van Schaik und Kai Michel, *Das Tagebuch der Menschheit – Was die Bibel über unsere Evolution verrät*, Reinbek 42016, S. 63

6 Peter von Matt, *Das Wilde und die Ordnung*, München 2007, S. 58–63

7 Peter von Matt, 앞의 책, S. 60

8 Faramerz Dabhoiwala, *Lust und Freiheit*, Stuttgart 2014, S. 169

9 Aurelius Augustinus, *Bekenntnisse* (Otto Lachmann 옮김), Wiesbaden 2016, S. 289

10 자세한 사항은 다음을 참고하라. Ernst Peter Fischer, *Gott und der Urknall*, Freiburg 2017

11 Augustinus, 앞의 책, S. 290

12 상세한 설명은 다음을 참고하라. Ernst Peter Fischer, *Die Verzauberung der Welt*, München 2014

13 Charles Taylor, *Ein säkulares Zeitalter*, Frankfurt am Main 2009, S. 37

14 Paolo Rossi, *Die Geburt der modernen Wissenschaft in Europa*, München 1997

15 John Milton, *Das verlorene Paradies*, Stuttgart 1968, VIII, S. 206–213

16 Roger Shattuck, *Tabu*, München 2000, S. 91이하.

17 Augustinus, 앞의 책, S. 46

18 Stephen Greenblatt, 앞의 책, S. 137

19 http://www.kath.net/news/62890에 게재된 기사(2018년 2월 26일 현재)

20 Faramerz Dabhoiwala, 앞의 책, S. 32

21 Michel Foucault, *Sexualität und Wahrheit, Bd. 1: Der Wille zum Wissen*, Frankfurt am Main 1982, S. 40

우리에게 지식이란 무엇인가

1 Eckart Voland, *Die Natur des Menschen*, München 2007, S. 156

2 Peter L. Rudnytzky und Ellen Handler Spitz (Hg.), *Freud and Forbidden Knowledge*, New York 1994, S. 143에서 인용함. (영어 원문을 저자가 독일어로 옮겼다: "The thirst for knowledge seems to be inseparable from sexual curiosity.")

3 예를 들어, Ernst Peter Fischer, *Das große Buch der Evolution*, Köln 2008, 그리고 *Das große Buch vom Menschen*, München 2012 참조.

4 Alper Bilgili, *Beating the Turkish hollow in the struggle for exist-ence*, in "Studies in History and Philosophie of Science", Teil C, Band 65, Amsterdam, Oktober 2017

5 이 주제에 관한 상세한 설명은 다음을 참고하라. Ernst Peter Fischer, *Kritik des gesunden Menschenverstandes*, Hamburg 1988

6 Gerd Eilenberger, *Komplexität* – Ein neues Paradigma der Naturwissenschaften, Mannheimer Forum 89/90, Mannheim 1989, S. 71–136

7 Rémi Brague, *Die Weisheit der Welt*, München 2006, S. 240

8 William James, *Die Vielfalt religiöser Erfahrung*, Frankfurt am Main 1997, S. 19

9 1965년 Sammlung Insel (Frankfurt am Main)이 멋진 책을 출간했다: Galileo Galilei, *Siderus Nuncius – Nachricht von neuen Sternen*, Hans Blumenberg 엮음.

10 Amir Alexander, *Infinitesimal – How a dangerous mathematical theory shaped the modern world*, New York 2014

11 Amir Alexander, 앞의 책, S. 119

12 Roger Shattuck, *Tabu*, München 1996, S. 11

13 Peter Gay, *Freud – Eine Biographie für unsere Zeit*, Frankfurt am Main 42016, S. 267/268

14 Peter Gay, 앞의 책, S. 372

15 Norbert Bischof, *Das Rätsel Ödipus*, München 1985, S. 122에서 인용함.

16 Norbert Bischof, *Das Rätsel Ödipus*, München 1985, S. 37에서 인용함.

17 Alexandra Przyrembel, *Verbote und Geheimnisse*, Frankfurt am Main 2011, S. 11

18 Norbert Bischof, 앞의 책, S. 95에서 가져옴.

19 남성으로도 여성으로도 분류할 수 없는 사람의 제3의 성을 인정할 것이냐 아니냐의 논쟁은 여기서 다루지 않는다. 그사이 독일 법률은 성별이 특정되지 않는 사람의 존재를 인정한다.

20 Ernst Peter Fischer, *Das Schöne und das Biest*, München 1997, S. 221이하.

21 Ernst Peter Fischer, *Der kleine Darwin*, München 2009, S. 184에서 인용함.

22 Peter von Matt, *Die Intrige*, München 2006

23 Peter von Matt, 앞의 책, S. 24

24 Sebastian Herrmann, *Alles immer schlechter*, Süddeutsche Zeitung 2018년 7월 2일자, S. 16

25 Hans Rosling, *Factfulness — Ten Reasons we're wrong about the World*, London 2018

비밀을 다루는 법

1 Jürgen Osterhammel, *Die Verwandlung der Welt — Eine Geschichte des 19. Jahrhunderts*, München 2009

2 Armin Herrmann, *Wie die Wissenschaft ihre Unschuld verlor*, Stuttgart 1982

3 Daniel Jütte, *Das Zeitalter der Geheimnisse — Juden, Christen und die Ökonomie des Geheimen (1400 – 1800)*, Göttingen 2012

4 Daniel Jütte, 앞의 책, S. 11

5 Joel Mokyr, *The Gifts of Athena — Historical Origin of Knowledge Economy*, Princeton 2002.

6 Nico Stehr, *Wissen und Wirtschaften — Die gesellschaftlichen Grundlagen der modernen Ökonomie*, Frankfurt am Main 2001, S. 121

7 Albert Einstein, *Mein Weltbild*, Berlin 1962, S. 9-10

8 Jütte, 앞의 책, S. 11에서 인용함.

9 Claudia Müller-Ebeling 외, *Hexenmedizin*, Aarau 1998, Christian Rätsch, *Enzyklopädie der psychoaktiven Pflanzen*, Aarau 1998

10 Wolfgang Krieger, *Geschichte der Geheimdienste — Von den Pharaonen bis zur NSA*, München 32014

11 Wolfgang Krieger, 앞의 책, S. 25

12 Wolfgang Krieger, 앞의 책, S. 171

13 Wolfgang Krieger, 앞의 책, S. 321

14 Sabine Doering-Manteuffel, *Das Okkulte*, München 2008

15 Sabine Doering–Manteuffel, 앞의 책, S. 17

16 Sabine Doering–Manteuffel, 앞의 책, S. 24

17 Sabine Doering–Manteuffel, 앞의 책, S. 32

18 Sabine Doering–Manteuffel, 앞의 책, S. 293

19 Kaspar von Greyerz, *Von Menschen, die glauben, schreiben und wissen – Ausgewählte Aufsätze*, Göttingen 2013

20 Nature 559, Ausgabe vom 26. Juli 2018, S. 444에 게재된 논문 *Publish not perish*를 참고하라.

21 Rob Ilife, *Priest of Nature – The Religious Worlds of Isaac Newton*, Oxford 2018

22 Jütte, 앞의 책, S. 363

23 Ernst Peter Fischer, *Aristoteles, Einstein und Co.*, München 1995, S. 172에서 인용함.

24 Rudolf Drux (엮음), *Menschen aus Menschenhand*, Stuttgart 1988

25 *Kommentaren* von Albrecht Schöne zu Goethes *Faust*, erschienen als Band 7/2 der Ausgabe im Deutschen Klassiker Verlag, Frankfurt am Main 1994, S. 504에서 인용함.

26 Ernst Peter Fischer, *Die andere Bildung*, Berlin 62015에서 인용함.

27 Jütte, 앞의 책, S. 73에서 인용함.

28 Jütte, 앞의 책, S. 76에서 인용함.

29 Carlo Ginzburg, High *and Low – The Theme of Forbidden Knowledge in the Sixteenth and Seventeenth Centuries*, in "Past and Present" 73 (1976), S. 28 – 41

30 Carlo Ginzburg, 앞의 책, S. 37

31 C. B. Schmitt 외. (엮음), *The Cambridge History of Renaissance Philosophy*, Cambridge 1988, S. 700에서 인용함.

32 die Ausgabe der Werke von Lucian in acht Bänden, Harvard

University Press, Cambridge 1913, Band I, S. 253, und Band II, S. 277 – 279 참조.

33 Werner Heisenberg, *Der Teil und das Ganze*, München 1969, S. 101

34 Jütte, 앞의 책, S. 346에서 인용함.

35 자세한 사항은 다음을 참고하라. Ernst Peter Fischer, *Hinter dem Horizont*, Berlin 2017

36 Raz Che-Morris, *Shadows of Instructio*n, Journal of the History of Ideas, Band 66 (2005), Se. 223 – 243 참조.

37 Henry F. Ellenberger, *Die Entdeckung des Unbewussten*, Zürich 1985, S. 287

38 Ernst Peter Fischer, *Die zwei Gesichter der Wahrheit*, München 1990

39 Isaiah Berlin, *Die Wurzeln der Romantik*, Berlin 2004, S. 96

40 Max Weber, *Wissenschaft als Beruf in Schriften 1894 – 1922*, Stuttgart 2002, S. 488

41 자세한 사항은 다음을 참고하라. Isaiah Berlin, Der Magus des Nordens – J.G. Hamann und der Ursprung des modernen Irrationalismus, Berlin 1995; 인용구는 97쪽.

42 Isaiah Berlin, 앞의 책, S. 157-158

43 Isaiah Berlin, 앞의 책, S. 95

44 Isaiah Berlin, *Die Revolution der Romantik*, in ders., "Wirklichkeitssinn", Berlin 1998, S. 302

성스러운 것을 엿본 죄

1 26세 아인슈타인이 세계적으로 유명한 공식의 토대를 마련하고 1905년

9월 27일에 학술지 《물리학 연보Annalen der Physik》에 보낸 논문의 제목은, 의문문이었다. 신체의 관성은 에너지함량에 의존하는가? 가장 악랄한 자연과학 비평가조차도 여기서 원자폭탄의 증거를 찾아내지는 못할 것이다.

2   Albrecht Fölsing, *Albert Einstein*, Frankfurt am Main 1993, S. 222

3   Richard von Schirach, *Die Nacht der Physiker*, Berlin 2012, S. 108

4   Konrad Kleinknecht, *Einstein und Heisenberg*, Stuttgart 2017, S. 171에서 인용함.

5   Armin Hermann, *Wie die Wissenschaft ihre Unschuld verlor*, Stuttgart 1982, S. 199에서 인용함.; Robert Jungk, *Heller als tausend Sonnen – Das Schicksal der Atomforscher*, Stuttgart 1956 참조.

6   Gernot Böhme, *Am Ende des Baconschen Zeitalters – Studien zur Wissenschaftsentwicklung*, Frankfurt am Main 1993

7   Heinar Kipphardt, *In Sachen J. Robert Oppenheimer*, Frankfurt am Main 1964, S. 126

8   개인적인 얘기를 잠깐 언급하자면: 저자는 당시 17세였고 그는 키프하르트의 희곡을 불타는 눈으로 읽고 귀를 쫑긋 세우고 들었다. 1962년에 출판된 알베르트 아인슈타인의 『나의 세계관』을 읽으면서 갖게 된 물리학자의 꿈이 이때 더 커졌다.

9   J. Robert Oppenheimer, *Atomkraft und menschliche Freiheit*, Hamburg 1957, S. 42-43

10   Albert Einstein – Max Born, *Briefwechsel 1916-1955*, München 1969, S. 307

11   Richard Fasten, *Lexikon des verbotenen Wissens*, München 2009, S. 14

12   Franz Herre, *Jahrhundertwende 1900 – Untergangsstimmung und Fortschrittsglauben*, Stuttgart 1998, S. 11에서 인용함.

13 Armin Hermann, 앞의 책, S. 202

14 하버스의 생애는 예를 들어 다음과 비교할 수 있다. Margit Szöllösi-Janze, *Fritz Haber 1868 – 1934*, München 1998

15 Hermann Hettner, *Literaturgeschichte des Achtzehnten Jahrhunderts*, Braunschweig 1879, Band III, Buch 2, Kap. 1, S. 171 ; J. Robert Oppenheimer, *Wissenschaft und allgemeines Denken*, Hamburg 1955, S. 103 참조.

16 Zitiert auf Englisch in Nicolas Rescher, *Forbidden Knowledge – Moral Limits of Scientific Knowledge*, Amsterdam 1987, S. 3의 영어 원문을 저자가 독일어로 옮겨 인용했다.

17 표제어 'Tuskegee-Syphilis-Studie'로 위키피디아에서 상세한 참고문헌 정보를 얻을 수 있다. 그중에서도 특히 다음의 책이 유용하다. Nicolas Perthes 외. 엮음, *Menschenversuche. Eine Anthologie 1750 – 2000*, Frankfurt am Main 2008

18 Hans Joas, *Die Sakralität der Person*, Frankfurt am Main 2011, S. 18

19 Zitiert bei Hans Joas, a. a.O., S. 65 – 67

20 Hans Joas, 앞의 책, S. 82

21 나는 이 인용구를 요헨 키르히호프(Jochen Kirchhoff)가 2000년 2월 14일자 《슈피겔》에 발표한 글 '부정한 동맹(Die unheilige Allianz)'에서 발췌했다.

22 Armin Hermann, 앞의 책, S. 18에서 인용함.

23 Armin Hermann, 앞의 책, S. 21에서 인용함.

24 Bertolt Brecht, *Leben des Galilei*, Frankfurt am Main 1963, S. 126

25 Adam Becker, *What is real?*, London 2018

26 Adam Becker, 앞의 책, S. 253

27 Adam Becker, 앞의 책, S. 275

28 Johann von Neumann, *Mathematische Grundlagen der Quantenmechanik*, Berlin 1968, 1932년 초판의 재인쇄.

29 Adam Becker, *What is real?*, London 2018, S. 90

30 David Bohm, *Die implizite Ordnung – Grundlage eines dynamischen Holismus*, München 1987

31 Ernst Peter Fischer, *Eine verschränkte Welt, Mannheimer* Forum 87/88, Hoimar von Ditfurth und Ernst Peter Fischer 엮음, Mannheim 1988, S. 65 – 104; Ernst Peter Fischer, *Die Hintertreppe zum Quantensprung*, München 2010 참조.

32 Adam Becker, *What is real?*, London 2018, S. 134

33 David Kaiser, *How the Hippies Saved Physics*, New York 2011

34 Halton C. Arp, *Der kontinuierliche Kosmos*, in Mannheimer Forum 92/93, München 1993, S. 127

35 Ernst Haeckel, *Anthropogenie oder Entwicklungsgeschichte des Menschen*, Leipzig 1875, S. 12

36 Hermann von Helmholtz, *Über das Ziel und die Fortschritte der Naturwissenschaft; in Vorträge und Reden*, Bd. 1, Braunschweig 41896, S. 372

37 Armin Hermann, 앞의 책, S. 51에서 인용함.

38 *Stenographische Berichte über die Verhandlungen der beiden Häuser des Landtags. Haus der Abgeordneten*, Bd. 2, Berlin 1883, S. 1919

39 Konrad Paul Liessmann, *Philosophie des verbotenen Wissens*, Hamburg 32014, S. 19 – 24

40 Konrad Paul Liessmann, 앞의 책, S. 24

41 칼 슐레히타(Karl Schlechta)가 세 권으로 엮어 1954년에 한저출판사 (뮌헨)에서 그리고 1997년에 학술지 출판사(다름슈타트)에서 출간한 책에서 인용했다. 권 표시는 로마자를 쓰고 쪽은 아라비아숫자를 썼다. 예: II, 215.

42 Hans Primas, *Über dunkle Aspekte der Naturwissenschaften*, in

dem Band *Der Pauli-Jung-Dialog und seine Bedeutung für die moderne Wissenschaft*, Heidelberg 1995, S. 205 - 238

43 자세한 사항은 다음을 참고하라. Ernst Peter Fischer, *Die aufschimmernde Nachtseite der Wissenschaft*, Lengwil 2010, 그리고 동저자의 Brücken zum Kosmos, Lengwil 2014

44 Karl Jaspers, *Die Atombombe und die Zukunft des Menschen*, München 1958

45 Wolfgang Pauli und C. G. Jung, *Ein Briefwechsel 1932 - 1958*, Heidelberg 1992, S. 139

46 Hans Primas, 앞의 책, S. 234

47 François Jacob, *Die innere Statue*, Zürich 1988

인간에 대해 알지 못하게 하라

1 "Der Teufel steigt von der Wand", Der Spiegel, Nr. 39/1980, S. 244 - 254

2 Hans Jonas, *Das Prinzip Verantwortung*, Frankfurt am Main 1984, S. 392 - 393

3 Nicolas Rescher, 앞의 책, S. 9

4 Frankfurter Allgemeine Zeitung, *Zukunftslabor Lindau*, 2018년 6월 30일자 부록 S. B7; Hildegard Kaulen 씀.

5 자세한 사항은 다음을 참고하라. Ernst Peter Fischer, *Treffen sich zwei Gene*, München 2015

6 Ernst Peter Fischer, *Am Anfang war die Doppelhelix*, München 2003, S. 156

7 Robert L. Sinsheimer, *The Limits of Scientific Inquiry*, Daedalus, Bd. 107, No. 2, S. 23, 35 (1978)

8   Mary Shelley, *The New Annotated Frankenstein*, hg. und mit einem Vorwort versehen von Leslie S. Klinger, New York 2017

9   Ernst Peter Fischer, *Licht und Leben*, Konstanz 1985, S. 242 이하.

10 Ernst Peter Fischer, *Im Anfang war die Doppelhelix*, München 2003 참조.

11 자세한 사항은 다음을 참고하라. J.Craig Venter, *Entschlüsselt – Mein Genom, mein Leben*, Frankfurt am Main 2009

12 Craig Venter, 앞의 책, S. 496 이하.

13 Lone Frank, *Mein wundervolles Genom*, München 2011

14 Hans Blumenberg, *Die Sorge geht über den Fluß*, Frankfurt am Main 1987, S. 93

15 Jerry E. Bishop und Michael Waldholz, *Landkarte der Gene – Das Genom-Projekt*, München 1991

16 'CRISPR-Cas9-Technik'을 검색하면 쉽게 관련 정보와 사진을 얻을 수 있다.

17 예를 들어 '인간 편집Editing Humanity'을 표지기사로 다루는《이코노미스트The Economist》(2015년 8월 22일자)를 참조하라. 이 기사는 독자들에게 연금술사 시대부터 꿈꿔왔던 '인간의 유전적 개선 전망'을 소개한다.

18 유럽사법재판소는 2018년 7월에, 그사이 이미 관례로 인정되는 유전자기술과 마찬가지로 새로운 CRISPR 기술도 특별 승인절차를 두고, 편집된 식물을 유전자 변형 유기체(GMO)로 간주하기로 결정했다.

19 Tetsuya Ishida, Gagosian Gallery, Hongkong 2014. 2013년 홍콩에서 열린 한 전시회를 계기로 대중에게 알려졌다.

20 Isaiah Berlin, *Die Originalität Machiavellis, in Wider das Geläufige*, Frankfurt am Main 1982

21 Lily E. Kay, *Das Buch des Lebens*, München 2001, S. 9

22 Werner Fuld, *Das Buch der verbotenen Bücher – Universalge-*

schichte des Verfolgten und Verfemten von der Antike bis heute,
Berlin 2012

23 Werner Fuld, 앞의 책, S. 267

24 Werner Fuld, 앞의 책, S. 34

25 Will Storr, *The Heretics – Adventures with the enemies of science*, London 2013

26 Sharon Bertsch McGrayne, *Die Theorie, die nicht sterben wollte*, Heidelberg 2014

27 Rupert Sheldrake, *Der siebte Sinn des Menschen*, Frankfurt am Main 42012

28 Rupert Sheldrake, 앞의 책, Frankfurt am Main 42012, S. 368

과감하게 봉인을 떼다

1 Ingeborg Bachmann, *Die Wahrheit ist dem Menschen zumutbar*, München 1988

2 Ingeborg Bachmann, 앞의 책, S. 75

3 Hans Adler (엮음), *Nützt es dem Volke, betrogen zu werden? Est-il utile au Peuple d'être trompè?*, 2 Bände, Stuttgart 2007

4 Arnd Beise, *Soll man dem Volk die Wahrheit sagen oder nicht?*, https://literaturkritik.de/public/rezension.php?rez_id=11539에 서 인용함.

5 Yvonne Hofstetter, *Sie wissen alles*, Frankfurt am Main 22017

6 Yvonne Hofstetter, 앞의 책, S. 9

7 Yvonne Hofstetter, 앞의 책, S. 232

8 Jürgen Mittelstraß, *Wie viel Aufklärung verträgt der Mensch?*, in Ernst Peter Fischer (엮음), *Ist die Wahrheit dem Menschen zumutbar?*

     – *Mannheimer Gespräche 1992*, München 1992, S.17 – 29

9   Jürgen Mittelstraß, 앞의 책, S. 23

10 19세기에는 이 지점에서 지배지식과 교육지식을 구분했다.

11 Jürgen Habermas (엮음), *Stichworte zur 'Geistigen Situation der Zeit'*, 2 Bände, Frankfurt am Main 1979

12 http://ozone.unep.org/en/treaties-and-decisions/montreal-protocol-substances-deplete-ozone-layer

13 Naomi Oreskes und Erik M.Conway, *Merchants of Doubt*, London 2011; 독일어 번역본: *Die Machiavellis der Wissenschaft Das Netzwerk des Leugnens*, Heidelberg 2014

14 Naomi Oreskes und Erik M.Conway, 앞의 책, S. 31

15 Naomi Oreskes und Erik M.Conway, 앞의 책, S. 222

16 Holger Böning, *Medizinische Volksaufklärung und Öffentlichkeit*, in Ernst Peter Fischer (엮음), *Ist die Wahrheit dem Menschen zumutbar? – Mannheimer Gespräche* 1992, München 1992, S. 41 – 53

17 Holger Böning, 앞의 책, S. 49 – 50에서 인용함.

18 Holger Böning, 앞의 책, S. 46에서 인용함.

19 Holger Böning, 앞의 책, S. 53에서 인용함.

20 Helmut Bachmaier, *Rettet uns die Unwahrheit?*, in Ernst Peter Fischer (엮음), *Ist die Wahrheit dem Menschen zumutbar? – Mannheimer Gespräche 1992*, München 1992, S. 89 – 103

21 Bodo Placha, Zensur, Stuttgart 2006, S. 120

22 Bodo Placha, 앞의 책, S. 51

23 Bodo Placha, 앞의 책, S. 54

24 Bodo Placha, 앞의 책, S. 27

25 Peter Burke, *Papier und Marktgeschrei – Die Geburt der Wissensgesellschaft*, Berlin 22002

26 Peter Burke, 앞의 책, S. 153에서 인용함.

27 Peter Burke, 앞의 책, S. 163에서 인용함.

28 Werner Fuld, *Das Buch der verbotenen Bücher*, Berlin 2012, S. 143

29 Wolfgang Matz, *Die Kunst des Ehebruchs*, Göttingen 2014, S. 121

지식사회의 사생활과 비밀

1 Ernst Peter Fischer, *Werner Heisenberg – ein Wanderer zwischen zwei Welten*, Heidelberg 2015, S. 50에서 인용함.

2 Siva Vaithyanathan, *Anti-Social Media – How Facebook disconnects us and undermines democracy*, Oxford 2018

3 Jaron Lanier, *Zehn Gründe, warum du deine Social Media Accounts sofort löschen musst*, Hamburg 2018

4 Jaron Lanier, 앞의 책, S. 201

5 Evan Osnos, *Ghost in the Machine*, The New Yorker, Ausgabe vom 7. September 2018, S. 39에서 인용함.

6 https://www.spektrum.de/news/psychologie-warum-wir-geheimnissehaben/1568206?

7 자세한 사항은 다음을 참고하라. Sarah E. Igo, *The Known Citizen – A History of Privacy in Modern America*, Cambridge 2018

8 Jacob Weisberg, *The Digital Poorhouse*, The New York Review of Books, Ausgabe vom 7. Juni 2018, S. 45 – 47

9 Jan-Hinrick Schmidt und Thilo Weichert (엮음), *Datenschutz – Grundlagen, Entwicklungen und Kontroversen, Bundeszentrale für politische Bildung*, Bonn 2012, S. 29

10 David Eggers, The *Circle*, New York 2013, S. 485

11 나침반은 '대안적 제재를 위한 교정 범죄자 관리 프로파일링Correctional

Offender Management Profiling for Alternative Sanctions'를 상징한다. 여기에는 번역하지 않고 영어 원문을 그대로 적는다.

12 Frank Pasquale, *The Black Box Society – The Secret Algorithms That Control Money and Information*, New York 2015

13 Virginia Woolf, *Ein eigenes Zimmer/Drei Guineen*, Frankfurt am Main 2001, S. 113

14 Michael Maar, 앞의 책, S. 101에서 인용함.

15 Jess Melvin, *The Army and the Indonesian Genocide: Mechanism of Mass Murder*, New York 2018; Goeffrey B. Robinson, *The Killing Season: A History of the Indonesian Massacres 1965-66*, Princeton 2018

16 John Higgs, *Einstein, Freud und Sgt. Pepper – Eine andere Geschichte des 20. Jahrhunderts*, Berlin 2016, S. 333

17 http://www.zeit.de/politik/deutschland/2103-08/drohnen-dokumentede-maiziere-euro-hawk-global-hawk/

18 http://www.spiegel.de/politik/deutschland/bundesregierung-aerger-ueber-strafanzeige-wegen-geheimnisverrat-a-1005965.html

19 http://papers.ssrn.com/sol3/papers.cfm?abstract_id=2223703

20 Steven M. Greer, *Verbotene Wahrheit – Verbotenes Wissen – Die Zeit ist rief, um zu wissen*, Potsdam 2007

21 Michael Maar, *Das Blaubartzimmer – Thomas Mann und die Schuld*, Frankfurt am Main 2000

22 Michael Maar, 앞의 책, S. 112

23 Samuel Pepys, *Tagebuch aus dem London des 17. Jahrhunderts*, Stuttgart 1980

24 Samuel Pepys, *Die geheimen Tagebücher*, hg. von Volker Kriegel und Roger Willemsen, Berlin 2004

25 Michael Maar, *Heute bedeckt und kühl – Große Tagebücher von Samuel Pepys bis Virginia Woolf*, München 2015

26 아돌프 부테난트Adolf Butenandt에 관한 로버트 브록터Robert Proctor의 출판물은 다음의 주소에 문의할 수 있다: Forschungsprogramm ʻGeschichte der Kaiser-Wilhelm-Gesellschaft im Nationalsozialismusʼ, Glinkastraße 5–7, 10117 Berlin, oder E-Mail: kwg.ns@mpiwg-berlin.mpg.de

27 Benno Müller-Hill, *Tödliche Wissenschaft – Die Aussonderung von Juden, Zigeunern und Geisteskranken*, Reinbek 1984

28 Peter Weingart, Jürgen Kroll, Kurt Bayertz, *Rasse, Blut und Gene*, Frankfurt am Main 1988

29 Reiner Gronemeyer, *Die neue Lust an der Askese*, Berlin 1998

30 Ernst Peter Fischer, *Aristoteles, Einstein & Co.*, München 1995, S. 325

마법사의 제자들

1 Michel Serres (엮음), *Elemente einer Geschichte der Wissenschaften*, Frankfurt am Main 1994, S. 11

2 Arthur C. Clarke, *Profile der Zukunft: Über die Grenzen des Möglichen*, München 1984

Hans Adler (Hg.), *Nützt es dem Volke, betrogen zu werden? Est-il utile au Peuple d'être trompè?*, 2 Bände, Stuttgart 2007

Amir Alexander, *Infinitesimal – How a dangerous mathematical theory shaped the modern world*, New York 2014

아우구스티누스, 『고백록』, 바오로딸, 2010

Halton C. Arp, *Der kontinuierliche Kosmos*, Mannheimer Forum 92/93, München 1993

Ingeborg Bachmann, *Die Wahrheit ist dem Menschen zumutbar*, München 41988

Adam Becker, *What is real?*, London 2018

Isaiah Berlin, *Die Originalität Machiavellis, in Wider das Geläufige*, Frankfurt am Main 1982

이사야 벌린, 『낭만주의의 뿌리』, 이제이북스, 2005

Isaiah Berlin, *Der Magus des Nordens – J. G. Hamann und der Ursprung des modernen Irrationalismus*, Berlin 1995

Isaiah Berlin, *Die Revolution der Romantik*, in ders., ˝Wirklichkeitssinn", Berlin 1998

Alper Bilgili, *Beating the Turkish hollow in the struggle for existence*, in "Studies in History and Philosophy of Science", Part C, Band 65, Amsterdam, Oktober 2017

Norbert Bischof, *Das Rätsel Ödipus*, München 1985

Jerry E. Bishop und Michael Waldholz, *Landkarte der Gene − Das Genom-Projekt*, München 1991

Hans Blumenberg, *Die Sorge geht über den Fluß*, Frankfurt am Main 1987

David Bohm, *Die implizite Ordnung − Grundlage eines dynamischen Holismus*, München 1987

Gernot Böhme, *Am Ende des Bacon'schen Zeitalters − Studien zur Wissenschaftsentwicklung*, Frankfurt am Main 1993

Rémi Brague, *Die Weisheit der Welt*, München 2006

베르톨트 브레히트, 『갈릴레이의 생애』, 두레, 2001

피터 버크, 『지식의 사회사』, 민음사, 2017

Raz Che-Morris, *Shadows of Instruction*, Journal of the History of Ideas, Band 66 (2005), S. 223 − 243

Arthur C. Clarke, *Profile der Zukunft: Über die Grenzen des Möglichen*, München 1984

Faramerz Dabhoiwala, *Lust und Freiheit*, Stuttgart 2014

자비네 되링만토이펠, 『오컬티즘』, 갤리온, 2008

Rudolf Drux (Hg.), *Menschen aus Menschenhand*, Stuttgart 1988

Jost Dülfer, *Geheimdienste in der Krise. Der BND in den 1960er Jahren*, Berlin 2018

David Eggers, *The Circle*, New York 2013

Gerd Eilenberger, *Komplexität − Ein neues Paradigma der Naturwissenschaften, Mannheimer Forum 89/90*, Mannheim 1989

알베르트 아인슈타인, 『아인슈타인의 나의 세계관』, 중심, 2003

Albert Einstein – Max Born, *Briefwechsel 1916–1955*, München 1969

Norbert Elias, *Gesammelte Schriften*, Band 16, Frankfurt am Main 2006

Henry F. Ellenberger, *Die Entdeckung des Unbewussten*, Zürich 1985

Richard Fasten, *Lexikon des verbotenen Wissens*, München 2009

Ernst Peter Fischer, *Licht und Leben*, Konstanz 1985

Ernst Peter Fischer, *Kritik des gesunden Menschenverstandes*, Hamburg 1988

Ernst Peter Fischer, *Die zwei Gesichter der Wahrheit*, München 1990

Ernst Peter Fischer (Hg.), *Ist die Wahrheit dem Menschen zumutbar? – Mannheimer Gespräche 1992*, München 1992

Ernst Peter Fischer, *Aristoteles, Einstein und Co.*, München 1995

Ernst Peter Fischer, *Das Schöne und das Biest*, München 1997

Ernst Peter Fischer, *Am Anfang war die Doppelhelix*, München 2003

Ernst Peter Fischer, *Das große Buch der Evolution*, Köln 2008

Ernst Peter Fischer, *Der kleine Darwin*, München 2009

Ernst Peter Fischer, *Information*, Berlin 2010

Ernst Peter Fischer, *Die Hintertreppe zum Quantensprung*, München 2010

Ernst Peter Fischer, *Die aufschimmernde Nachtseite der Wissenschaft*, Lengwil 2010

Ernst Peter Fischer, *Das große Buch vom Menschen*, München 2012

Ernst Peter Fischer, *Die Verzauberung der Welt*, München 2014

Ernst Peter Fischer, *Brücken zum Kosmos*, Lengwil 32014

Ernst Peter Fischer, *Die andere Bildung*, Berlin 62015

Ernst Peter Fischer, *Treffen sich zwei Gene*, München 2015

Ernst Peter Fischer, *Werner Heisenberg – ein Wanderer zwischen zwei Welten*, Heidelberg 2015

Ernst Peter Fischer, *Hinter dem Horizont*, Berlin 2017

Ernst Peter Fischer, *Gott und der Urknall*, Freiburg 2017

Lone Frank, *Mein wundervolles Genom*, München 2011

Albrecht Fölsing, *Albert Einstein*, Frankfurt am Main 1993

미셸 푸코, 『성의 역사 1』, 나남, 2004

베르너 풀트, 『금서의 역사』, 시공사, 2013

Peter Gay, *Freud – Eine Biographie für unsere Zeit*, Frankfurt am Main 2016

Carlo Ginzburg, *High and Low – The Theme of Forbidden Knowledge in the Sixteenth and Seventeenth Centuries*, in "Past and Present" 73 (1976), S. 28-41

Stephen Greenblatt, *Die Geschichte von Adam und Eva*, München 2018

Steven M. Greer, *Verbotene Wahrheit – Verbotenes Wissen – Die Zeit ist reif*, um zu wissen, Potsdam 2007

Kaspar von Greyerz, *Von Menschen, die glauben, schreiben und wissen – Ausgewählte Aufsätze*, Göttingen 2013

Reiner Gronemeyer, *Die neue Lust an der Askese*, Berlin 1998

Ernst Haeckel, *Anthropogenie oder Entwicklungsgeschichte des Menschen*, Leipzig 1875

Jürgen Habermas (Hg.), *Stichworte zur 'Geistigen Situation der Zeit'*, 2 Bände, Frankfurt am Main 1979

Ulrike Heider, *Vögeln ist schön!*, Berlin 2014

베르너 하이젠베르크, 『부분과 전체』, 서커스출판상회, 2016

Werner Heisenberg, *Ordnung der Wirklichkeit*, in Gesammelte Werke, Abteilung C, Band I, München 1984

Hermann von Helmholtz, *Über das Ziel und die Fortschritte der Naturwissenschaft*, in Vorträge und Reden, Bd. 1, Braunschweig 1896

Armin Hermann, *Wie die Wissenschaft ihre Unschuld verlor – Macht und Missbrauch der Forscher*, Stuttgart 1982

Franz Herre, *Jahrhundertwende 1900 – Untergangsstimmung und Fortschrittsglauben*, Stuttgart 1998

Hermann Hettner, *Literaturgeschichte des Achtzehnten Jahrhunderts*, Braunschweig 1879

John Higgs, *Einstein, Freud und Sgt. Pepper – Eine andere Geschichte des 20*. Jahrhunderts, Berlin 2016

Yvonne Hofstetter, *Sie wissen alles*, Frankfurt am Main 2017

Sarah E. Igo, *The Known Citizen – A History of Privacy in Modern America*, Cambridge 2018

Rob Ilife, *Priest of Nature – The Religious Worlds of Isaac Newton*, Oxford 2018

François Jacob, *Die innere Statue*, Zürich 1988

William James, *Die Vielfalt religiöser Erfahrung*, Frankfurt am Main 1997

Karl Jaspers, *Die Atombombe und die Zukunft des Menschen*, München 1958

한스 요나스, 『책임의 원칙』, 서광사, 1994

Hans Joas, *Die Sakralität der Person*, Frankfurt am Main 2011

Robert Jungk, *Heller als tausend Sonnen – Das Schicksal der Atomforscher*, Stuttgart 1956

Daniel Jütte, *Das Zeitalter der Geheimnisse – Juden, Christen und die Ökonomie des Geheimen (1400 – 1800)*, Göttingen 2012

David Kaiser, *How the Hippies Saved Physics*, New York 2011

Lily E. Kay, *Das Buch des Lebens*, München 2001

Christoph Keese, *Silicon Valley*, München 62016

Heinar Kipphardt, *In Sachen J. Robert Oppenheimer*, Frankfurt am Main 1964

Tom Kirkwood, *Gene, Sex und Altern*, in Ernst Peter Fischer und Klaus Wiegandt (Hg.), *Evolution – Geschichte und Zukunft des Lebens*, Frankfurt am Main 2003

Konrad Kleinknecht, *Einstein und Heisenberg*, Stuttgart 2017

Wolfgang Krieger, *Geschichte der Geheimdienste – Von den Pharaonen bis zur NSA*, München 2014

Jaron Lanier, *Zehn Gründe, warum du deine Social Media Accounts sofort löschen musst*, Hamburg 2018

Stanisław Jerzy Lec, *Unfrisierte Gedanken – Aphorismen*, München 1976

Konrad Paul Liessmann, *Philosophie des verbotenen Wissens – Friedrich Nietzsche und die schwarzen Seiten des Denkens*, Hamburg 2009

Michael Maar, *Das Blaubartzimmer – Thomas Mann und die Schuld*, Frankfurt am Main 2000

Michael Maar, *Heute bedeckt und kühl – Große Tagebücher von Samuel Pepys bis Virginia Woolf*, München 2015

Peter von Matt, *Die Intrige*, München 2006

Peter von Matt, *Das Wilde und die Ordnung*, München 2007

Wolfgang Matz, *Die Kunst des Ehebruchs*, Göttingen 2014

Sharon Bertsch McGrayne, *Die Theorie, die nicht sterben wollte*, Heidelberg 2014

Jess Melvin, *The Army and the Indonesian Genocide: Mechanism of Mass Murder*, New York 2018

Klaus Michael Meier-Abich, *Wie möchten wir in Zukunft leben?*, München 1989

존 밀턴, 『실락원』, 일신서적출판사, 2003

Joel Mokyr, *The Gifts of Athena – Historical Origin of Knowledge Economy*, Princeton 2002

Claudia Müller-Ebeling et al., *Hexenmedizin*, Aarau 1998

Benno Müller-Hill, *Tödliche Wissenschaft – Die Aussonderung von Juden*, Zigeunern und Geisteskranken, Reinbek 1984

Johann von Neumann, *Mathematische Grundlagen der Quanten-mechanik*, Berlin 1968

J. Robert Oppenheimer, *Wissenschaft und allgemeines Denken*, Hamburg 1955

J. Robert Oppenheimer, *Atomkraft und menschliche Freiheit*, Hamburg 1957

Naomi Oreskes und Erik M.Conway, *Merchants of Doubt*, London 2011

Evan Osnos, *Ghost in the Machine*, The New Yorker, Ausgabe vom 7. September 2018

Jürgen Osterhammel, *Die Verwandlung der Welt – Eine Geschichte des 19. Jahrhunderts*, München 2009

프랭크 파스콸레, 『블랙박스 사회』, 안티고네, 2016

Wolfgang Pauli und C. G. Jung, *Ein Briefwechsel 1932 – 1958*, Heidelberg 1992

Bodo Placha, *Zensur*, Stuttgart 2006

Samuel Pepys, *Tagebuch aus dem London des 17. Jahrhunderts*, Stuttgart 1980

Samuel Pepys, *Die geheimen Tagebücher*, herausgegeben von Volker Kriegel und Roger Willemsen, Berlin 2004

Hans Primas, *Über dunkle Aspekte der Naturwissenschaften*, in dem Band *Der Pauli-Jung-Dialog und seine Bedeutung für die moderne Wissenschaft*, Heidelberg 1995

Alexandra Przyrembel, *Verbote und Geheimnisse*, Frankfurt am Main 2011

Christian Rätsch, *Enzyklopädie der psychoaktiven Pflanzen*, Aarau 1998

Nicolas Rescher, *Forbidden Knowledge and Other Essays on the Philosophy of Cognition*, Dordrecht 1987

Goeffrey B. Robinson, *The Killing Season: A History of the Indonesian Massacres 1965 - 66*, Princeton 2018

한스 로슬링, 올라 로슬링, 안나 로슬링 뢴룬드 공저, 『팩트풀니스』, 김영사, 2019

Paolo Rossi, *Die Geburt der modernen Wissenschaft in Europa*, München 1997

Eugen Roth, *Sämtliche Menschen*, München 1983

Peter L. Rudnytzky und Ellen Handler Spitz (Hg.), *Freud and Forbidden Knowledge*, New York 1994

Carel van Schaik und Kai Michel, *Das Tagebuch der Menschheit – Was die Bibel über unsere Evolution verrät*, Berlin 2016

Jan-Hinrick Schmidt und Thilo Weichert (Hg.), *Datenschutz – Grundlagen, Entwicklungen und Kontroversen*, Bundeszentrale für politische Bildung, Bonn 2012

C. B. Schmitt et al. (Hg.), *The Cambridge History of Renaissance Philosophy*, Cambridge 1988

Herbert Schnädelbach, *Was Philosophen wissen*, München 2013

Richard von Schirach, *Die Nacht der Physiker*, Berlin 2012

Michel Serres (Hg.), *Elemente einer Geschichte der Wissenschaften*,

Frankfurt am Main 1994

Roger Shattuck, *Tabu*, München 2000

Rupert Sheldrake, *Der siebte Sinn des Menschen*, Frankfurt am Main
42012

Mary Shelley, *The New Annotated Frankenstein*, hrsg. und mit einem
Vorwort versehen von Leslie S. Klinger, New York 2017

Robert L. Sinsheimer, *The Limits of Scientific Inquiry*, Daedalus, Bd.
107, No. 2 (1978)

Georg Simmel, *Soziologie – Untersuchungen über die Formen der
Vergesellschaftung*, Berlin 1908

Nico Stehr, *Wissenspolitik – Die Überwachung des Wissens*, Frank-
furt am Main 2003

Nico Stehr, *Ist Wissen Macht? – Erkenntnisse über Wissen*, Weiler-
swist 2015

Nico Stehr, *Wissen und Wirtschaften – Die gesellschaftlichen Grun-
dlagen der modernen Ökonomie*, Frankfurt am Main 2001

Margit Szöllösi-Janze, *Fritz Haber 1868 – 1934*, München 1998

Charles Taylor, *Ein säkulares Zeitalter*, Frankfurt am Main 2009

Siva Vaithyanathan, *Anti-Social Media – How Facebook disconnects
us and undermines democracy*, Oxford 2018

J.Craig Venter, *Entschlüsselt – Mein Genom, mein Leben*, Frankfurt
am Main 2009

Eckart Voland, *Die Natur des Menschen*, München 2007

막스 베버, 『직업으로서의 학문』, 문예출판사, 2017

Peter Weingart, Jürgen Kroll, Kurt Bayertz, Rasse, *Blut und Gene*,
Frankfurt am Main 1988

하랄트 바인리히, 『시간 추적자들』, 황소자리, 2008

Jacob Weisberg, The Digital Poorhouse, The New York Review of

Books, Ausgabe vom 7. Juni 2018
버지니아 울프, 『자기만의 방』, 민음사, 2016 / 『3기니』, 솔, 2019

ㄱ

398

금지된 지식
VERBOTENES WISSEN

초판 1쇄 인쇄 2021년 1월 15일
초판 1쇄 발행 2021년 1월 21일

지은이 에른스트 페터 피셔
옮긴이 이승희
펴낸이 김선식

경영총괄 김은영
책임편집 이수정   **책임마케터** 권장규
콘텐츠사업9팀 이수정
마케팅본부장 이주화   **마케팅2팀** 권장규, 이고은, 김지우
미디어홍보본부장 정명찬   **홍보팀** 안지혜, 박재연, 이소영, 김은지
뉴미디어팀 김선욱, 염아라, 허지호, 김혜원, 이수인, 배한진, 임유나, 석찬미
저작권팀 한승빈, 김재원
경영관리본부 허대우, 하미선, 박상민, 권송이, 김민아, 윤이경, 이소희, 이우철, 김재경, 최완규, 이지우
외부스태프 표지 및 본문디자인 책과이음   본문조판 아울미디어

펴낸곳 다산북스 **출판등록** 2005년 12월 23일 제313-2005-00277호
주소 경기도 파주시 회동길 357 3층
전화 02-704-1724 **팩스** 02-703-2219 **이메일** dasanbooks@dasanbooks.com
홈페이지 www.dasanbooks.com **블로그** blog.naver.com/dasan_books
인쇄 민언프린텍 **제본** 정문바인텍 **종이** 한솔P&S

ISBN 979-11-306-3458-6(03400)